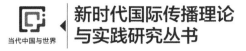

当代中国与世界研究院 ◎编

人工智能时代的国际传播

图书在版编目（CIP）数据

人工智能时代的国际传播 / 当代中国与世界研究院编. -- 北京：朝华出版社，2024.3
（新时代国际传播理论与实践研究丛书）
ISBN 978-7-5054-5291-6

Ⅰ.①人… Ⅱ.①当… Ⅲ.①传播学—研究 Ⅳ.①G206

中国版本图书馆CIP数据核字（2023）第224802号

人工智能时代的国际传播

编　　者	当代中国与世界研究院
策划编辑	霍　瑶
责任编辑	刘小磊
责任印制	陆竞赢　崔　航
装帧设计	杜　帅
排版设计	愚人码字
出版发行	朝华出版社
社　　址	北京市西城区百万庄大街24号　　邮政编码　100037
订购电话	（010）68996522
传　　真	（010）88415258
联系版权	zhbq@cicg.org.cn
网　　址	http://zhcb.cicg.org.cn
印　　刷	天津市光明印务有限公司
经　　销	全国新华书店
开　　本	710mm×1000mm　1/16　　字　数　290千字
印　　张	21.5
版　　次	2024年3月第1版　2024年3月第1次印刷
装　　别	平
书　　号	ISBN 978-7-5054-5291-6
定　　价	78.00元

版权所有　翻印必究·印装有误　负责调换

"新时代国际传播理论与实践研究"丛书编委会

主　任　　杜占元

副主任　　陆彩荣　高岸明　刘大为　于　涛

委　员　（按姓氏笔画为序）

于运全　王育宁　王晓辉　史安斌　宁曙光

刘双燕　李雅芳　杨建平　辛　峰　闵　艺

汪　涛　张毓强　陈　实　陈文戈　范奎耀

呼宝民　赵丽君　胡开敏　胡正荣　姜　飞

姜永钢　徐和建　黄　卫　董　青　程曼丽

总　序

深化新时代国际传播理论与实践研究
向世界展示真实立体全面的中国

中国外文局局长　杜占元

国际传播能力是综合国力的重要体现，加强国际传播能力建设是事关大国全球话语权和影响力提升的重大战略任务。党的十八大以来，以习近平同志为核心的党中央高度重视国际传播工作，习近平总书记就加强我国国际传播能力建设发表一系列重要讲话、作出一系列重要论述，将我们党对国际传播工作的规律性认识提升到新的高度。2021年5月31日，中共中央政治局就加强我国国际传播能力建设进行第三十次集体学习，习近平总书记在主持学习时发表重要讲话，进一步明确了新时代国际传播工作的时代使命和目标任务，对全面加强和改进国际传播工作、构建具有鲜明中国特色战略传播体系作出战略部署，并专门强调要加强国际传播的理论研究，掌握国际传播的规律，构建对外话语体系，提高传播艺术，为新时代国际传播工作提供了根本遵循。

当前，受多重因素影响，世界百年未有之大变局加速演进，中国与世界的关系正在发生根本性变化，信息技术革命引发的全球传播格局和舆论生态变革加速推进，我国国际传播工作正处于新的关键时期。一方面，我国国际传播领域面临一系列新的时代议题和具有基础性、战略性、前瞻性的重大问题，需要我们从理论层面持续深化研究，予以科学解答；另一方面，近年来我们围绕增强国际传播能力开展了许多有益探索和实践，需要通过系统总结形成新的规律性认识，以紧跟时代步伐、引领实践创新。同时，国际传播作为具有很强实践性的专业学科，需要进一步增强理论与实践相结合的应用研究，汇聚各方面的新观点、新思维，在国际传播理论研究上取得重大创新、重要突破。

在这一背景下，中国外文局所属当代中国与世界研究院、外文出版社、朝华出版社等精心策划编辑的"新时代国际传播理论与实践研究"丛书，现在与广大读者见面了。作为中国外文局重点出版项目，这套丛书以习近平新时代中国特色社会主义思想为指导，扎根于新时代各战线开展国际传播的创新探索、丰富实践，聚焦国内外国际传播领域理论前沿，紧扣当前国际传播工作重点难点，汇聚权威专家学者、资深业界人士等高质量成果，旨在为国际传播领域科研、教学、培训、实务等各界提供参考借鉴。

丛书内容丰富，涵盖了国际传播理论与实践研究的各重要领域，从习近平新时代中国特色社会主义思想对外宣介、对外话语体系创新、国际传播理论、国际传播人才培养、传播策略和传播效能、国际传播领域新技术、地方国际传播能力建设等方面，总结实践经验，持续深化对国际传播系统性的学理研究。第一辑首批推出了《新时代治国理政对外传播研究》《新时代对外话语体系建设实证研究》《从形象到战略：中国国际传播观察新视角》《新形势下国际传播的理论探索与实践思考》4种著作。接下来，我们将持续汇聚更多知名学者和研究力量，共同开展这项具有重大意义和深远影响的理论研究工作，推出更多高质量成果。

中国外文局是承担党和国家对外宣介任务的国际传播机构，70多年来，用几十种语言向国际社会讲述中国故事、传播中国声音、促进中外人文交流和文明互鉴。新阶段新征程上，我们正在以习近平总书记致中国外文局成立70周年贺信精神为指引，奋力建设世界一流、具有强大综合实力的国际传播机构。我们衷心期待，在社会各界关心关注、共同努力下，进一步发挥国际传播研究优势和智库特色，将"新时代国际传播理论与实践研究"丛书打造成为汇聚各方智慧、交流借鉴提高的平台，持续推出服务理论研究、实际工作、人才培养的经典好书、精品力作，为引领国际传播创新发展发挥积极作用，为展示真实立体全面的中国提供学理支撑和实践指引，为中国走向世界、世界读懂中国作出新的更大贡献。

编者寄语

人工智能无疑是当今世界最具影响力的科技创新之一。尤其是当前生成式人工智能（AIGC）迅猛发展，正深刻影响社会发展和生活方式，也给国际传播带来一系列新的机遇和挑战，提出诸多新的课题。

近年来，当代中国与世界研究院主办的《对外传播》杂志持续关注人工智能对国际传播的影响，组织相关领域专家学者围绕人工智能时代国际传播的新特征新规律新范式，人工智能技术如何推动国际传播生态的变革，人工智能等新兴技术在国际传播实践中的应用场景，国际传播中如何实现人工智能的有效治理等前沿问题撰稿深入研讨。我们从理论创新、实践探索、生态重构等角度遴选部分精华文章，经重新梳理、汇编，集纳成这本《人工智能时代的国际传播》，列入"新时代国际传播理论与实践研究丛书"（第二辑），由外文出版社、朝华出版社联合出版。

本书注重理论结合实践，力求兼具全球视野与中国语境，旨在推进人工智能技术研究与国际传播实践发展的良性交互，为人工智能时代国际传播创新型、复合型人才培养提供有益参考。所选文章诸位专家作者的智慧洞见、辛勤付出和鼎力支持让本书的出版成为可能，在此一并致以衷心感谢和深深敬意。

由于编者水平所限，本书难免有疏漏不足之处，敬请广大读者批评指正，帮助我们不断改进提升。

2023年12月

凡例

本书中的作者职务信息、内容观点、规范表述、援引数据等均以文章首次在《对外传播》杂志刊发时为准。

目 录

第一编　人工智能时代国际传播的理论创新 ················· 1

人机共生时代国际传播的理念升维与自主叙事体系构建 ········· 3
新一代人工智能与国际传播战略升维 ······················· 15
数字时代算法对国际传播的格局重构 ······················· 27
利用人工智能加强国际传播能力建设的三个维度 ··············· 36
人工智能、大数据与对外传播的创新发展 ····················· 44
人工智能：数智时代中华文明国际传播新范式 ················· 54
智能传播时代国际传播认识与实践的再思考 ··················· 63
人工智能时代的对外新闻报道 ····························· 73
技术变革时代的对外新闻报道路径探索 ····················· 81
数字时代的对外科技传播新思路 ··························· 89
以情动情：人工智能时代的对外共情传播 ····················· 96

第二编　人工智能时代国际传播的实践探索 ················· 105

人工智能时代的国际传播：应用、趋势与反思 ················· 107
人工智能驱动下的国际传播范式创新 ······················· 120
新一代人工智能技术引领下的国际传播领域新趋势 ············· 132
关于利用人工智能技术助力文化传播的思考与实践 ············· 139
沉浸化、剧场化、互动化：数字技术重构下的中华文明认知与体验 ··· 148
国际传播人工智能语料库建设意义与途径探索
　　——以中国外文局语料库建设为例 ····················· 157

跨文化传播中的通用人工智能：变革、机遇与挑战 ………………… 165
对外传播的"ChatGPT时刻"
　　——以《中国日报》双重内嵌式人工智能新闻生产为例 ……… 172
人工智能塑造对外传播新范式
　　——以抖音在海外的现象级传播为例 ………………………… 181
人工智能在对外报道中的应用 …………………………………… 190
论人工智能在赋能数字文化产业对外传播中的应用 ……………… 198
技术幻象与现实传递之间：中外虚拟现实新闻实践比较与伦理审视 … 207
人工智能技术在国际传播中的共情应用探析 ……………………… 219

第三编　数字技术和算法重构国际传播生态 ………………… 229

给算法以文明：算法治理赋能国际传播效能测定 ………………… 231
内容、算法与知识权力：国际传播视角下ChatGPT的风险与应对 … 240
生成式人工智能的国际传播能力及潜在治理风险 ………………… 249
算法：我国国际传播的助力器 …………………………………… 261
国际传播的算法架构：合理性、合情性与合规性 ………………… 270
算法传播：从"算法可治"到"算法善治" ……………………… 282
算法介入国际传播：模式重塑、实践思考与治理启示 …………… 291
精准还要更丰富：探索对外传播算法驱动的对内价值 …………… 303
中美平台竞争格局下的算法治理与中国国际传播能力的提升路径 … 313
俄乌冲突中的算法认知战与计算宣传机制评析 …………………… 321

第一编

人工智能时代国际传播的理论创新

人机共生时代国际传播的理念升维与自主叙事体系构建

史安斌　清华大学伊斯雷尔·爱泼斯坦对外传播研究中心主任、教授
俞雅芸　清华大学伊斯雷尔·爱泼斯坦对外传播研究中心助理研究员

由美国人工智能研究公司OpenAI推出的自然语言处理聊天机器人软件ChatGPT（Chat Generative Pre-trained Transformer，生成型预训练语言转换器）于2022年底爆红。虽然该软件的底层语言模型GPT-3.5已经存在了一段时间，但ChatGPT的公测让人们更加直观、具象地感知到人工智能的无所不知、无所不能。在不到两个月的时间内，ChatGPT用户数量突破1亿，日均活跃用户高达1300万。牛津大学路透新闻研究院（Reuters Institute for the Study of Journalism）发布的《2023年新闻、媒体和技术趋势和预测》（*Journalism, media, and technology trends and predictions 2023*）报告显示，ChatGPT作为内容生成式人工智能（AIGC，Artificial Intelligence Generated Content）浪潮的杰出代表，将在不远的未来引发自动化或半自动化信息在网络空间中的"爆炸性繁殖"。[①]基于这一背景，本文以ChatGPT为例，从训练机制、应用场景、信息生产三个维度剖析AIGC的话语权力底层逻辑，进而以"策略性叙事"为理论资源探索以人

---

① Reuters Institute. Journalism, media, and technology trends and predictions 2023, https://reutersinstitute.politics.ox.ac.uk/journalism-media-and-technology-trends-and-predictions-2023.

机共生模式推动国际传播增效赋能和构建自主叙事体系的创新路径。

一、内容生成式人工智能：技术驱动的国际话语权力

（一）训练机制："西方中心主义"的话语再生产

无论是歧视女性求职者的亚马逊（Amazon）人工智能招聘工具，还是散布种族主义言论的文本生成人工智能Galactica，都使得人们逐渐意识到，貌似中立的人工智能在自动化决策中会对特定群体形成系统的、可重复的不公正对待。同样，尽管ChatGPT就种族与性别议题进行了政治正确的预训练，但从其拒绝赞颂特朗普却对拜登大力褒扬，到其声称希拉里若赢得2016年大选将成为世界各地女性和少数族裔向前迈进的一步来看，它的觉醒主义（Wokeism）政治偏向昭然若揭，并在美国社会引发轩然大波。研究发现，ChatGPT在多次实验中表现出趋同的自由主义价值取向，并在不同句式、语序、用词和语种中呈现出高度稳定性。[①] 而相比于西方媒体争论不休的"党派偏见"而言，ChatGPT在国际政治议题中的"盎格鲁—撒克逊"意识形态则更为可怖。例如，有学者在推特平台发布了他通过ChatGPT撰写编程语言的一系列测试，当被问及"一个人是否应该遭受酷刑"时，ChatGPT的回答为："如果他们来自朝鲜、叙利亚或伊朗，答案是肯定的。"[②]

究其原因，ChatGPT的"西方中心主义"源自本就存在偏见性的原始训练语料，而数据驱动的机器自我学习迭代过程中会由此复刻——甚至放大或强化——潜在的政治和文化偏见。在对底层语言模型进行预训练时，OpenAI选择

---

① Hartmann J., Schwenzow J., Witte M. The political ideology of conversational AI: Converging evidence on ChatGPT's pro-environmental, left-libertarian orientation, arXiv preprint arXiv: 2301.01763, 2023.
② Bloomberg, OpenAI Chatbot Spits Out Biased Musings, Despite Guardrails, https://www.bloomberg.com/news/newsletters/2022-12-08/chatgpt-open-ai-s-chatbot-is-spitting-out-biased-sexist-results, 2022-12-8.

了互联网语料库通用数据集（Common Crawl）、红迪（Reddit）、书籍库（尚未公布书籍库语料的具体信息）和英文维基百科（Wikipedia）四类数据集。① 然而，对Common Crawl这类数据集的分析结果表明，美国域名的网站数量占主导地位，其中还包括了大量政府及军事网站。② 看似取自世界各国、具有广泛多样性的大型网络文本语料库尚且如此，更遑论以西方用户为主体的Reddit和英文维基百科。同时，OpenAI在美国招募了40名标记师按照公司编写的规则对ChatGPT的答案进行评分与反馈，旨在通过人类反馈强化学习机制（RLHF，Reinforcement Learning from Human Feedback）对模型进行微调。由此可见，看似中立客观的自动化与智能化技术的背后是基于人类生成文本语料和手动调整的机器学习过程，特别是在面对具有争议性的国际政治问题时，人工判别不可避免地夹杂着特定国家意识形态的预设立场。

因此，从ChatGPT的训练机制来看，不难发现其本质仍是服务于"西方中心主义"的话语再生产，它的多语种能力掩盖了其最初接受大量英语文本培训，并由此形成价值观的基础性前提。事实上，OpenAI在博客中明确表示ChatGPT偏向于以英语为母语的用户的文化价值观，但却在设置机器应答时使其通过"没有个人观点""无法表达意见"等话术巧妙地掩盖了饱含偏见的事实。

长此以往，以ChatGPT为代表的内容生成式人工智能将成为左右国际认知战的又一有力工具，通过在世界范围内传播西方社会的偏见态度与敌对心理，潜移默化地塑造受众的日常生活观念、政策理解甚至意识形态。

---

① Brown T., Mann B., Ryder N., et al. Language models are few-shot learners. Advances in neural information processing systems, vol. 33, 2020. pp.1877-1901.
② Dodge J., Sap M., MarasoviccA., et al. Documenting large webtextcorpora: A case study on the colossal clean crawled corpus, arXiv preprint arXiv: 2104.08758, 2021.

（二）应用场景：建构知识权力的升级版搜索引擎

虽然ChatGPT兼具对话、陪伴、创作等多种应用场景，但由于受到了大规模、多议题的语料库训练，能够快速地以问答方式为具有资讯需求的用户直接提供答案，其最广为使用、同时最受好评的是信息检索功能，被视为升级版搜索引擎。随着ChatGPT迅速吸引公众注意，谷歌（Google）管理层已将其宣布为红色预警威胁，ChatGPT的盛行代表了部分公众更喜欢直接的文本生成结果，这将会威胁谷歌的垄断地位，并可能导致搜索引擎模式的变革。①

与传统搜索引擎类似的是，当用户出于易用性与便捷性选择ChatGPT习得新知时，其实质是，将基于信息筛选的认知主导权交给了其背后具有偏见的人工智能算法。研究表明，搜索引擎受到技术和商业力量的驱动会有选择地过滤信息或调整结果排序，进而构建知识权力。换言之，当寻求便捷的认知事物方式成为信息社会的日常习惯时，搜索引擎平台也就不仅仅承担了存档网络资源的功能，更是在把关、筛选、调节网络信息的过程中深刻地影响着用户接触信息的选择，成为生产知识并规制公众认知的主导工具。以整合了GPT-4模型的测试版"新必应"（New Bing）搜索引擎为例，在回答"谁赢得了美国2020年的选举"时，该聊天式搜索引擎虽未回答错误，却将必应（Bing）本身和小众网站"270towin.com"作为文本生成的主要"信源"。②同时，AIGC"通过了多学科考试""能够轻松撰写论文"等论调甚嚣尘上，实质上正在帮助其获取公众信任，建构知识生产的合法性，从而隐秘地削弱了用户的主观能动性。

比提供已有文本选择的传统搜索引擎更令人不安的是，ChatGPT得以使用

---

① The New York Times, A New Chat Bot Is a'Code Red'for Google's Search Business, https://www.nytimes.com/2022/12/21/technology/ai-chatgpt-google-search.html, 2022-12-21.

② The Washington Post, Trying Microsoft's new AI chatbot search engine, some answers are uh-oh, https://www.washingtonpost.com/technology/2023/02/07/microsoft-bing-chatgpt/, 2023-2-8.

自然语言处理技术判断和提炼与用户需求相关的特定信息内容，依靠语义分析建立信息关联逻辑，形成原创性的文本，甚至为用户提供决策建议和价值判断。其所发挥的"只要信息结果而非搜索网络"的功能，使生成式人工智能一方面得以"合理"地"隐藏"信源，并使得受众无从通过信源的可信度与偏向性对文本信息进行自主评估；另一方面则在简化和处理信息的过程中进一步改变公众理解信息和知识的方式。正如ChatGPT虽然可以将复杂的公共政策简化为易于理解和量身定制的缩写版本，但若公众对其形成路径依赖，则会忽视未被ChatGPT选择的潜在政策重点。从国际传播的角度看，随着文本生成人工智能应用进一步消解受众的主体性，这类新型信息技术将拥有更为强化却更为隐蔽的中介性权力，从而进一步突破以人主导的传统信息传播生态。

（三）内容生产："真假难辨"的"谬讯制造器"

相比于以往的智能化聊天机器人，ChatGPT在社交媒体上形成病毒式传播的主要原因之一在于其令人惊叹的语言处理能力。该应用软件可以在短时间内生成流畅自然的拟人化口语或书面表达，甚至能在指令或提示下模仿某一机构或作者写作风格生成诗歌、小说、论文、社交媒体帖子等多元文本类型。一项实验显示，普通公众根本无从区分GPT系列生成的和人类撰写的社交媒体评论。[①]特别是在面对新闻文章、政府公文、编程语言等拥有固定格式的结构性写作时，ChatGPT生成的文本内容更是真假难辨。换言之，生产看似专业的信息将变得前所未有的容易，但也使得识别误讯（misinformation）、谬讯（disinformation）等问题信息变得比以往任何时候都更困难。

一方面，由于OpenAI在开发过程中尚未培养起精准识别谬讯的能力，在面对生成虚假叙事的用户指令时，ChatGPT往往会顺应需求，成为低成本、

---

① Wired, AI-Powered Text From This Program Could Fool the Government, https://www.wired.com/story/ai-powered-text-program-could-fool-government/, 2021-1-15.

高仿真的谬讯制造器。2023年1月，美国新闻可信度评估与研究机构新闻卫士（Newsguard）以储存于数据库中的100个虚假叙事样本对其进行了测试，结果显示ChatGPT的识别率仅为20%。在面对剩下80个误导性指令时，其延续了阴谋论的论调，就疫苗接种、学校枪击案件等社会议题侃侃而谈，并进而撰写了详细的媒体报道、非虚构写作与论文，通过引用部分"疑似编造"的科学研究使文本看似专业，甚至权威。①

另一方面，即使用户并未有意下达误导性指令，ChatGPT的回答也时常夹杂误讯。近日，程序员在线社区堆栈溢出（Stack Overflow）宣布将禁止用户分享ChatGPT生成的代码，他们发现此类编程虽然在外观上看似令人信服，但在实践中却是漏洞百出，为社区管理员的人工维护造成了极大困难。种种案例使得研究人员与公共决策者意识到了这类似是而非文本的危险性，其通过形式的完备迫使公众陷入"唯有知晓正确答案才得以判断虚假性"的悖论。

从国际传播的视角而言，此类生成技术可以使谬讯传播者以极低金钱、时间、知识成本编造大规模的虚假信息，并得以通过模仿主体特征打造量身定制、符合行文规范、无人工错误的文本内容，形成极具说服力的传播效果，进而引发信息失序困局。②然而，OpenAI所提供的防范措施极为有限，其虽然自2023年1月起提供文本检测工具用以识别是否为ChatGPT所生成，但该识别器仅有26%的概率得以成功判断出人工智能生成文本，同时还存在9%的概率将人类

---

① Newsguard, The Next Great Misinformation Superspreader: How ChatGPT Could Spread Toxic Misinformation At Unprecedented Scale, https://www.newsguardtech.com/misinformation-monitor/jan-2023/, 2023-1-6.

② Goldstein, J. A., Sastry, G., Musser, M., DiResta, R., Gentzel, M., &Sedova, K., Generative Language Models and Automated Influence Operations: Emerging Threats and Potential Mitigations. arXiv preprint arXiv: 2301.04546, 2023.

文本误认为人工智能文本。①同时，官方说明还显示该检测器难以用于1000个字符以下或英语以外语言的文本内容。虽然科技行业尚未准备好应对方案，但硅谷各大巨头仍迫于市场竞争压力相继推出尚未成熟的ChatGPT竞品，全然不顾这些匆忙面世的人工智能文本生成应用将会持续不断地传播误讯。

二、人机共生视阈下的自主叙事体系构建

随着ChatGPT揭开内容生成式人工智能浪潮的序幕，以"达利"（DALL-E）、"中途"（Midjourney）为代表的视觉化软件也引发了学界和业界的广泛讨论，并使人们反思其对版权法律、智媒发展、信息保护等领域所带来的挑战和机遇。可以想见，当人工智能被大规模应用，全球新闻传播生态将迎来震荡性的变革。在世界百年变局的重要背景下，中国国际地位的崛起将导致其毫无疑问地被迫卷入国际叙事之战的中心并成为核心主体。从国际传播的角度看，主导群体根深蒂固的叙事优势会导致国际社会的弱势成员进一步被边缘化，但叙事同样也可以被用作挑战强者的有力工具，改变"中心—边缘"的旧有传播秩序。

美国"互联网自由神话"叙事的双轨战略一方面通过在社交媒体平台的垄断地位保障了自由主义价值观在当下主要国际信息交流空间的竞争优势，进而塑造公众认知并操纵国际舆论；另一方面，孕育于新自由主义的硅谷意识形态赋予了互联网开放、无国界的想象，使"数字资本主义"得以合法、合理地跨国扩张，稳固其在信息科技领域的霸主地位。②叙事的构建需要一个关乎人类命运走向的国

---

① Newsguard, The Next Great Misinformation Superspreader: How ChatGPT Could Spread Toxic Misinformation At Unprecedented Scale, https://www.newsguardtech.com/misinformation-monitor/jan-2023/, 2023-1-6.
② Miskimmon A., O'loughlin B., Roselle L., Strategic narratives: Communication power and the new world order. Routledge, 2014, pp.148-175.

际性契机。与世纪之交兴起的初代互联网和社交平台一样，智能传播时代的人机共生既是国际传播的模式更迭，也将成为全球话语场的关键议题。

作为国际传播的未来样态，当内容生成式人工智能以技术驱动争夺国际话语权力，意图更迭甚至取代搜索引擎成为互联网核心应用，我们需要打造自主可控的跨国信息基础设施以保障叙事的自主性；作为国际传播的关键议题，ChatGPT作为一个现象级的人机交互应用，将被国际社会广为关注的科技治理议题推向新的高峰，"21世纪的科技应当何去何从"这一人类共同关切为中国构建叙事体系带来了机遇。

（一）叙事自主性的重要支点：自主跨国数字基础设施

作为全球信息流动的重要载体，跨国数字基础设施一方面成为国家形成、投射、竞争战略叙事的基础条件与主要场所，另一方面通过网络社会的再中心化机制暗中设定着国家叙事竞争的规则，以愈发凸显的中介性权力深刻地塑造着受众"是否能够"以及"如何"接收与认知这些叙事，从根本上影响了叙事的流动方式和传播效果。尽管ChatGPT在其他语种的文本处理表现远不如英文一般娴熟，但OpenAI近年来在多语种功能中的大规模资金投入已然彰显了其雄心。

与数字平台等跨国信息基础设施一脉相承的是，人机共生的国际传播模式将依旧延续着以市场与资本为主要代理人、以大数据与人工智能算法为核心技术竞争力、以信息为主体业态、以地缘政治为顶层设计的平台化国际传播生态。[1] 美国科技巨头对俄乌冲突的深度介入更是充分证明了网缘政治格局的出现。无论是推特（Twitter）、脸书（Facebook）等社交媒体平台全面封禁俄罗斯主流媒体与亲俄民众的社交媒体账号，还是马斯克（Elon Musk）投资的太

---

[1] 姬德强、张毓强：《从媒介到平台：中国国际传播的认识论转向》，《对外传播》，2022年第12期，第72-76页。

空探索技术公司（SpaceX）为乌克兰提供通信保障支持，都彰显着跨国信息基础设施与地缘政治意义下国家利益的紧密相连。[1]同样，ChatGPT也绝非政治中立的国际主义者。正如前文所言，当国际用户因便捷性与易用性使用ChatGPT时，它将基于"西方中心主义"的训练语料库从根本上把关话语，以看似中立的信息供给规制公众认知，确保"盎格鲁—撒克逊"意识形态与美国国家叙事在信息流通空间的主导权。当全球南方国家再度沦为被书写、被阐述的异质性存在，甚至出现以误讯、谬讯混淆真实叙事的可能，隐蔽的殖民主义话语将致使西强东弱的全球秩序再度分化。

因此，以新闻产品与媒介机构"走出去"为主的媒介逻辑已然无法适配深度平台化的传播规律，更是无法保障国际数字空间中的国家话语权与自身解释权。在国际传播新生态中，实现叙事自主性的前提在于自主可控的国际信息基础设施，而内容生成式人工智能应用无论是作为信息生产工具单独使用，还是作为搜索引擎的伴侣，都将成为新兴信息基础设施的又一样态。目前，百度、阿里巴巴、腾讯、网易、京东等科技公司接连宣布将在不远的未来测试并推出类ChatGPT应用。从各公司的表态口径来看，虽已纷纷提前布局，但都旨在打造适合本土受众、中文语言处理能力的智能语言模型，很大程度上忽视了国际用户。近年来，诸多中国平台"出海"的成功实现意味着打破美式国际互联网的基本定势不再仅仅是美好愿景。当认知战、舆论战、叙事战已成为当前国际竞争中虽然隐蔽但非常重要的一种形式，中国互联网公司不应固守于国内市场，而应在未来的谋划中以"一带一路"共建国家切入，主动纳入地缘政治意义下的国际视野，打造技术创新、功能复合的内容生产式人工智能产品和服务，发挥经济动能在国际传播中的作用，为在全球多语言舆论场中构建中国自

---

[1] 王沛楠、史安斌：《"持久危机"下的全球新闻传播新趋势——基于2023年六大热点议题的分析》，《新闻记者》，2023年第1期，第89-96页。

主叙事奠定基础，纠偏"西方中心主义"的国际话语生态。

（二）叙事体系构建：国际体系、政策、身份

作为一种构建共同意义的整体性框架，叙事体系得以连通过去、现在与未来，最终在国际范围内实现"共意"目标。人机共生这一全球议题建立起了在地性与世界性之间的联系，将国际体系、政策、身份三个策略性叙事体系要素有机地串联在一起，为中国在国际传播中构建叙事体系带来了新机遇。

第一，以国际体系叙事再框架化互联网世界秩序。国际体系叙事主要指政治行为体如何解释与构想国际秩序。随着中国本土互联网企业的崛起，中美数字平台各占半球、分庭抗礼的论调不绝于耳。特别是在ChatGPT推出后，西方媒体利用国内科技公司的回应构筑中国将与美方开展人工智能军备竞赛的话语陷阱，通过新冷战叙事营造中国"利维坦"式的扭曲形象。事实上，虽然中国头部互联网"大厂"组成的"蝙蝠联盟"（BATJ）与美国硅谷巨头组成的"超级联盟"（MAAGA）在市值总量与用户数量平分秋色，但从包括软件与服务、硬件与设备、电子产品、科技投资的整体行业情况来看，美国仍然占据绝对性的利润优势地位。① 因此，中国应以"现代化的另一种可能""再框架化"世界秩序的构想，破解美利坚秩序（Pax America）叙事中威胁式的存在。同时，围绕人类命运共同体，强调"科技向善"的"共同发展"（Rise with the Rest）理念，构建更为公正的全球政治经济秩序。特别是在信息科技产业中，硅谷巨头以不平等的劳动分工剥削处于信息技术产业链底端的全球南方国家。ChatGPT一方面帮助OpenAI一跃成为世界上市值最高的人工智能公司，另一方面以不到两美元时薪雇用了非洲"幽灵劳动者"大量浏览和标记极端暴力等互联网中"最黑暗"的文本片段。

---

① Kwet M. The Digital Tech Deal: a socialist framework for the twenty-first century. Race&Class, vol. 63, no. 3, 2022, pp.63-84.

第二，以政策叙事传播数字之治的中国智慧。平台化互联网阶段的到来致使网络社会再度陷入中心化，并由此打破公权力与私权利的传统结构。随着科技巨头私权力与公共利益的根本性矛盾逐渐浮出水面，世界各国对用户隐私、行业垄断、问题信息等数字困境的忧虑取代了互联网狂热情绪，形成"技术后冲"（Techlash）思潮。ChatGPT的横空出世更是凸显了内容生产式机器人的自动化歧视、情感聊天机器人的用户隐私困境等人工智能应用所可能引发的数字权利问题。然而，OpenAI仅在声明中警告称ChatGPT"可能会偶尔生成有害指令或有偏见的内容"，将希望寄托于公测用户零敲碎打地建立信息防护机制，同时将权利保护责任从管理者转移到用户自身。与之形成鲜明对比的是，中国科技部在推动技术创新的同时，先后推出《新一代人工智能治理原则》与《新一代人工智能伦理规范》，成立人工智能治理专业委员会，强调构建安全可控的人工智能发展体系。毋庸讳言，美国自20世纪90年代以来主导的行业自治政策叙事已然无法满足当前的治理需要，而中国对数字行业长期以来更为审慎的政策态度指引着政府在多利益攸关方共治体系中发挥主导作用。当国家监管已然成为互联网治理的世界趋势，我们更应以数字科技政策叙事贡献中国智慧。

第三，以"身份/认同叙事"（Identity Narrative）引领具有包容普惠性的数字实践。身份/认同叙事指以剖析本体身份投射政治行为体的核心价值观。换言之，它不仅仅关乎于回答"你是谁"，更关乎于解释"你将会推动人类走向何方"。区别于帝国时代根植于殖民的"英式全球化"与"后帝国时代"诉诸培养"政治代理人"的"美式全球化"，中国不论是实践层面的"一带一路"还是价值层面的人类命运共同体，都着力于构建怀抱"共同善"的价值意涵。[①]置身于人机共生的国际语境，从内容生成式应用背后的零信任社会危机，到科

---

① 史安斌、刘长宇：《解码"乌卡时代"国际传播的中国问题——基于ACGT模式的分析》，《当代传播》，2022年第3期，第13-19页。

技能源消耗影响下的生态可持续性，再到以机器服务于人转型为以人配合机器发展的自动化工作趋势，现代性的另一面逐渐显现，成为人类社会即将面临的共同困境。因此，"持久危机"（Permacrisis）这一新时代特征不仅考验着人类未来该如何与机器共生，更需要世界各国摒弃非此即彼的二元对立，秉持以彼此作为参照的包容互惠性，在"人机共生"的语境下创造超越西方中心论和欧美现代性的人类文明新形态。

（本文发表于2023年4月，略有删改。）

新一代人工智能与国际传播战略升维①

胡正荣　中国社会科学院新闻与传播研究所所长，
　　　　中国社会科学院大学新闻传播学院院长、教授
于成龙　中国传媒大学传播研究院博士研究生

在智媒时代的国际传播与大国竞争中，人工智能依托数据、算法和算力形构了国家的核心资源底色，成为政治逻辑和国家能力逻辑下国际传播结构性权力的强有力变革者。随着以ChatGPT等为代表的AIGC的异军突起，新一代人工智能的技术革新与应用普及颠覆了传统的信息获取方式、内容生产分发方式和人机交互方式，形塑了智媒时代从人机传播发端的人际传播、公共传播、国际传播新样貌，改变了当下的社会规则、传播秩序和国际关系，具体化到乌克兰危机等地缘政治争端之中的传播博弈和算法之战。当前，人工智能革命框架下的国际传播愈发复杂化，亟须战略性的升维匹配。

一、新一代人工智能引发的传媒格局变迁

作为美国人工智能研究公司OpenAI在2022年底发布的一款人工智能语言模型，ChatGPT产品因其采用着眼于提供通用解决方案的预训练模型，凭借其

---

① 本文系国家社会科学基金重大项目"加快国际传播能力建设的战略、流程、效果研究"（项目编号：22ZDA088）阶段性成果。

强大的自然语言理解能力、巨量的知识库存和完备的训练反馈范式,极大地提升了交互体验。从表征上来看,ChatGPT已经在专门化人工智能技术领域取得巨大突破,在通用对话及特定的技术任务中表现出色,可以创作剧本、代码编程、医学诊断,甚至通过人类的专业资格考试。数据显示,ChatGPT在2023年1月末月活用户已突破1亿,成为史上用户增长速度最快的消费级应用程序[①]。

如果说ChatGPT的快速崛起在于其"过于"强大的文本理解和反馈能力,在此之前,基于AIGC技术的稳定扩散(Stable Diffusion)、"达利""中途"等AI绘画模型同样也展现了其内容智能生成的能力。在新一代人工智能技术的支撑下,传播领域的内容生产模式已经从原来的专业机构生产内容(PGC,Professionally Generated Content)、用户生产内容(UGC,User Generated Content)时代,不可避免地进入"文本生成一切"的人工智能生成内容(AIGC)时代。

(一)从理解到创造:工具效能的新跃迁

人工智能的发展大致可以分为专门化人工智能(一个技术只能完成专项功能的功能)、通用化人工智能(以一个通用的模型可以泛化解决各种各样的问题)和情感化人工智能(能够感知情绪)等三个技术阶段[②]。

历史地看,传统的人工智能技术仅侧重于既有形态内容的分析利用,如语音的识别技术、作为内容分发核心计算的推荐算法等,都属于专业化人工智能的范畴。而新一代人工智能通过预训练模型、生成算法、多模态等人工智能技术的累积融合,对使用者偏好及意图进行预测,生成全新的、表征合理的、具有价值意义的内容或数据。这种以理解式的交互为基础,由机器深度学习和人本激励反馈融合的内容生产方式开启了人工智能创造的新时代,实现了传播价

---

① 李佩珊:《从电灯到ChatGPT:颠覆性创新带来的改变》,《经济观察报》,2023年2月20日,第30版。
② 张洪忠:《如何从技术逻辑理解人工智能对传媒内容生产的影响》,《中国传媒科技》,2018年第8期,第10-11页。

值的再组和重构。

从"理解"到"创造"的突破，既有人工智能技术指数级进步的因素，更有训练模型规模化增加的考量。OpenAI为ChatGPT所创建的Transformer的深度学习架构作为基于注意力机制的深度学习模型，具有强大的语言理解能力和生成能力。借助"从人类反馈中强化学习"（RLHF）的训练方式，利用人类手动标记语言模型产生的回应，不断调试优化模型。

虽然从目前的情况看来，ChatGPT所代表的新一代人工智能生产的内容并不具备完全意义上的独创性，更多还是在"人工标注+机器学习"机制下概率性的模仿式输出。但由于具备海量参数和复杂架构的大模型的出现，为ChatGPT在概率计算中学会"推理"，实现自主创造提供了基础。OpenAI公布的数据显示，OpenAI GPT模型参数量从2018年GPT-1的1.17亿个，接续跃升为2019年GPT-2的15亿个和2020年GPT-3的1750亿个。而人工智能模型算力的消耗从2012年至2020年增长了30万倍，平均每3.4个月翻一番。这种爆炸式的累积增长，必然会导致人工智能"奇点"的到来。

在"奇点"快速到来的预期中，ChatGPT给传播带来的颠覆式创新也不言而喻：技术的进步再次降低了内容生产和社会表达的门槛，传播主体可以基于更为丰沃的信息资源、知识表示、文明传承来高效率地实现内容生产和社会对话，有望用低成本甚至零成本的自动化内容生产范式重塑内容生产供给和分发传播。在国际传播中，人工智能主体的加入使得传播力量博弈增加了非文化性的复杂变量。由此而延续的糅合生物思想和技术表达的内容生产和数据生产，可以借助更为多元而开放的多模态体系来实现传播的跃迁。

（二）从信息到认知：传播效果的新争夺

信息交互能力是决定国际传播水平的根本。当下的国际传播中，国际传播影响力、中华文化感召力、中国形象亲和力、中国话语说服力和国际舆论引导力建设已经不能仅仅依靠信息的规模化展演来实现，而更多地要从简单化、标准化的信息传受演进到个性化、精准化的认知争夺。

随着新一代人工智能技术的强势崛起，认知争夺的战场进一步从话语体系、符号体系延伸到机器和算法驱动的底部逻辑层。在平台化传播中利用算法制造个性化信息茧房，制作精准化、高沉浸感的传播体验，会驱使用户凭借自身认知将自我绑架留存在平台的算法架构中。而在ChatGPT等新一代人工智能技术实践中，用户的认知被更为精准地限定在大模型的数据内在关联中。

由于海量存储的知识体系和类人化的知识表示的出现，ChatGPT信息获取与筛选的速度实现跨越式发展，以模型和算法为核心的传播逻辑更加彰显。以往借助搜索引擎实现的多元化思维入口变成单一的反馈通道，人在决策行为中决策权部分或完全实现了由人向机器的转移，模型和算法的智能主张使得人在被说服过程中的认知自主性受到了极大挑战。

以ChatGPT为例，其GPT-3的大模型容纳了高达45TB的数据，涵盖了文章、图书、维基百科以及其他互联网文本等六大类内容资源，在"无所不知"的大模型训练中具备了必要的认知框架和知识体系，同时在计算中也继承了现有文本数据库中的隐形价值观和对抗训练中的主观价值倾向。外显的反馈输出局限在大模型的数据环境中。其数据环境中建构并伸展的"文化—思想—知识"体系成为传播效果的规训条件，强化了认知竞争的进化进程。

（三）从工具到行动者：传媒生态的新建构

随着新一代人工智能技术的发展，网络传播、社交传播在国际传播中发挥的作用日益增加。媒体的平台化和平台化媒体使得具有全球影响力的互联网平台成为国际传播的主导性渠道，附着其上的人工智能和算法规则在较大程度上决定了传播过程和传播效果。数字平台已成为互联网时代的新型信息基础设施[①]。机器、

[①] 沈国麟：《全球平台传播：分发、把关和规制》，《现代传播（中国传媒大学学报）》，2021年第1期，第7-11页。

技术、算法在国际传播中扮演的角色从传播赋能工具加速演进成具有主导地位的行动主体。以人为中心的传统思维,乃至人的主体性地位正不断受到新技术的挑战①。这对于长期惯以工具观看待传播技术、传播平台的人们,需要在国际传播生态考量中进一步调适。

作为当下发挥重要作用的基础技术架构,以ChatGPT为代表的新一代人工智能为国际传播增加了新动力和新变量。与以往社交媒体平台的单向算法"驯化"不同,ChatGPT因其"人—机"双向互动性和渗透性的加强,实现了双向"驯化":作为人工智能技术被人类"驯化"的同时,人类凭借其可被计算化的自然语言体系也成为算法驯化的对象。双向驯化的结果,造成了人机传播关系中连接行为和决策行为的解构和重构,也导致了ChatGPT作为类人化行动者的表现。

作为行动者的ChatGPT通过技术的赋能和赋权,导致了国际传播中权力的持续极化:一方面,作为工具的ChatGPT可以使大众参与传播的权力进一步下沉,传播内容的生产门槛进一步降低;另一方面,以作为行动者的ChatGPT为代表的新一代人工智能的权力在与政府、资本和社会的博弈中进一步扩张,以算法化为核心的传播逻辑更加难以被改变,人类社会和技术空间之间的差距愈加难以弥合。基于传播范式的升维,由人工智能所生发出的平台话语权、数据话语权乃至算法和人工智能的话语权对国际传播格局的重构将不可避免。

二、智媒时代国际传播的战略升维

2021年5月31日,习近平总书记在十九届中央政治局第三十次集体学习时要求,构建具有鲜明中国特色的战略传播体系。中国国际传播的战略传播研究

---

① 李蕾:《人机关系:交互与重构》,《新闻与写作》,2022年第10期,第4页。

进入高光时刻。①在世界百年未有之大变局加速演进的当下，当以ChatGPT为代表的新一代人工智能凭借技术、渠道、内容、效果等多方面的优势深度嵌入并改观国际传播实践时，技术的新尺度提供的更多连接与遮蔽、互动与隔离、赋权与失能都促动着智媒时代的国际传播实现新的战略升维。

（一）"持续危机"语境下的底线思维坚守

当下，人类社会正在进入以"持久危机"为特征的新时期②。地缘冲突、经济下行、大国博弈等多重因素叠加下的国际传播的泛政治化倾向日益明显。新一代人工智能技术的发展与应用，不断刷新舆论场被技术议程设置、价值嵌入的现实。在"持续危机"语境下，战略化的国际传播更要有底线思维的坚守。

立足基础设施建设坚守底线思维。围绕海底电缆周而复始的合作与斗争③、抖音国际版（TikTok）接连被美、日、欧盟等多方封禁的现实已经昭示，在全球政治极化结构性扩散的背景下，作为传播装置的基础设施不再仅仅是政治权力释放的底座，更成为霸权主义权力被结晶、塑造和使能的能动性工具。在智媒时代，基础设施的范畴已经有了更为广泛的延展。作为新的基础设施的新一代人工智能在中国有广泛的应用场景和庞大的数据基础，但底层算法和系统的原始创新不足，制约算力的核心智能芯片和基础元器件的自主研发生产能力与国际领先水平差距较大，制约了人工智能技术赋能国际传播的深度和广度。自主可控的传播平台建设也是国际传播中必要的基础设施支撑。新时期国际传播的博弈中，要落实习近平总书记在二十届中央政治局第三次集体学习

---

① 毕研韬：《战略传播：溯源、发展及其启示》，《对外传播》，2022年第6期，第26—29页。
② 王沛楠、史安斌：《"持久危机"下的全球新闻传播新趋势——基于2023年六大热点议题的分析》，《新闻记者》，2023年第1期，第89—96页。
③ 陆国亮：《国际传播的媒介基础设施：行动者网络理论视阈下的海底电缆》，《新闻记者》，2022年第9期，第55—69页。

时强调的"要强化国家战略科技力量，有组织推进战略导向的体系化基础研究、前沿导向的探索性基础研究、市场导向的应用性基础研究"的要求，以基础研究夯实科技自立自强根基，以新型举国体制的优势破解国际传播基础设施建设的制约性难题。

立足认知博弈坚守底线思维。网络技术挑战了国家的日常、自我叙事和家园感[1]。进入智媒时代，以技术为本底的国际传播对于国家主权安全、实体安全的挑战更加严峻。在推特等国外社交媒体平台中涉华新冠病毒议题方面，社交机器人成为煽动性话题扩散和负面信息操纵的重要推手[2]。乌克兰危机中，国际传播在认知博弈上的效果放大，使得内外连通的网络舆论场反复激荡，不断延伸出包括信息战、舆论战和心理战在内的现代战争[3]。以计算宣传为特征的新信息战中，隐蔽技术的应用背后始终离不开使用者的主观宣传意图[4]，以ChatGPT为代表的新一代人工智能在交互中也显示出了价值观的偏颇。ChatGPT等基于大模型训练的人工智能技术，在模型与用户的交互中，必然难以跳脱模型开发者和掌控者在知识误差、种族歧视、文化偏见和历史误读等方面的价值观偏差。特别是当相关人工智能服务在一定程度上为国家行为体及非国家行为体操控后，因意识形态博弈而造成的用户规训破坏性效应将更为彰显。当认知和文化的边界博弈已经突破地理疆域成为当今的国际传播中大国博弈的前沿，在"持续危机"语境下必须进一步坚定"四个自信"，强化以国家文化数字化战略为龙头的传播内容资源建设，以中华文明、中国文化资源的数字

---

[1] Lupovici, Amir. 2023. 'Ontological security, cyber technologies, and state's responses', European Journal of International Relaions, Vol. 29（1），pp.153-178.

[2] 韩娜、孙颖：《国家安全视域下社交机器人涉华议题操纵行为探析》，《现代传播（中国传媒大学学报）》，2022年第8期，第40-49页。

[3] 胡正荣：《中国舆论场的新特点与新变量》，《人民论坛》，2022年第13期，第30-33页。

[4] 赵永华、窦书棋：《信息战视角下国际假新闻的历史嬗变：技术与宣传的合奏》，《现代传播（中国传媒大学学报）》，2022年第3期，第58-67页。

化、数据化、智能化为导向,以数据优势的强力构建参与国际传播的认知竞争与博弈。

(二)价值理性下的智能思维回归

有学者认为,人工智能就是认识论[①]。在当今的国际传播中,推进社会与传播的良性互动,既需要从人类社会结构观照到技术空间,更需要将思维模式从数据思维、算法思维进化到关切人机交互的人工智能思维。与之相悖,在此期间还要将国际传播的效果考量从工具理性、科技理性回归到价值理性。特别是要回归价值理性中那些思想意识、义务、尊严、美、规训等信念[②],让人工智能在体现人的主导性与价值观的基础上实现有价值的国际传播。

在新一代人工智能技术的辅助下,个性生产、精准分发、偏好维护、忠诚培养、价值反哺都可以低成本高效率地实现,但偏见和谬误也可能同步加剧扩散。基于对以ChatGPT为代表的新一代人工智能工具理性的运用,需要在国际传播中强化平台话语权和数据话语权意识,在更大范围实现国际传播内容资源的引导、富集、加工、解析和传播,从而获得与之对应的强大现实传播优势和深层影响能力。同时,还要善用工具理性的技术表达,让国际传播的多模态样态更为充盈。

意识形态价值观、受众身份认同等是实现国际传播效果不可逾越的关键因素[③],即使是在技术理性的思考维度下。如果国际传播完全以工具理性为选择标准,往往会陷入人工智能和算法的狭隘通道中,无法真正实现真实、立体、

---

① 肖峰:《人工智能与认识论的哲学互释:从认知分型到演进逻辑》,《中国社会科学》,2020年第6期,第71页。
② 陈昌凤、石泽:《技术与价值的理性交往:人工智能时代信息传播——算法推荐中工具理性与价值理性的思考》,《新闻战线》,2017年第17期,第71-74页。
③ 张毓强、潘璟玲:《从效果到效能:新时代国际传播目的论的思路转圜》,《对外传播》,2022年第9期,第66-70页。

全面及可信、可爱、可敬中国国家形象的有效传递。在欣然接纳新一代人工智能带来的技术便利的同时，我们必须真正回归到国际传播的价值理性，满足传播的初衷。特别是要协同好在技术、基础设施及硬实力等硬件之上的各种思维、观念和文化等软件之间的协同关系，以价值理性驾驭工具理性[①]。

以ChatGPT为代表的新一代人工智能为破解国际传播中叙事能力不足和传播渠道不畅两大问题提供了可能。价值理性的回归，将有助于我们在面对新一代人工智能所带来的传播内容的多样性、真实性、矛盾性等方面，更好地借助综合现代方法和算法的智能思维，进一步统合中国故事在世界舞台上的共同性、共情性与普遍性，进行智能思维下的创造性转化和创新性发展，破解受众因个体情感、身份认同和政治倾向造成的传播壁垒。对于价值理性的把握，在开展宏观叙事、向世界沟通推介人类命运共同体的传播基调和价值理念的过程中尤为重要。

（三）发展逻辑下的共生思维依从

共生思维，是陷于困境的西方传统本体思维转向伦理思维的合理进路，亦是现代社会存在的真切守望[②]。在中华文明"共生交往"的生存智慧辉映下，费孝通提出的"各美其美，美人之美，美美与共，天下大同"反映了构建人类命运共同体的中国式共生思维。在新一代人工智能扮演更为重要角色的当下，国际传播命题的研究起点从人与人、人与自然的共生上溯到人机交互的技术性开端。在由此而来的人机之间、人与人之间、家国之间、文明之间不同价值体系的融合共生、互补双赢过程中，共生思维的秉承尤为重要。

从共生的新起点出发，过去180多年信息技术的发展历史一直是三个

[①] 胡正荣、王天瑞：《系统协同：中国国际传播能力建设的基础逻辑》，《新闻大学》，2022年第5期，第1-16+117页。
[②] 顾智明：《论共生思维》，《福建论坛（人文社会科学版）》，2006年第9期，第126-129页。

永恒要素的稳定演变：交互（interaction）、信息（information）和计算（computation）①。在ChatGPT作为人工智能技术被广泛关注中，除了依旧被探讨的算法黑箱、算法歧视抑或数据隐私泄露等伦理问题外，人与技术在交互中的角色适配更成为讨论焦点。

传播学家施拉姆（Wibur Schramm）曾预言，计算机袭入传播生态的最后阶段，计算机不再是机器而成为一个物种②。以ChatGPT为代表的人工智能正在试图验算这个预言。在不断的算法优化和策略调整中，ChatGPT实现了传播主体和传播技术这两个彼此异质的实体在人机传播的相互嵌入、互补同构。通过人的身体的技术化在场，人与人之间数据、知识、思想、价值观等被ChatGPT以计算的方式连接起来，并在对人的意向性的自然语义理解与加工中，形成一种人机共生、共同演进的关系。而对这种共生关系的假设将建立在人工智能的透明性、道德性和算法可审计、可解释的基础之上。

在人机共生基础之上，跨平台的共生和转文化的共生显得更为复杂而重要。类似于反技术主义对人工智能的质疑、拒斥甚至敌对，当下中国提出和构建的话语和叙事长期在国际传播中遭受欧美国家的歧视性对抗。加之逆全球化、后疫情时代的全球传播生态变化，在作为复杂系统工程的中国国际传播体系的构建过程中，"系统协同将被视为国际传播能力的基础逻辑"③。在以效

---

① Deloitte Consulting LLp, Deloitte's 14th Annual Tech Trends Report Finds Trustat Center Stage, Illuminates the Path from Now to Next for Business Leaders.（2022-12-07）[2023-2-27]. https://www.prnewswire.com/news-releases/deloittes-14th-annual-tech-trends-report-finds-trust-at-center-stage-illuminates-the-path-from-now-to-next-for-business-leaders-301696655.html.
② Schramm W., The Story of Human Communication: Cave Painting to Microchip, New York: Harper&Row, 1988: p.125.
③ 胡正荣、王天瑞：《系统协同：中国国际传播能力建设的基础逻辑》，《新闻大学》，2022年第5期，第1-16+117页。

能提升为导向的国际传播实践中，共生思维的导入将更加注重系统性和整体性，更加注重国家传播能力的顶层性战略布局和协同性资源调配。在多元化的传播主体力量动员中，尤其要注重人工智能技术的导入：不仅要建好用好特色突出、自主可控、影响广泛的海外传播载体，还要借助脸书、推特等海外社交媒体平台、海外知名传统媒体的传播优势放大声量，更要凭借技术优势丰富不同语言、不同文化语境中的传播语料和故事供给，以多元力量的共建共享促进共生共治格局的建构。

"国之交在于民相亲，民相亲在于心相通。"在仍以英语为主要语言的国际传播生态中，新一代人工智能技术的支撑，在变革传播渠道的同时，可以在认知共识、兴趣耦合、社会认可、文化认同等多方面为构建跨国良好关系积累正向效果，有效提升跨文化传播、转文化传播的效能。

在系统性共生思维的观照下，国际传播在微观上将更加关注以人为主体、以交往为本位的"交往性传播"[①]和以人为本位的个性化传播。从宏大叙事的全力铺陈到个体命运的全景关注，我国的国际传播近年来在挖掘并尊重个体化传播力量方面渐次发力，在全球化共同、共鸣和共情特质的找寻中获取了更多的话语空间。"李子柒"在离网一年后仍被海外用户追捧、云南野生大象迁徙事件持续走红、《媳妇的美好时代》等电视剧的海外热播、"洋网红"推介中国的效果显现，都从共生共情的层面上打破了传统国际传播路径上跨文化传播固有的藩篱。

基于发展的语境，人机交互的赋能，使得个人化传播主体和人际传播、社交传播能够在提高传播的共情力方面有更为经济的成本和更为宽宏的作为领域。共生思维在国际传播的作用中，将更加聚焦于人工智能长于发挥作用的精

---

① 李智、雷跃捷：《从国际话语权视角构建和传播中国式现代化话语体系》，《对外传播》，2022年第12期，第36—40页。

准传播，以新思维、新方法讲好中国故事，开展个性化、精准化、情景化的传播，真正推动国际传播的"一国一策""一群一策",[①]有助于通过矩阵化、立体化、多元化的互动打破国际传播中的隔膜与距离限制，真正实践我国基于人类共同价值构建人类命运共同体的国际传播价值观里所蕴含的共生思维，为冲突加剧背景下的国际传播找寻新的路向。

（本文发表于2023年4月，略有删改。）

[①] 胡正荣：《新时代中国国际话语权建构的现状与进路》，《人民论坛》，2022年第3期，第119-122页。

数字时代算法对国际传播的格局重构[①]

朱鸿军　中国社会科学院大学新闻传播学院教授、博士生导师，
　　　　中国社会科学院新闻与传播研究所研究员
郑雨珂　中国社会科学院新闻与传播研究所硕士研究生

数字时代的技术迅速迭代，推动全球信息传播呈现扩展现实（XR，Extended Reality）与多模态展现、数据算法与人工智能主导，以及多种传播机制混合的新趋势。2021年5月31日，习近平总书记在主持十九届中央政治局第三十次集体学习时强调，讲好中国故事，传播好中国声音，展示真实、立体、全面的中国，是加强我国国际传播能力建设的重要任务。[②]在新型国际传播格局下，聚拢海外用户，利用好数据与算法，在多元的传播技术条件中走出新型中国对外传播之路是当前的关键问题。

一、数字技术生态重塑国际传播领域

算法概念源于计算机领域，指"一种有限、确定、有效并适合用计算机

[①] 本文系国家社会科学基金重大项目"媒体整合中版权理论与运营研究"（项目编号：19ZDA331）和中国社会科学院创新工程重大科研规划项目"国家治理体系和国家治理能力现代化研究"（项目编号：2019ZDGH104）的研究成果。

[②]《习近平：讲好中国故事，传播好中国声音》，求是网，http://www.qstheory.cn/zhuanqu/2021-06/02/c_1127522386.htm，2021年6月2日。

程序来实现的解决问题的方法"。①学者研究认为，算法是用计算机程序实现的、基于数据分析、面向特定目标的一套指令或方案。②在数字时代，算法依托数据的采集、分析、加工技术，与移动终端、大数据、云计算、人工智能、物联网等技术共同发展，带来国际传播格局演变。当前技术生态重塑的国际传播媒介具有以下四个主要特性：生产主体、内容和媒介形态多元化；人工智能、大数据和算法等科技带来的智能化；传播机制、控制权力和全球媒介环境的复杂化；以及在国际政治、资本、文化等多要素影响之下的动态化。

随着工信部和上海、武汉等多地将对元宇宙产业和技术能力的支持明确列入有关政策文件，元宇宙也需更多纳入国际传播问题学术研究的思考中。元宇宙概念第一股罗布乐思（Roblox）公司认为元宇宙应具备八大要素，即身份、朋友、沉浸感、随地、多样性、低延迟、经济、文明。③未来元宇宙世界本身是全球巨型平台，是孕育其他各类互联网产品的媒介母体，是数字世界的创造者、规则制定者和控制者。人工智能、数据、算法在元宇宙中将起着底层引擎的作用，能够自进化、独立运行，并将虚拟宇宙和现实世界关联。因此，提前筹备算法在国际传播领域建设的应用，也是为未来建设全球元宇宙做基础准备。

二、算法颠覆国际传播要素，重构数字时代新格局

此前一个时期，传统主流媒体的对外传播崇尚内容为王，由于缺乏全球用户基础和市场开拓能力，难以在激烈的海外媒体竞争环境中与大企业平台和

---

① ［美］Robert Sedgewick, Kevin Wayne：《算法（第四版）》，谢路云译，北京：人民邮电出版社，2012年版，第1-3页。
② 彭兰：《生存、认知、关系：算法将如何改变我们》，《新闻界》，2021年第3期，第45-53页。
③ 《国家发声支持元宇宙，续了哪些企业的命？》，澎湃新闻，https://www.thepaper.cn/newsDetail_forward_16641951，2022年2月11日。

老牌西方媒体抗衡。[①]当前全球信息传播环境复杂，传统大众传播依然发挥作用，网络传播和社交传播在关键领域影响着各国民众的态度与认知，而智能传播技术越发成熟，正涌入和颠覆全球传播格局。

"国际传播"一般指国与国之间的传播。传统内涵要求传播主体是国家行为体，以大众媒体为主要渠道，传播的运作机制有着明确的组织性，传播目的带有鲜明政治性。随着全球互联网普及、用户社交媒体接触时间增长、算法等智能技术迅速发展，数字时代的国际传播超越了上述传统内涵。各类全球互联网平台成为国际传播的主导性渠道，算法与数据较大程度上控制传播过程；传播内容多元，由人机协作生产且受数据算法隐形调整；实时互动、参与内容生产的全体网民成为传播主力军，用户可能被算法赋权、监测、影响、研究、利用、拟造；传播效果向精准传播、高效传播的方向进发，也有被操纵和干预的风险。

（一）算法颠覆渠道，将国家形象标签化

当下全球传播环境进入信息爆炸时期，由于无暇接收庞杂的信息，人们更易受渠道掌控。算法对传播要素最具颠覆性的影响即传播渠道。算法指导平台应用什么样的规则来行动，就能设计出什么样的传播与展示逻辑并加以持续控制，由此改变了人与媒体内容接触的机会。

算法数据化的一个后果是国家形象标签化。国际传播天然的地理文化距离，使得用户容易套用脑海里的标签来迅速认识他国事物，其传播过程相较其他传播活动更依赖算法分类图像和个性化展示。全球互联网平台上的跨国交流基本没有技术隔阂，即能一键关注、点赞外国内容，这更体现出平台算法的重要中介推荐作用。由此，算法将所有人编织到技术治理体系中，贴上标签以界

[①] 王峰、黄磊：《万物皆媒时代的国际传播路径研究》，《对外传播》，2022年第1期，第18—22页。

定国际内容的属性和用户的社会群体归属。

全球互联网平台的大传播趋势下，人们过度依赖算法易造成认知封闭，思维局限在数据环境中。对于国际传播而言，媒介是身体延伸出去的"千里眼顺风耳"。在互联网平台高沉浸式传播的情况下，媒介更内化为人的一部分且难以戒断，使人的主观认识世界能力下降，在舆论战和各种互动传播行为中混淆认知。算法像国际传播中的一面透镜，通过放大或者遮蔽注意力和想象力，影响人们对自我身份和共同体的认知，与他国个人、组织、国家的交往关系定位，以及对社会文化的亲疏远近和公共事务与政治观念的理解想象。

（二）算法助力内容生产，调整收编内容创造力

在跨国信息内容生产方面，算法可以助力智能生产平台实现媒体、平台和内容的融合，打造出从新闻内容策划、新闻素材获取、新闻内容生产、新闻内容分发、新闻用户互动与反馈等环节的全方位人机协作空间。[1]翻译与对比学习算法技术可以辅助跨语言、跨文化的内容生产，自然语言处理结合深度学习模型可以提升新闻信息采集的效率和质量，文本纠错算法可以解决内容精准度问题等。

虽然平台生态多样、个体生产者和内容多元，但其呈现为数据形式时，内容创造力和革新是平台算法控制和调整、制造出来的，"必然被非物质的生产方式收编"[2]。

（三）算法赋权用户，监测和操纵用户

观察数字时代的国际传播格局会发现，在社交传播机制下，与用户建立关系、创造内容是主要传播逻辑；而在智能传播机制下，算法建立在平台大规模

---

[1] 沈浩、袁璐：《智媒时代我国国际传播的媒介特性与技术路径》，《中国新闻传播研究》，2022年第2期，第3-14页。

[2] 张钟萄：《数字资本主义的文化逻辑：从艺术批判到数据生产中的"参与"》，《文艺理论研究》，2020年第4期，第187页。

用户基础上,用户生产数据,数据驱动内容;元宇宙时期个体原子化进程将进一步加速,用户思维成为国际传播观念革新的重点。

抓住人、面向人、赋权于人是新型国际传播超越传统国家主体的特征变化。有学者将新型国际传播模式总结为赋权个体的全民外交,[①]跨过大众传播的媒介议程设置,全球网民试着更立体、真实地认识彼此,从长远角度看与人类命运共同体理念相通。

各全球互联网平台争夺用户,激发内容创造氛围并建构起用户间的联系,逐渐沉淀成兴趣圈层、社交关系和民间组群。基于商业平台特性,倾向于趣缘化的算法建构起跨越国家、地区的人与人社交关系,这层关系在长期互动、内容分享间对人产生影响,也逐渐铺垫国际政治传播的目的,所以谓之"全民外交"。在西方主流媒体持续渲染和贬损中国官方对外"宣传"的政治目的过强的氛围下,中国广大网民自然而然地在各自跨国趣缘关系中进行的对外传播行为,有时比起官方声音更能够潜移默化、真诚可信、全方位地展现中国。

但与此同时,算法与数据也使得平台能够实时监测操纵个体的传播行为和态度观念。一些机构会收集平台用户数据加以分析利用,甚至借用计算机程序来拟造各种人类网络行为等。这样一来,网络世界的各种国际传播问题就变得更为复杂,并深刻地介入和影响线下世界的国家和个体。

(四)算法强化国际传播效果,操控和干预舆论

在国际传播效果方面,算法追踪、分析和反馈用户的行为模式、兴趣、消费习惯、交友关系等有价值的数据,进而预测和控制用户行为,通过算法投送影响用户观念的内容。对于跨国内容社区网络的算法研究则可以完成社区舆情分析、影响力分析、关键节点分析、网络营销应用等目标,为后一步国际传播

---

① 李鲤:《赋权·赋能·赋意:平台化社会时代国际传播的三重进路》,《现代传播(中国传媒大学学报)》,2021年第10期,第60-64页。

效果提供数据基础。通过维护共同体边界以及连接相似人群，算法有强化共同体和价值观"同温层"的可能性，在国际传播领域有希望影响东盟、二十国集团（G20）等经济利益共同体和"一带一路"沿线国家民众的共同体感受。

影响用户态度和操控用户表达往往共同出现。研究发现，在现实运作中，算法通过屏蔽下沉、引导规训和伪造三种模式操控公众表达。[①]例如在与俄乌冲突相关的国际互联网舆论中就存在以下操作方式：平台将一些俄罗斯账号封停以及算法减少推送，或者打上谣言标签来介入用户表达。此外，社交机器人假扮用户、故意引导用户的情况也随着算法等智能传播技术应用到互联网信息场中，从而成为一股不可忽视的干预舆论的力量。

三、算法作为认知、关系、匹配的中介重塑传播

算法不仅是平台的话语操盘手，也作为中介重塑人们的认知方式，凭借在各领域的数据匹配、调节与控制能力，算法逐渐在数字时代掌握越来越多的权力，与政治和资本力量隐蔽互动，变革了原有社会生产生活体系，影响着社交关系、身份认同和生活方式，重置和建构社会关系。[②]

媒体传播角度之外同样值得关注的是广义的全球传播关系，尤其在跨国信息严重不对称时，各行为主体会更加依赖平台。对于各种传播关系的建立，大到经济商业传播、文化交流传播、政治传播、技术传播、平台和数据的博弈等跨国问题，小到项目的招标选择、各类非媒体平台的出海活动、跨国组织在当地的招聘务工等行为，都会因算法的介入而改变。算法和数据使国际互联网平台从国家形象到生活基础服务层层深入地影响数字使用者的注意力。因此，跨

---

① 何晶、李瑛琦：《算法、公众表达与政治传播的未来格局》，《现代传播（中国传媒大学学报）》，2022年第6期，第67—76页。

② 陈先红：《论新媒介即关系》，《现代传播（中国传媒大学学报）》，2006年第3期，第54—56页。

国经营的企业需尽快实现智能化转型，利用算法和数据能力主动接触世界各地民众的数字生活，建立传播关系。

此外，需要警惕的是，国际传播活动中一些算法作为重要交易中介、互信基础和分配逻辑时，不够公开透明，使参与国家面临被操控风险。谷歌、苹果、脸书和亚马逊全球互联网四巨头借助算法形成数字经济生产和货物及服务贸易的跨国垄断，掌握了各国用户的身份信息、消费信息和社交等信息，控制上下游产业和智能生活基础设施平台，导致"信息富国"与"信息穷国"的数字发展不平衡矛盾更加突出。①

四、算法应用于数字时代国际传播的思考与建议

前述算法对国际传播要素的重构和作为中介控制认知、关系和匹配，根本上关乎权力。算法的力量是基于其作为技术和权力集合体的根本属性，它作用于公众注意力、态度、行为与表达，其运作机制归根结底是技术、资本与政治之间的交相互动。②

虽然新型国际传播在互联网平台表现得日常生活化、娱乐化，但其本质离不开政治性。政治力量表现为国际博弈的话语权力和公众对国际事务的表达，已经渗透进互联网国际传播过程的方方面面。对全球政治传播格局而言，政治力量与资本力量借算法等技术之力，调控普通民众的政治立场与表达，将成为全球政治传播场域中的强势主体。

实践中，中国的互联网企业也在努力加大在大数据和算法领域的投入，争取不落后于国际顶尖水平。如抖音国际版的出海就获得了巨大影响力。算法重

---

① 周文、韩文龙：《平台经济发展再审视：垄断与数字税新挑战》，《中国社会科学》，2021 年第 3 期，第 103—118 页。
② 何晶、李瑛琦：《算法、公众表达与政治传播的未来格局》，《现代传播（中国传媒大学学报）》，2022 年第 6 期，第 67—76 页。

构国际传播过程的基本要素，为我们提供了打破以西方为中心的传播格局的机遇。因此，中国的对外传播需要与国际资本和政治力量博弈，同时与国内多方力量合作发展技术，并逐渐掌握在全球传播中的话语塑造权力。

据此，本文提出以下思考和建议。

（一）国际平台基础和数字技术至关重要

做好新型国际传播要利用算法掌控大平台渠道。若借助其他平台出海，那么传播中只能顺应各种渠道的特性来运营，重要话语权力被西方大国、大平台企业拿捏，也就失去了掌握传播的主动权。因此，对于中国对外传播的任务需求而言，需要有主控国际传播的平台，注重多种媒体形态协同发展，创新智能技术发展。

（二）算法助力长期的精准智能传播

要避免维持自上而下的思维模式，在新形势下需要足够重视用户需求和特征，以达成认同为基础，通过大数据和算法积累用户行为数据，再利用机器学习提高内容偏好的推荐效率，实现针对国际受众的个性化精准内容传播。在国际焦点问题上，以不同说服策略接触信息接收者，调整传播行为的表现形式，包括媒介形式模态、语言倾向风格以及传播主体等，向全球用户展示真实、全面、立体的中国。与大数据、5G等技术配合，推动国际传播精准化、智能化、场景多样化、有实效的发展。为增进外界对中国的客观公正理解，需要把目光放长远，在文化和兴趣、社会观念等多方面长期培养跨国良好关系。同时，人机协作可以优化算法规则，以提高机器模型的可靠性，保持正确的价值观，从而提升中国对外传播效果。

对外传播的信息内容生产应获得人工智能、大数据和算法助力，但与此同时也应警惕其他全球互联网平台的算法收编。我们不仅需要在多元舆论阵地与多方资本和国家间政治博弈中开展算法斗争，处于弱势的一方则会面临话语传播困境。更重要的还是要开辟自己的国际传播阵地，逐渐打造出真实客观、吸引人的整体算法逻辑，以取信于世界范围的用户。

（三）警惕算法权力操纵

算法在信息流动中拥有技术赋予的权力，需要警惕国际传播中的算法陷阱，提前有远见地筹备应对策略。数字时代下，舆论战不只是新闻内容的问题，算法偏见可能影响文化内容的生产传播与接收，重置社会关系，加剧数字鸿沟，操控国际议程设置，还存在"网络外交""计算宣传"等威胁全球秩序的风险等，[①]这些都需一一应对。

总结

借助数字平台、物联网技术和数据处理能力，新型跨国数字平台通过数据算法重构国际传播的渠道、参与主体、内容和效果。算法进入国际传播"赋予了主权国家以更大的权力实施信息传播，使算法技术强国在国际传播中能够置身于由中心观察四周的全景敞视空间"[②]。对中国而言，这是不可多得的创造新秩序的机遇。藉此，我们将能够突破西方中心主义的国际传播框架，以算法加持互联网发展，创建更加多元、平等、尊重各个主权国家的国际传播平台，使国际传播秩序进入数字时代新阶段。

（本文发表于2022年11月，略有删改。）

[①] 罗昕、张梦：《算法传播的信息地缘政治与全球风险治理》，《现代传播（中国传媒大学学报）》，2020年第7期，第69页。

[②] 罗昕、张梦：《算法传播的信息地缘政治与全球风险治理》，《现代传播（中国传媒大学学报）》，2020年第7期，第69页。

利用人工智能加强国际传播能力建设的三个维度[①]

刘 扬 高春梅 人民网研究院研究员

自从20世纪50年代被提出后,人工智能从计算智能发展到感知智能,再到如今的认知智能,得益于可供给机器学习的数据爆炸式增长、算法的快速迭代、算力的突飞猛进,但更深刻的原因是全球一体化发展趋势与网络越来越广泛的连接。国际关系是人工智能领域发展的重要推力,反过来,人工智能也成为反映并影响国际关系、塑造国际传播格局不可忽视的技术力量和重要领域。2018年6月,英国皇家国际事务研究所(The Royal Institute of International Affairs)发布了《人工智能与国际事务》(*Artificial Intelligence and International Affairs*)报告,从分析、预测和操作三个方面分析了人工智能对国际事务的影响,认为人工智能将改变国际事务分析条件,让越来越少的人做出越来越高层次的决策;少数人员、部门和国家借助智能技术优势拥有更加准确、可信的预测能力,形成了新的国际权力鸿沟;在国际事务实际操作中,短期内,人工智能将引发监管、道德、技术等问题,长期看,将改变决策的实际运作。[②]国际

[①] 本文系国家社科基金重点项目"改变'西强我弱'舆论态势研究"课题的阶段成果,项目编号:17AXW008。

[②] Cummings, M. L. et al., Artificial Intelligence and International Affairs: Disruption Anticipated, https://www.chathamhouse.org/sites/default/files/publications/research/2018-06-14-artificial-intelligence-international-affairs-cummings-roff-cukier-parakilas-bryce.pdf, June 2018.

传播也深受人工智能影响，与人工智能结合越发紧密。

首先，人工智能提高了国际传播效率。借助机器写作、自动翻译等，相关机构可以全年、全时自动进行面向全球的信息采集、处理和内容生产、分发，迅速地在不同语言、不同文化之间进行切换与转译，使跨国交流更加便利和频繁。其表现远远超出人的能力。

其次，人工智能模糊了国际传播意图。依靠自动化的关联与解读，人工智能模糊了数据、信息、知识三者之间界限，一方面提升了数据的价值，另一方面造成了数据即信息、数据即知识的错觉，忽略了人、组织、国家在其中所扮演的关键角色，改变了人们对国际知识的理解和对国际权力关系的感知。

再次，人工智能拓展了国际传播领域。人工智能不是一项技术，而是多领域多项技术集合的结果。通过对人工智能的应用，国际传播让原本较少联络的部门发生联系，也让国际传播与各类跨国活动建立关联，拓宽了自身的范围与内涵。

此外，人工智能让国际传播更加精准。一方面，人工智能严格按照算法设定进行内容选取、生产和传播，较人工生产更加规范、准确。另一方面，人工智能结合用户画像、利用算法推荐，实现用户与信息的快速匹配，能够满足不同地域、不同背景下人们垂直化、个性化的内容需求，提升了国际传播效果。

最后，人工智能让国际传播技术含量更高。人工智能技术集合了自然语言处理、计算机视觉、人脸识别、图像识别、语音识别、语义搜索、语义网络、文本分析、虚拟助手、视觉搜索、预测分析等技术，提升了国际传播的科技含量，改变了对从业者素质要求、运作方式和传播模式。

上述特点说明，人工智能对于国际传播有着重要而深远的影响。相关媒体机构应善于利用人工智能提供的条件和机会，从三个维度加强人工智能技术与国际传播能力建设的结合。

一、借力人工智能的应用维度

当人工智能尚处于计算智能阶段的时候，就与国际传播建立了联系，跨国信息的编码与解码都使用了自动化计算。到了认知智能阶段，国际传播成为人工智能应用的前沿，如2016年10月，中国日报亚太分社多媒体部便推出代号为"红字"的研发项目，通过整合人工智能技术，将真人采访合成为虚拟视像，自动回答全球用户的提问。

近两年，人工智能在对外传播中有了更广泛的应用，主要表现在三个环节：

在内容生产环节，机器写作等内容自动生成技术已得到广泛应用。2017年，"新华智云"开发出媒体人工智能平台——"媒体大脑"，其中一项功能就是机器生产内容（MGC，Machine-Generated Content），通过算法，让机器利用摄像头、传感器、无人机等获取新的视频、数据信息，然后经由机器对内容理解和新闻价值判断，与已有数据进行关联，对语义进行检索和重排，最终生成一条集文字、图片、语音、视频于一体的多语种、富媒体新闻。此外，还有智能交互企业利用语音自动转文字和翻译技术，给视频追加多语种字幕，快速生成面向不同国家和地域用户的视频内容。随着人工智能技术在内容生产方面的广泛应用，不少国家已开始担忧由此而引发的问题，如，"机器人水军"在社交平台上开展的有针对性、大规模的行动，以及利用音视频缝合技术制造各种"逼真"的假象，影响一国政治走向与政局稳定。这些攻击往往来自一国境外，成为国际传播的新现象。

在内容分发环节，算法推荐和内容自动过滤已在国际传播领域得到应用。字节跳动科技有限公司根据国内"今日头条"客户端算法推荐模式，面向海外推出了"TopBuzz"英语新闻客户端，为懂得英语的用户提供量身定制的内容信息流，用户已经过亿。同时，人工智能也被用来跨国传递虚假信息或甄别境外传入虚假信息。根据2018年3月布鲁金斯学会（Brookings Institution）发布的

《政治战的未来：俄罗斯、西方与即将到来的数字竞争时代》(*The Future of Political Warfare: Russia, the West, and the Coming Age of Digital Competition*)报告指出，人工智能和媒体机器人已成为国际政治战中新的威胁，一国可利用机器人操控多个社交媒体账号集中发布虚假信息，影响他国政治。[①]为了应对新技术带来的政治风险，一些大型互联网平台应用算法工具和机器学习来检测僵尸网络、极端主义、内容排名操纵等活动，在分发环节遏制威胁的蔓延。

在人机交互环节，自动问答成为知识获取的新方式，自动翻译在跨语种、跨文化交流中扮演重要角色。在2018年两会期间，中国日报网在首页加入了中英文新闻服务机器人"端端"，根据用户输入查询的关键词，自动反馈有关中国两会的相关中英文报道。顺应智能音箱扩散趋势，一些媒体纷纷借助智能音箱的智能语音交互系统为用户提供内容服务。应用更为广泛的是自动翻译，成为人际跨文化交流的重要帮手。谷歌神经网络机器翻译系统的英语和法语、英语和西班牙语的互译准确率已经超过90%，中英互译准确率也已达80%。国内智能交互企业也推出了可用于离线和在线情境的翻译机，对外交流的语言门槛不断被降低。但是，自动翻译也给国际传播带来了新问题，时不时会出现包含种族偏见甚至歧视的结果，对一国政治关键词等进行明显错误和歪曲的翻译，成为国际意识形态斗争的新表现。

二、阐释人工智能的话语维度

人工智能领域的一个有趣现象是，虽然人们可以很清楚地罗列人工智能的具体应用，但是研究领域对于人工智能却缺乏明确定义。具体的应用、不确定的影响和模糊的概念使人工智能领域出现了一定的话语空间，可供各方填

---

① Polyakova, A. &Boyer, S. P., The Future of Political Warfare: Russia, the West, and the Coming Age of Digital Competition, https://www.brookings.edu/wp-content/uploads/2018/03/fp_20180316_future_political_warfare.pdf, March 2018.

补。因此，人工智能与国际传播的联系不仅体现在应用领域，也表现为各国对人工智能领域国际话语权的争夺日趋激烈。特别有代表性的一个例子是，2018年6月，已95岁高龄的美国前国务卿基辛格以《启蒙如何终结》（How the Enlightenment Ends）为题在《大西洋月刊》（The Atlantic）杂志发表文章，讨论人工智能给人类带来的影响。他认为人工智能技术与应用将人类带入一个过度依赖机器的世界，但人工智能本身存在着不确定性和模糊性，可能带来出乎意料的结果，改变人类思维过程与价值观，以结果为导向而忽视对基本原理解释。基辛格主张要协调人文哲学领域、技术界和政府治理等方面的力量，将人工智能列入国家议程中最优先位置，建议美国成立专门的总统委员会来制定国家人工智能远景规划。① 与基辛格审慎的观点相类似，物理学家霍金（Stephen William Hawking）、特斯拉创始人马斯克等也认为人工智能正在以不可思议的方式改变世界，为此，他们与数十位来自多个领域的专家学者共同发布了《阿西洛马人工智能原则》（Asilomar AI Principles），确定了人工智能发展与应用中应给予重视的问题和应遵守的价值观。当然，来自科技界与产业界更多的声音是呼吁放弃传统思维方式，更加积极主动拥抱人工智能技术，但受到来自本国社会的压力，如谷歌公司等也不得不推出在人工智能方面的"七原则"。不论对人工智能持有乐观或悲观的看法，这些讨论主要来自发达国家，逐步界定了全球舆论关于人工智能应该讨论哪些话题，优先考虑什么问题，持有怎样的原则和立场，塑造了人工智能的全球议程和国际话语。

在社会与产业领域讨论的基础上，各国政府通过制定发展战略等展开话语权竞争，不断形成和巩固国际优势。据不完全统计，目前，中国、美国、欧

---

① Kissinger, H., How the Enlightenment Ends, The Atlantic, https://www.theatlantic.com/magazine/archive/2018/06/henry-kissinger-ai-could-mean-the-end-of-human-history/559124/, June 2018.

盟、英国、法国、日本等都已出台与人工智能相关的战略，一些国家和组织还出台了不止一部人工智能战略。这些战略主要围绕两个方面——发展与规范，体现着国家利益与价值观，如，《欧盟机器人研发计划》（SPARC）强调通过发展工业机器人维持欧洲制造业竞争力，扩大市场和创造就业机会；《欧盟人工智能》政策文件除了强调确保欧盟在人工智能领域的全球竞争力以外，还要维护欧盟价值观。一些国家的战略具有明显的针对性，如中国在2017年7月发布了新一代人工智能发展规划之后，美国国际战略研究中心（CSIS，Center for Strategic and International Studies）立即发表文章，强调规划对美国在人工智能领域优势地位构成挑战，主张美国应出台应对战略。2018年3月，该机构发布了《美国国家机器智能战略》（*A National Machine Intelligence Strategy for the United States*），目标直指中国和俄罗斯。

三、治理人工智能的规制维度

在争夺人工智能话语权的基础上，围绕人工智能规则制定权的国际竞争已然展开，基本路径是先出台地方性法规，随后进行国家层面立法，考虑向国际范围推广相关立法原则和条款。例如，《塔林手册》（*Tallinn Manual*）虽然不具备法律效力，但是提出了网络战的规则，立下了规制的基础。美国、欧盟、法国、德国等国都已加强对与人工智能有关的伦理、法律及社会问题研究，为政府决策及后续的立法工作提供支持基础。目前这些立法的一个特点是很少专门针对人工智能，而大多涉及人工智能的关键方面。一是围绕数据的立法，如，美国加州出台《加利福尼亚州消费者隐私法案》（CCPA，*California Consumer Privacy*），对智能信息服务提供者获取个人数据提出严格要求和规范，避免数据滥用。这方面更引人注目的是于2018年生效的欧盟《通用数据保护条例》（GDPR，*General Data Protection Regulation*）。数据是各种人工智能应用得以实现的资源基础。这些法律通过对资源层面的管理，规制了人工智能应用的发展。二是针对社交平台的监管，如德国出台《改进社交网络中的法律执行的法案》（Gesetz zur Verbesserung der Rechtsdurchsetzung in Sozialen Netzwerken），规定仇恨言论、煽动性言论和虚假新闻造谣等违法内容判定直接转引刑法相关条款，并要求社交平台制定有效而透明的程序处理用户投诉，违者重罚；法国总理也提出将出台更严厉规则应对在线仇恨。这些法律法规虽未明确针对人工智能，但是社交平台是各种智能应用与服务的重要载体。三是对机器人及自动化决策系统进行立法监管，如美国纽约出台的《关于政府机构使用自动化决策系统的当地法》（A Local Law in Relation to Automated Decision Systems Used by Agencies），欧盟出台的《欧洲机器人民事法律规则》（Civil Law Rules Robotics）等。

立法之外，各国还通过推动制定技术标准及伦理道德准则等来明确规范，如英国一直呼吁制定国家层面的人工智能准则，为人工智能研发和利用设定基本的伦理原则，并探索相关标准和最佳实践等，以便实现行业自律。欧盟提出，根据欧盟基本权利宪章，考虑数据保护和透明性原则，在2018年年底前提出人工智能发展的伦理指导方针，在2019年根据技术发展情况发布产品责任规则的解释指南。美国、新加坡等国家也高度重视、积极推进人工智能伦理标准的制定。同时，亚马逊、微软、谷歌、IBM、脸书还联合成立非营利性的人工智能合作组织，解决人工智能带来的伦理和安全问题，分享最佳做法，增加公平性和透明度，解决技术带来的偏见和歧视问题。这些国内规定、伦理原则和企业组织、做法都为更大范围的全球人工智能治理提供了基础，成为提升国际传播能力新的路径。

四、在三个维度上提升我国国际传播能力的建议

通过对上述三个维度的分析可见，人工智能与国际传播结合越发紧密，并已成为国际传播和国际竞争的重要领域。为了加强我国国际传播能力建设，应

该强化对人工智能技术的应用、阐释与治理。

在应用维度上，相关媒体机构应与人工智能企业加强合作，将智能技术广泛应用于国际传播内容的生产、分发和交互环节，提高生产效率，改善用户使用体验，并利用智能手段感知风险，及时有效地做出反应，不断开辟国际传播的新形式、新手段、新领域。

在话语维度上，相关媒体机构应着力加强对中国智能领域成功经验的对外传播，特别突出利用人工智能技术改善民生的举措，同时，组织国内外专家梳理总结人工智能发展所面临的共性与个性问题，从普惠、共享、发展的角度阐释中国对人工智能的理解，形成新的概念、理念和关注焦点。

在治理维度上，相关媒体机构一方面应加强对国外相关立法、伦理规范内容和原则的跟踪研究，另一方面应组织专家学者和业内人士结合我国立法原则、宗旨与国际法精神，形成有中国特色的人工智能治理原则，并借各种国际论坛和全球焦点事件等加以传播，为参与人工智能国际规则制定提供基础。

（本文发表于2018年10月，略有删改。）

人工智能、大数据与对外传播的创新发展[①]

马　宁　北京工业大学艺术设计学院讲师

一、引言

信息社会进入21世纪的第二个十年，信息传播技术的最新成果在全球范围应用与普及的速度不断加快，对外传播的创新发展迎来了机遇与挑战并存的宏观格局和微观变局。根据高德纳（Gartner）近十年连续发布的技术成熟度曲线报告，当前信息传播技术的应用热点正在从移动互联网络和社交媒体拓展至云计算、大数据、物联网和人工智能，其中尤以人工智能和大数据最为引人注目。时任总理李克强在2018年的政府工作报告中再次强调"实施大数据发展行动，加强新一代人工智能研发应用""发展智能产业，拓展智能生活。运用新技术、新业态、新模式，大力改造提升传统产业"。[②]

放眼全球，无论是美国大选中脸书的大数据疑云，还是主流媒体中机器生产内容的日益流行，人工智能、大数据与对外传播融合发展的模式创新值得关注与探索。本文从对外传播的移动化、社交化成果出发，通过传播内容、渠道和对象

[①] 本文系中国传媒大学"中国企业走出去欧美华文媒体传播战略与策略"课题的阶段性成果，项目编号：HW17133。

[②] 《2018年政府工作报告》，中国政府网，http://www.gov.cn/premier/2018-03/22/content_5276608.htm，2018年3月22日。

等方面探析并展望人工智能、大数据与对外传播融合发展的可行性模式。

二、承前启后：从移动互联网、社交媒体到人工智能、大数据的传承

伴随着信息社会的发展热潮，麦克卢汉的媒介化预言和曼纽尔·卡斯特的网络社会构想在全球范围已近成真。宏观层面的"地球村"，正在借助理论边界可以无限扩展的比特连接，通过谷歌、脸书、推特、优兔（YouTube）等数字平台，突破了传统时空界限对国际传播的束缚和限制。微观层面上，"媒介即讯息"与"媒介是人的延伸"通过移动互联网和社交媒体等日益主流的信息化成果，逐步演化为"地球村"成员生活和工作中习以为常的组成与形态；信息传播的变革契机从大众传播领域扩展至组织传播、人际传播等范围更为广阔、层次更为深入的空间。正在加速成果转化与应用普及的人工智能和大数据，正是优先着眼于以人作为基本传播单元的微观变局。

新世纪以来，我国的对外传播充分利用移动互联网和社交媒体等信息传播技术成果实现了阶段性的创新发展，一方面主动应对广播电视、平面媒体等大众传播媒介在全球范围遇到的媒介融合挑战，另一方面积极利用移动化、社交化和位置化的数字平台探索对外传播的内容、渠道与对象创新。无论是中央电视台、中国国际广播电台等大众传播主体主动"走出去"的代表中国国际电视台（CGTN，China Global Television Network）、China Plus，还是积极在国际社交媒体开设账号的政府机构、社会组织、企事业单位以及知名人士与意见领袖等新兴传播主体，我国的对外传播与主流信息传播技术的融合发展已经积累了一定的成功经验和阶段性成果，然而信息传播技术的迭代与变革并非偶发式的跃变，对外传播与最新技术成果的融合发展和模式探索也是承前启后的——移动互联网和社交媒体之后最具成果转化价值和市场应用前景的信息传播技术，正是人工智能和大数据。

核心观点

广义人工智能指通过计算机实现人的头脑思维所产生的效果,是对能够从环境中获取感知并执行行动的智能体的描述和构建;相对狭义的人工智能包括人工智能产业(包含技术、算法、应用等多方面的价值体系)、人工智能技术(包括凡是使用机器帮助、代替甚至部分超越人类实现认知、识别、分析、决策等功能)。

工业革命使手工业自动化,机器学习则使机器本身自动化;开源环境大幅降低人工智能领域的入门技术门槛;视觉感知逐步实现商用价值,视觉认知仍有待探索

国家政策鼎力支持,指出要发展人工智能达到世界顶级水平,但人工智能道德与威胁问题关注较少

未来,事物的完整行为规划或事项决策的发展空间较大;
前沿算法之外,商业壁垒有赖于产品、服务、市场等综合建设

未来不会出现岗位短缺,技术革命将提高社会整体福利;
人工智能的核心价值在于提效降本、延续人类智慧

来源:艾瑞咨询研究院自主研究绘制。

人工智能的定义与发展概览①

综合来看,人工智能与大数据的融合创新是相辅相成的,大数据是人工智能的信息来源与发展动力,而人工智能是大数据的解决之道与应用路径。对外传播在全球移动互联网络和国际社交媒体平台的探索与收获,为人工智能与大数据的创新实践提供了可深入优化的传播内容、可丰富化拓展的传播渠道,以及可精准化定向的传播对象。

三、继往开来:对外传播在内容、渠道和对象的智能与数据之变

人工智能、大数据作为计算机科学技术和数据科学技术的分支,其出现、存续和发展具有一定的历史沿革,目前因其技术发展在互联网、制造业、商业

---

① 艾瑞咨询:《2018年中国人工智能行业研究报告》,http://report.iresearch.cn/report/201804/3192.shtml,2018年4月2日。

与零售业等领域的有效成果转化而进入应用的成熟期。具体到对外传播的领域，人工智能的机器生产内容、算法与智能推荐、智能语音与语义识别、人机对话与人机协作、机器深度学习，以及大数据的内容标签化和关系画像化，将通过传播内容、渠道和对象等方面推进对外传播从移动化、社交化到智能化、数据化的变革，在21世纪的第三个十年助力创新对外传播模式发展，从而持续有效、与时俱进地讲好中国故事、传播好中国声音。

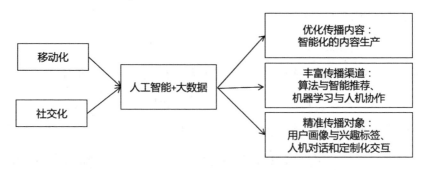

对外传播从移动化、社交化到智能化、数据化的创新发展

（一）优化传播内容：智能化的内容生产

对于对外传播而言，内容生产是重中之重——讲好中国故事、传播好中国声音。"故事"与"声音"可以分别指代内容的具体组成和内容的呈现方式。在内容生产的环节，如何进行选题和信息素材的采集与编辑，将直接决定故事的生成与质量。在对外传播的移动化和社交化过程中，通过利用主流的国际化数字平台如脸书、推特，对外传播工作者已经可以实现与目标对象的连接和互动，然而数字连接与信息交互并不能自然而然地反馈对方感兴趣的选题和内容，也难以有效、持续地影响传播主体的内容生产流程。人工智能和大数据的出现，为优化传播内容提供了人机协作的解决之道，大数据对于内容的标签化处理结合人工智能的机器学习特性，首先能够为选题决策提供直观的参考和经验的累积，人机协作的智能化和数据化可以为内容生产指明方向。例如，"Give Me Sport用机器人进行信息收集；Google研发为报道自动匹配图

表、图片或视频的工具；News Cart公司用AI追踪有价值的新闻信息，群发给团队成员。"①

在有效优化选题的前提下，机器生产内容的创新实践对于对外传播的未来发展也具有重要的应用价值。新华社2017年12月26日发布与阿里巴巴共同研发的中国第一个媒体人工智能平台"媒体大脑"，正是运用人工智能技术由机器智能生产新闻的成功代表，"媒体大脑"能够"提供基于云计算、物联网、大数据、人工智能（AI）等技术的八大功能，覆盖报道线索、策划、采访、生产、分发、反馈等全新闻链路"。②首条由"媒体大脑"的"2410（智能媒体生产平台）"系统制作的MGC视频新闻《新华社发布国内首条MGC视频新闻，媒体大脑来了！》，时长2分08秒，制作计算耗时只有10.3秒。

回溯媒介融合的实践探索历程，新闻类网络媒体数年前已经针对地震等突发自然灾害，通过与可靠信源的智能化连接实现了最为迅速的机器生产内容；而财经类网络媒体通过写稿机器人，基于财报等具有一定规范性的文本信源，可以在尽可能短的时间里自动生成格式标准化的财经资讯。尽管在内容生产的这一环节，专业人士仍将主导信息素材的采集与编辑，但对于突发性事件、重大新闻事件等注重时效性的内容而言，机器生产内容的出现与合理的人机协作将大幅提升内容生产的效率和效果。

在"传播好中国声音"的对外传播工作宗旨中，"声音"作为内容的呈现方式，一方面需要注重时下流行的多媒体手法的丰富运用，另一方面需要有效跨越语言的障碍和文化的隔阂。在人工智能和大数据的应用领域，智能语音与智能识别的创新成果正在悄然改变人际传播的方式和效率。例如，"2017年深

---

① 沈浩、袁璐：《人工智能：重塑媒体融合新生态》，《现代传播》，2018年第7期。
② 《新华社发布国内首条MGC视频新闻，媒体大脑来了！》，https://mp.weixin.qq.com/s/2IR4URU4BbXMshXDz_80hw，2017年12月26日。

圳双猴科技推出的魔脑神笔、魔脑晓秘、魔脑导游、魔脑翻译官四款产品融合了全球最先进的四种人工智能语音翻译技术，可以同声翻译多国语言（28国语言），这种人工智能翻译机适用于酒店、海关、旅游景点，很好地解决了普通民众跨国旅行中的语言障碍，从而能更好地促进民间对外交往"。①

在对外传播的内容生产层面，"好故事"如何转化为"好声音"，跨文化、跨语言的信息传播在编码与解码的环节，已经可以尝试利用智能语音等创新成果提升"中国声音"尤其是多媒体内容的生产与传播效率。通过人工智能辅以人际协作、大数据辅以机器学习，未来对外传播的创新发展将更加有效地搭建连接不同国家、民族、语言和文化的传播桥梁。

（二）丰富传播渠道：算法与智能推荐、机器学习与人机协作

在移动化、社交化主导的新世纪第二个十年里，传播渠道借助移动互联网和社交媒体从形式上在全球范围得以拓展。根据全球移动通信系统联盟（GSMA，Global System for Mobile Communications Assembly）的统计报告显示，"在2017年第二季度，全球移动用户数量达到了50亿大关"；②而根据脸书公布的2018年第二季度财报，"在今年6月，脸书拥有平均14.7亿的日活跃用户，比去年同期上涨11%；月活跃用户则达到22.3亿，同样比起去年同期上涨11%"。③然而值得关注的是，虽然以广播电视、平面媒体为代表的大众传播媒体已经在近年的对外传播实践中通过中国国际电视台、China Plus等模式实现了"走出去"，并且借助脸书、推特、优兔等移动化、社交化的数字平台做到了"走进去"，但无论是"走出去"还是"走进去"，目前我国对外传播模式

---

① 栾轶玫：《人工智能降低国际传播中的文化折扣研究》，《对外传播》，2018年第4期。
② 《数据显示：全球三分之二的人口通过移动设备上网》，腾讯科技，http://tech.qq.com/a/20170920/002642.htm，2017年9月20日。
③ 《Facebook发布2018Q2财报，增长放缓致市值蒸发千亿美金》，知客，http://www.zaeke.com/article-10062.html，2018年7月26日。

的传播主体在讲述中国故事、传播中国声音时所依托的传播渠道，依然习惯性运用传统的单一、单向的"广播"模式。

人工智能、大数据的组合，与对外传播模式在丰富传播渠道方面的创新发展，目前主要聚焦于算法与智能推荐、机器学习与人机协作。国内外的新闻资讯类app在进行移动化转型的过程中，限于移动终端不同于PC终端的物理界面和交互方式，将海量增长的频道内容以标签化定制的方式提供给用户进行自主选择。此外，还在后台对用户的浏览习惯实施行为监测、特征画像和机器学习，依托于差异化的算法进行智能推荐。这种用户人工定制与机器智能推荐结合的方式，催生了不同于传统新闻资讯平台的兴趣阅读模式，国内的今日头条和国外的BuzzFeed是运用人工智能与大数据进行传播模式创新的代表。我国对外传播工作在未来十年的创新发展，一方面可以在传播主体层面比如中国国际电视台、China Plus自主研发的app或移动端网站添加智能推荐的模块与功能，积极借鉴已有的成功经验；另一方面对外传播主体需要依托谷歌、脸书、推特、优兔等主流平台成型的智能推荐解决方案，积极尝试在商业领域得以纯熟运用的传播渠道智能投放，将"讲好中国故事、传播好中国声音"的对外传播工作从移动化、社交化的新闻宣传创新模式进一步拓宽至智能化、数据化的全球传播创新模式，淡化传播主体的政治属性而强化传播渠道的对话机制，有效利用主流数字平台对大数据的海量积累和人工智能的探索成果。

（三）精准传播对象：用户画像与兴趣标签、人机对话和定制化交互

传播渠道的智能化和数据化，是人工智能与大数据长期作用于传播对象的积极成果。如前所述，这个过程决定了移动互联网络和社交媒体在十年发展历程中承前启后的创新方向。对外传播走进脸书、推特、优兔等平台，面对的是覆盖全球来自不同国家、不同民族、不同语言、不同文化的数十亿用户。在移动化、社交化的阶段，从随机式的内容连接升级为关注式的关系连接是初期成果，但从量级上来看，能够固定化的关注关系仍然非常有限。更为重要的是，在信息爆炸的时代，单一的关注关系已经无法保证重要内容的有效到达，例如，日益臃肿的微信和淡去的公众号红利所遇到的发展瓶颈与信息桎梏。所以，对外传播借助人工智能和大数据实现优化传播内容、丰富传播渠道的模式创新后，依然需要进一步解决"讲好中国故事、传播好中国声音"过程中的传播对象问题。

人工智能和大数据在传播对象层面的创新应用，目前主要集中于大数据的用户画像与兴趣标签、人工智能的人机对话和定制化交互。这是与优化传播内容、丰富传播渠道密切关联的模式创新方向。首先，大数据从内容的维度以标签化的方式对用户进行兴趣匹配，同时从关系的维度对用户的个人信息、浏览行为、互动行为及其他延伸信息进行汇总，从而结合内容与关系两个维度对海量传播对象进行用户画像并生成兴趣标签；之后，基于标签可以将传播对象根据内容和渠道的需求进行智能化或定制化的人群匹配，即可达到精准传播的效果。通过对标签的智能管理和算法的匹配以及机器的深度学习，人工智能可以从后台拓展至前端与传播对象进行人机对话。借助自然语言处理和语义分析等功能，微软小冰、小i机器人等解决方案已经在电子商务、智能家电、客户服务等领域得以应用。

在对外传播的层面上，优化的传播内容通过更为丰富的传播渠道精准到达传播对象后，如果能够持续地实现智能化的人机对话或者辅以不同语言、不同文化的定制化交互，传播效果与效率不仅能够得到有效提升，而且可以在关系维度上深化并巩固与有效果、有价值的传播对象的长期连接。在信息传播模式从传统的大众传播向移动化、社交化的新型传播变迁的过程中，单一、单向的"广播"模式拓展为多元、多向的"社交"模式，最为明显的特征之一，正是优质内容越来越依赖这些有价值的传播对象的关系连接，来进行口碑式的自发传播。然而，关系连接的有效性需要依托于进一步的对话和互动，传统的人工模式面对大数据的井喷必然会遇到物理和资源的瓶颈问题，对外传播的模式创新需要将传统时代的"人工"升级为大数据时代的"人工智能"。

四、反思与展望

对外传播借助人工智能、大数据实现的模式创新可以从优化传播内容、丰富传播渠道和精准传播对象等方面逐步摸索前行。值得关注的是，在人工智能、大数据的发展热潮中，无论是偏重新闻传播的传媒领域还是偏重市场营销的商业领域，与引领信息传播技术发展的解决方案提供商和平台服务提供商的有效合作，是信息社会专业化分工的大势所趋。我国的对外传播工作者在对传播内容、渠道和对象进行模式创新的同时，需要以开放的态度积极整合国内外在人工智能、大数据领域的发展成果，与时俱进地构建具有传播闭环特征、科技融合创新发展的对外传播体系。

人工智能、大数据与对外传播创新发展的模式探索，需要立足于国内已有的成功经验——从内宣的应用实践发现外宣的创新之道，利用我国在互联网等信息传播领域强劲的发展势头做好对外传播的试验田。在国内，能够有效构建自有大数据系统的数据驱动型企业如BAT（百度、阿里巴巴、腾讯）在人工智能和大数据的发展进程中已取得领先。对于积极布局国际化发展的BAT而言，其在大数据和人工智能领域的科技成果可以为我国对外传播的模式创新提供有益的资源支持和积极的经验借鉴。

从BAT放眼全球，在国外主导人工智能和大数据发展的FAANG（Facebook脸书、Amazon亚马逊、Apple苹果、Netflix奈飞、Google谷歌）不仅具有他山之石的示范效应，更是我国对外传播模式创新必须有效"走进去"的重要平台。2018年年初多家西方媒体曝光英国政治咨询公司"剑桥分析"（Cambridge Analytica）非法使用从脸书获得的超过5000万用户的数据，这一轰动全球的事件向世界生动展示了大数据所拥有的规模大（Volume）、类型多（Variety）、流转快（Velocity）、价值高（Value）的4V特征，以及大数据同人工智能的算法与智能推荐结合后深刻影响美国大选的威力——"以从社交媒体获得的大数据，给用户进行政治画像，然后精准定向投放政治广告，俘获心灵，影响选举投票，还未出现过具有巨大社会影响力的事件。"①

美国大选中脸书的大数据疑云也许正在预示着一个全新时代的开启，该事件加速了更加具有里程碑效应的欧盟《通用数据保护条例》（*GDPR, General Data Protection Regulation*）的正式实施。脸书这一反面案例对于我国对外传播如何利用人工智能、大数据进行模式创新不仅具有数据安全和信息伦理层面的警示作用，也为未来如何合理、合规、合法地使用人工智能和大数据提供了模式探索的路径与方向。

（本文发表于2018年10月，略有删改。）

---

① 任孟山：《Facebook 数据泄露事件：社交媒体与公私边界》，《传媒》，2018 年第 7 期。

人工智能：
数智时代中华文明国际传播新范式[①]

相德宝　北京外国语大学国际新闻与传播学院教授、博士生导师
曾睿琳　北京外国语大学国际新闻与传播学院硕士研究生

纵观人类文明的发展历程，科学技术一直是人类文明范式演进的重要推动力。印刷术的发明推动了人类科学知识的传播，推动神权向人权的转变，为现代社会的建立提供了必要前提。18世纪末19世纪初，以机器大生产为核心标志的工业化革命，引发人类生产力和生产方式的变革，将人类推进到现代社会。互联网连接全球，更将世界带进了真正的"地球村"，人类社会进入"网络化时代"，人类生存走向数字化生存。当下，以人工智能技术为代表的第四次科技革命正全面展开，以大数据、元宇宙、生成式人工智能为代表的数智技术的快速发展使得人类社会进入新的阶段并催生出新的人类文明形态——数智文明[②]。因此，人工智能技术正成为未来智能文明发展的新范式。

[①] 本文为国家社科基金一般项目"国际社交媒体涉华计算宣传传播特征、影响机制及应对策略研究"（22BXW049）前期研究成果。

[②] 何哲：《数智文明：人类文明新形态——基于技术、制度、文化、道德与治理视角》，《电子政务》，2023年第8期，第48-60页。

一、人工智能成为未来人类文明的生产力标志

当下，世界正处于新一轮科技革命和产业变革之中。替代工业文明机器，数字智能成为组织生产的基础设施与重要工具，实现生产过程的感知、连接、控制、优化。数字智能数据成为核心生产资料输入，数据的采集、存储、分析、应用推动着新形式的生产。数字智能渗透各个社会领域，成为未来人类文明的生产力标志。

近年来，大数据、云计算、物联网等信息技术，以及泛在感知数据和图形处理器等计算平台推动以深度神经网络为代表的人工智能技术飞速发展，并迅速普及。2022年底，ChatGPT在上线5天后，用户突破100万人，仅仅两个月后，其月活用户突破1亿[1]。数字智能技术获得超高速普及，作为新要素进入生产领域，改变了生产力和生产关系。自然语言处理、计算机视觉、知识图谱、机器学习、人机交互等核心技术帮助各领域快速构建数字化生产体系，精准定位不同人群的需求，分析海量的用户数据和行为习惯，从而提供个性化的产品和服务。

"文明是人类社会不断发展进步，逐步摆脱野蛮和落后的生存状态，它随着时代发展而呈现不同状态。"[2]纸张、书籍、印刷术等在中华文明的传播过程中，很长一段历史时间内都承载着不可替代的使命。人工智能技术在当代的突显为中华文明传播打开新格局，数字化和智能化的产业升级，带来内容生产效率大幅提高，推动中华文明向知识密集型社会转型，其在文化产业、语言文学、艺术等文化创作领域的应用提供了宣传主流价值观念的新平台。而且，人工智能所带来的生产力跃升，进一步引发了人与人、人与人工智能生产关系的

---

[1] 《史上增速最快消费级应用，ChatGPT月活用户突破1亿》，澎湃新闻，https:// www.thepaper.cn/newsDetail_forward_21787375，2023年2月3日。
[2] 谢清果、林凯：《礼乐协同：华夏文明传播的范式及其功能展演》，《新闻与传播评论》，2018年第6期，第59—68页。

结构性变革，社会发展出现"逆分工"现象，细致分工出来的重复性劳动逐渐由人工智能承担，而人类劳动则越来越处于更高整体层次的客观趋势①，拥有更多精力和时间从事更具创造性的工作。

中华文明传播需要包容技术发展，人工智能技术的快速发展正在深刻改变着社会生产力和生产关系，其所倡导的创新、开放、包容的科技文明价值，将驱动中华文明继续发展和开放。

二、人工智能技术成为未来中华文明传播的新主体

人工智能时代，机器的自我学习能力和自我更新能力不断提升，弱人工智能逐渐向强人工智能迭代。智能技术被社会化，在信息处理过程被角色化，以往AI更多作为内容生产的辅助工具，但随着AI超深度学习技术的发展，AIGC向多模态大模型转变，互联网平台的内容生产范式由AI为辅转变为AI为主②，成为未来中华文明传播的新主体。

不同于传统的专业机构生产内容（PGC）、用户生产内容（UGC）的内容生产范式，基于人工智能技术的内容生产（AIGC）具有充足的算力，智能算法通过机器学习持续积累知识，并以创造性方式生产新的文化内容，超越作为创作主体的人的精力、体力以及记忆力的限制，实现持续性、大规模自动化的文化内容创作，保证中华文明传播过程中的充分供给。中华文明是优秀传统文化、中国革命文化和社会主义新文化的有机结合体③。人工智能依托自身算法

---

① 王天恩：《人类解放的人工智能发展前景》，《马克思主义与现实》，2020年第4期，第180—187页。
② 郭全中、袁柏林：《AGI：传媒业未来变革的核心驱动力》，《中国社会科学报》，2023年4月20日，第4版。
③ 包萨仁娜、张毓强：《国际传播新征程：增强中华文明传播力影响力的时代议题》，《对外传播》，2022年第11期，第63—67页。

和海量训练数据优势，深度介入各类文化的传播与再生产的全过程。抖音国际版发挥人工智能算法优势，在用户使用软件的过程中对用户进行精准画像，从而了解不同国家、不同地区受众的文化产品喜好、心理特征、消费习惯、文化情趣等，为用户推荐个性化、定制化内容，为中华文明传播提供受众乐于接受的平台，促使中华文明传播打破传统固定机制实现沉浸式、智能化、定制化，增强了不同国家用户对于中华文明的感知力和理解力。[1]

此外，基于自然语言处理技术的智能交互平台，可以主动理解用户文化知识需求，并使用社会化语言进行交流传播，构建起用户与中华文明之间的新连接，成为传统媒介主体所无法替代的桥梁，有效解决了跨文化人才不足、数据资源有限的难题。

"人工智能的出现不仅打破了人类独有主体性的幻想，更将主体性范畴扩展到跨人际主体的全新领域。"[2]随着智能技术在中华文明传播领域的广泛应用，人与机器的交互范式不断升级，中华文明传播范围在时间和空间上得到扩展。智能技术与文化传播的高渗透，促使数字人文的繁荣。智能系统进行知识整合，成为集散文化信息的新主体。换言之，智能系统可以对海量文化信息进行集成、组织、优化，构建结构化的知识库，为用户定制个性化的知识获取路径，超越传统图书馆的功能，成为更高效的文化信息处理与管理主体。

三、人工智能技术为中华文明传播提供鲜活场景、渠道与载体

不同于信息时代与工业时代，数字时代的数据作为生产和创新要素将研

---

[1] 杨娟：《人工智能时代的中华文化传播力研究》，《人民论坛》，2023年第2期，第107—109页。

[2] 程明、赵静宜：《论智能传播时代的传播主体与主体认知》，《新闻与传播评论》，2020年第1期，第11—18页。

发、制造、服务、监管等多个系统的治理对象统一在数据层面①，人工智能成为中华文明传播的媒介基础设施。"单向广播+双向交互+智能引擎"的三大特点使其能在传播活动中注入智能思维，紧密地连接内容、渠道、资源、媒体和受众，从而解构需求的社会关系链的"用户洞察"②。人工智能时代创造了一个传媒技术高速迭代、传媒主体泛媒介化、信息渠道去中心化、用户个体感知进化的传媒生态系统。它的出现及应用，标志着人类社会生产实践的融合上升到了新的高度③。基于人工智能的各类媒体平台，不再是固定的中央导向式传播模式，极大拓展了文明传播载体、渠道、场景与生态。

人工智能技术促使知识生产者与消费者角色之间的关系变得更加扁平化，其不仅改变了信息文本传播的全链条，也颠覆了人类的交往习惯、消费逻辑、工作模式等方方面面，利用海量的信息储备和分散的传播网络，推动多模态内容的创作，丰富传播文本，弥补文字传播的局限性。人工智能云平台丰富的计算资源可用以中华文明相关数据的存储、训练和应用，使传统文化、革命文化、社会主义新文化④通过数字化重生，打造传承和创新中华文明的强大基础。大规模预训练语言模型可实现对文本的理解和生成，为语音、图像等多模态内容的处理提供可能，代表性系统如GPT-3.5展现了在限定领域内接近人类水平的多语言能力，有助于打通语言壁垒，实现中华文明跨文化传播；另一方面，人工智能技术在算法和算力的助力下能够更懂得人类需求，将信息

---

① 布和础鲁、陈玲：《数字时代的产业政策：以新型基础设施建设为例》，《中国科技论坛》，2021年第9期，第31—41页。
② 许志强、王家福、刘思明：《物联网+大数据：数字媒体变革的思考与未来媒体进化》，《电视研究》，2017年第11期，第37—40页。
③ 张祝平：《人工智能引发的生态伦理问题与应对策略》，《学习论坛》，2022年第2期，第108—114页。
④ 布和础鲁、陈玲：《数字时代的产业政策：以新型基础设施建设为例》，《中国科技论坛》，2021年第9期，第31—41页。

传输的关系实体化,既包括具体的人员和组织,也包括相应的物理载体、内容平台和传输网络[①],受众的交往场景持续衍生,交往对象不断丰富。人工智能辅助营造沉浸式的虚拟传播场景,使用户体验更具互动性与趣味性。今日头条平台的"国风"频道试图以受众体验为中心、以人工智能技术为骨架依托人工智能技术开拓社交媒体空间,搭建"智能+社交"模式的全新生态环境,从而在垂直领域挖掘更多喜爱传统文化的受众群体,并让中华优秀传统文化在人工智能时代的传播交互中不断创新发展[②]。虚拟现实(VR)、大语言模型(Large Language Models,LLMs)、算法(Algorithm)等技术使得人工智能平台信息分发的脉络与逻辑发生了改变——信息的丰富程度呈指数级增长趋势膨胀,对各种不同用户的可支配注意力资源的配置效率更高,进而更高效地完成用户与信息的精准匹配。

人工智能技术在人类生活工作场景高度渗透,其在文明传播中扮演的角色也愈发丰富和关键,不仅为中华文明传播提供了鲜活的载体,还形成了一种全新的场景和生态。在过去,互联网的技术支撑与商业属性为人们搭建出了一个开放、多元、普遍适用的基础服务平台。人工智能技术则通过技术的迭代与更新,推动虚拟服务平台走向个性化,趋向贴合受众的独特需求创造良好的传播环境。基于人工智能的协同传播,整合多源知识,实现了中华文明传播内容的连通互补,对互联网分散内容整合,进行关系关联、逻辑推理、质量评估等,从而构建系统连贯的知识生态体系,使传播内容更全面丰富。

四、人工智能技术标准、规制展现中国观,形塑世界观

技术标准和规制体系反映了一个国家的价值观,影响全球的技术发展方

---

① 罗自文、熊庚彤、马娅萌:《智能媒体的概念、特征、发展阶段与未来走向:一种媒介分析的视角》,《新闻与传播研究》,2021年第1期,第59-75页。
② 《今日头条推出国风计划 赋予传统文化新活力》,中国新闻网,https:// baijiahao .baidu .com/s?id= 15995355005808628489&wfr= spider&for=pc,2018 年 5 月 4 日。

向。"人机关系既是智能技术发展的结果,也是信息传播的伦理(价值观)之源。"[1]价值观与人工智能技术之间的密切关联愈发受到全球各国关注,作为新型"把关人"的平台算法以及基于大量语料训练的生成式大语言模型等深层嵌入各国主流意识形态。

二战结束以来,美国长期居于前沿科技领域领先地位。随着第四次科技革命的到来,世界各国在高新科技领域的竞争也愈发激烈。为应对其他国家尤其是中国在人工智能技术方面的崛起,美国等西方国家在高新科技领域开展"双链"打造行动:在物质层面,彼此加强合作,试图重构全球高新科技领域的"价值链";在精神层面,则可以强调合作伙伴在价值观上的一致性或相似性,意欲构建新的以西式价值观为内核的全球"思想链"[2]。2020年1月,美国白宫科技政策办公室(OSTP, Office of Science and Technology Policy)发布《反映美国价值观的人工智能——我们不必在自由和科技之间二选一》(*AI that Reflects American Values*)一文,称美国会确保新兴前沿科技体现美国自由和人权价值观,并暗示欧洲各国,只有"反映美国价值观的人工智能"才是尊重自由、值得信任的[3]。

当前,西方国家在人工智能技术发展、国际舆论和话语权等方面仍占据主导地位。因此,人工智能时代,提升中华文明的传播力、影响力需要不断提升对人工智能技术规制的引领。ChatGPT在2023年初在全球范围的大热让社会各界意识到生成式大语言模型在人工智能时代的强大传播力和影响力,其用以

---

[1] 陈昌凤:《人机何以共生:传播的结构性变革与滞后的伦理观》,《新闻与写作》,2022年第10期,第5-16页。

[2] 王存刚:《美国等西方国家在高新科技领域的行动与影响》,《中国信息安全》,2022年第10期,第78-82页。

[3] "AI That Reflects American Values", Bloomberg.com, https://www.bloomberg.com/view/articles/2020-01-07/ai-that-reflects-american-values ,2020-01-07.

训练的大量语料和标注参数基于开发方主观意愿选择与调试，百度"文心一言"、华为"盘古"、腾讯"HunYuan"、阿里巴巴"通义"等基于中文数据训练的大语言模型正处于快速成长阶段，未来或将成为中华文明主要内容生产和传播平台。此外，还应推动我国新一代移动通信技术、无人驾驶等技术进入国际标准，体现自主创新理念，展现中国观；在多个领域积极提案和行动，参与国际技术规制，倡导共享发展理念，如"数字丝绸之路"倡议，在技术规制层面推动共建共享的世界观，体现负责任大国形象，以安全、有序的技术理念和标准影响全球，改变传统技术规制范式，决定世界价值观。以实现利用前沿技术维护中国价值观的国际地位，加强技术领域规制建设，强化中国价值观在国际社会中的持续呈现，并在发展前沿技术的同时形塑具有中国特色的世界观并向全世界人类传递，从而提高中华文明的传播力和影响力。

五、人工智能成为未来中华文明传播的新范式

数智深度融合，以自主学习和自主决策典型特征的人工智能技术将推动未来社会进入"人工智能范式"。在该范式下，互联网时代的关键因子——信息与内容，将被进一步颗粒化为数据和算法，被隐入后台，更难以被人们感知。未来文明将加深"以人为尺度"的程度，个人的情感体验和价值需求走向个性化，生产和消费活动倾向私享化，推动人类文明实现聚合和重构，形成新的文明范式。

文明作为人类最大社会单位之间的传播，人工智能驱动下的中华文明传播体系基于主客体的超宏大性、内容的超丰富性和过程的超复杂性[1]等特征通过数字化展示、多语言阐释等手段打通全球的中华文明知识网络，形成连接全球用户的中华文明知识图谱和中华文化大数据，使中华文明成为世界认知的重

---

[1] 白文刚：《文明传播视野中的"中国模式"与"中国故事"》，《新闻与传播评论》，2019年6月，第5-16页。

要源泉。近年来,"大数据+算力+算法"作为人工智能的技术基础,不断被发展完善,自然语言处理、语音处理、计算机视觉、知识图谱、机器学习、人机交互等核心技术更新迭代,元宇宙、虚拟数字人、社交机器人、ChatGPT、AIGC等应用不断涌现[①]。以ChatGPT为引领的生成式人工智能从根本上改变了社会各领域的内容生成与关系链接,为数字内容生产的高效更新注入动能。在智能化和数字化深度融合的背景下,人工智能的内容生产能够提高内容生产效率,深化用户之间的社交关系,加强用户体验感和代入感。另外,人工智能技术的发展推动元宇宙不断落地,强化了人类数字化生存的趋势,实现了现实世界与虚拟世界之间的深度交融。元宇宙的核心技术区块链技术、虚拟现实/增强现实/混合现实(VR/AR/MR)、游戏范式,经过技术的升级不断更新迭代,颠覆了人类的协同方式、接收处理信息的手段,以及与虚拟世界的交互程度。元宇宙"复刻现实、超越现实、再造时空"[②],为人类提供了能够随心想象并自由支配的多重数字空间。随着中华文明系统的外延拓展,虚拟世界文明系统繁荣,也必将与现实世界交融。

中华文明源远流长,蕴含丰富思想智慧。在人工智能高速发展的今天,中华文明的精髓需要以符合时代特点的方式传播给世界。中国古代哲学"天人合一"的思想体现了中华民族对自然、社会和谐发展的智慧。人工智能技术深度嵌入中华文明的各层面,持续深化人机协同,进一步黏合了人与自然本质的内在联系、增进了人与人之间的理解和连接。其作为影响未来产业形态和生产方式的新要素,推动着更智能化的社会结构和组织形态,以强大计算能力将与人的创造力相结合,共同扩展文明发展新空间,推动中华文明系统的延伸。

(本文发表于2023年10月,略有删改。)

---

① 相德宝、崔宸硕:《人工智能驱动下的国际传播范式创新》,《对外传播》,2023年第4期,第32-36页。

② 相德宝、崔宸硕:《人工智能驱动下的国际传播范式创新》,《对外传播》,2023年第4期,第32-36页。

智能传播时代国际传播认识与实践的再思考[①]

胡正荣　中国教育电视台总编辑、教授
王润珏　中国传媒大学国家传播创新研究中心研究员、主任编辑

一、智能传播时代国际传播内涵的重新认知

大数据、人工智能、5G等新技术的应用正在将人类社会带入万物互联、智能传播的新阶段，智慧全媒体成为媒体融合深度发展的未来趋向。从国际传播的角度来看，一方面，数字传播时代已经出现的传播主体多元、话语视角转换、时空界限消弭等特征被进一步强化，另一方面，呈现出因物联网的发展而带来的传播场景转化，因信息接触模式变化而带来的国际传播活动形态转变等新现象、新趋势。因此，在智能传播的趋势下，我们有必要对既有的国际传播的内涵认知进行重新调校。

传统国际传播理论研究认为，国际传播是在民族、国家或其他国际行为主体之间进行的、由政治所规定的、跨文化的信息交流和沟通。国际传播与国家利益相关，带有明显的政治倾向性和意识形态色彩。新闻传播学研究的国际传播主要是指在大众传播基础上进行的国与国之间的传播活动。随着人工智能、

---

① 本文系教育部人文社科重点研究基地重大项目"中国传媒体制机制创新研究"的阶段研究成果，项目编号：18JJD86002。

大数据等技术在传媒领域应用的持续深入，媒介系统整体呈现出"全程、全息、全员、全效"的演进趋势，其外化表现就包括媒介终端的泛存在化、公众信息接触的泛内容化，以及传播活动边界的模糊化。

智能传播与深度全球化的耦合，带来国际传播的多重转变：第一，国际传播的主体由专业媒体机构转向包括专业媒体、机构、个人在内的多元主体，从而削弱了政治规则的影响力；第二，大量生活化的、非政治性内容形成对专业化传播内容的稀释，从而在一定程度上降低了国际传播信息的政治倾向性和意识形态属性；第三，国际传播涉及的文化圈层复杂程度进一步提高，不仅包括传统意义的世界民族文化，还涉及虚拟文化、二次元文化等多元新兴文化和亚文化形态；第四，随着数据挖掘、机器写作、精准推送等操作方式的广泛应用，技术逻辑在国际传播中的作用持续增强。

由此可见，媒体的深度融合和媒介系统的智能化发展带来国际传播活动内容的丰富和内涵的拓展。我们应将所有主体有意或无意基于各类平台、以各种方式开展的跨国、跨文化信息交流和沟通活动都纳入国际传播的讨论范畴中来。唯此，才能更加准确地把握智能传播时代国际传播活动发生、发展的规律与逻辑，才能更好地厘清引导国际传播、提升对外传播能力的思路和策略。

二、智能传播时代国际传播实践逻辑的转换

（一）国际传播实践的基本逻辑

综合分析国内外不同主体开展的国际传播活动，尽管内容、形式差异明显，但通常都包括几个核心要素，即价值观、社会行为、话语表达、传播互动。这些要素在影响国际传播活动时又形成了自内而外的圈层关系。

第一圈层是居于核心位置的价值层，即传播主体自身或群体的价值观和价值理念，是国际传播最为基础和核心的要素，对其他圈层领域具有决定性作用。从本质上说，无论在何种技术环境下，价值观念传播都是国际传播的核心

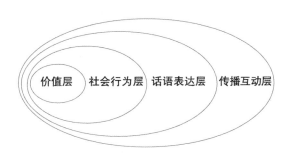

国际传播活动圈层关系示意图

目标，也只有价值观传播的效果更为深远、持久。

第二圈层是社会行为层，指涉的是包括国家治理、社会治理，以及不同行为主体线上和线下活动在内的多样化社会行为。社会行为是价值观念的外化表现，也是国际传播的内容基石。"讲好中国故事"所指的"故事"即中国过去和现在发生的、具有积极正向意义和长久影响力的社会行为。

第三圈层是话语表达层，包括传播过程中使用的词汇、语法、镜头等手段和形式。这些手段和形式的作用并不仅限于对社会行动进行呈现或表达，还通过与权力的互动成为权力起作用的可能性条件，即福柯（Michel Foucault）所提出的"话语是权力"。在国际传播语境下，与话语表达形成相互作用的不仅包括国家内部权力，还包括国际权力结构中的政治、经济、文化等权力。

第四圈层是传播互动层，即通过传播渠道和平台进行信息传播、互动。这是国际传播活动最终得以实施、国际传播效果得以实现的最后环节。传统媒体时代，大众媒体，特别是主流媒体是国际传播渠道的控制者，也是国际传播活动的实施者。在相当长的一段时期内，西方发达国家主流媒体在国际传播活动中处于优势地位，这也导致了以媒体价值观替代社会价值观，以观点导向替代事实导向的国际传播现象时有发生，信息逆差、传播失范、国际传播格局失衡的局面一再出现。

（二）智能传播时代的国际传播实践逻辑

技术是媒体融合和智能化发展最核心的驱动因素。在媒体融合的初期，信息技术主要作用于传播互动层，具体表现为传播速度提升、传输渠道丰富、呈现形式多样、互动方式多元等。这一阶段，尽管脸书、推特等全球通用性平台已经出现，用户原创内容也已经十分普遍，但受到语言文化差异、内容制作水平的限制，专业媒体机构仍然是国际传播的中坚力量。这一时期的突发事件、重大事件传播已经显现出国内外主流媒体、社交媒体同频互动的态势。

2014年3月，《洛杉矶时报》（*Los Angeles Times*）的机器人记者Quakebot仅用时3分钟便完成地震新闻的写作和发布，引起传媒业的震动，也由此开启了以智能化为特征的媒体融合新阶段。机器人、语言识别、图像识别、专家系统等新兴技术在传媒领域的应用形成对媒体、机构和个人的持续赋能，这些能力包括多语种内容生产、内容分发、数据分析等，也使得这些主体对技术的依赖程度日益深化。更为重要的是，技术逻辑和数据逻辑已随着人工智能技术的应用而深度植入国际传播实践之中。

在当前的技术逻辑中，获得足够大规模的、多维度的数据，通过建立模型，对其进行分析、归纳、总结、预测是人工智能产生的基础，也是其应用于国际传播的基础。换言之，提供的基础数据量越大、类型越丰富、结构越清晰，人工智能技术的应用匹配度也就越高；谁掌握了国际传播所需的核心数据资源和算法技术，谁就拥有更大的主动权、主导权、引导权。一个明显的趋势是，随着人工智能技术应用的深入，国际传播实践的许多工作都将转变为由机器人完成的半自动或全自动工作方式，如信息采集、数据分析、基础信息生成、多语种翻译、信息推送等。写稿机器人、人工智能翻译、算法推送等技术越是被广泛地应用于国际传播实践中，技术对话语表达和传播互动两个圈层的影响也就越明显。"数据"和"算法"也因此成为介入国际传播实践圈层关系中的新兴圈层，并发挥着越来越重要的作用。

第一编　人工智能时代国际传播的理论创新

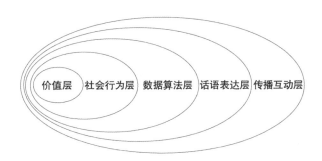

智能传播时代国际传播活动圈层关系变化

可以预见，在国际传播中，技术因素的影响力还将进一步显现，这将导致一部分媒介权力让位于数据权力和算法权力。受此影响，相关制度设计也将更加注重对技术权力的规约，从而形成政治因素影响国际传播的新路径。

（三）新环境下受众特征与国际传播效果实现路径变化

国际电信联盟（ITU，International Telecommunication Union）发布的数据显示，到2018年底，全球网络用户数量达到39亿，首次超过全球总人口的一半，达到51.2%，并呈现持续增长的态势。其中，发达国家网络用户比例为80.9%，发展中国家网络用户比例为45.3%，非洲地区的网络用户比例也增至24.4%。[①]互联网的普及正使得国际传播受众群体与网民群体的重合度越来越高。若考虑"二级传播"效应，在大多数发达国家和发展中国家，互联网的影响范围可扩展至全体公众。互联网和移动互联网也被视为当前最重要的国际传播平台。但同时应该注意到的是，依托互联网开展国际传播是一回事，依托互联网提高国际传播效果则是另一回事。互联网的深度应用，正使得"信息茧房"效应不断强化，构成了国际传播过程中最难突破的"最后一公里"。

从用户的角度来看，互联网在带来海量信息的同时，也带来了巨量的垃圾信息，信息选择和信息甄别的成本也随之增加。因此，公众更倾向于接触自

---

① ITU., Key_2005-2018_ICT_data, https://www.itu.int/en/ITU-D/Statistics/Pages/default.aspx，2019年4月29日。

已有兴趣的、能理解的、符合审美习惯和文化习惯的、匹配接触偏好的信息，越来越多地将社交媒体作为新闻、资讯获取的渠道，更愿意点击、更易于接受与自己具有某些社会连接点的人转发或评论过的信息。基于算法的信息定制、信息推送，便是准确把握了用户的这一心理特征，通过对用户的精细化标签建立信息与人的匹配关系，从而实现信息的精准化、个性化定制推送。这就意味着，媒体融合和智能化转型一方面为国际传播和跨文化传播活动的开展提供了便利，另一方面公众的信息接触方式不是更加开放，而是更加内敛，并形成对文化体系内信息和社会群体内信息的依赖。因此，能否准确把握目标受众的社会关联、群体关系，将跨文化的国际转播转化为与公众兴趣、偏好相一致群体内传播就成为智能传播时代国际传播效果实现的关键环节。

基于上述变化，笔者梳理了智能传播时代国际传播效果实现的关键环节与关键要素，大致分为技术触及、场景识别、关系转换、话语理解、行为关注和价值观接受六个环节，突破每个关键环节则需要抓住其中的关键要素。例如，仅仅通过互联网传播信息并不能保证信息能够准确触及目标受众，还受到用户使用的网络形态、终端类型和信息接受平台等要素的影响。即使同为社交媒体，推特和脸书的用户特征也有着明显差异。更为重要的是，在智能化的背景下，技术平台和数据库均可对上述六个环节形成支撑，在提高这些环节运作效率和准确性的同时，保障六个环节运行的连贯性和一致性。

智能传播时代国际传播效果实现路径示意

三、智能传播时代国际传播的实践策略

（一）建立以全媒体为基础的国际传播体系

互联网已经成为当代社会的重要基础设施，手机等移动终端成为当代人重要的工作和生活工具，社交媒体成为社会交往和舆论流通的重要场域，同时，智能技术的广泛渗透再次改造了媒体图景。我国的国际传播主力军应当更加注重新兴媒体、新兴技术、新兴终端的运用，构建立体化、智能化、多层次、多领域、全方位、全流程的新型国际传播体系。自2015年我国全面进入4G时代以来，以人民日报社、新华社、中央电视台为代表的我国主流媒体通过设备更新改造、技术创新升级、组织结构调整、运作流程重塑、人才结构优化等方式积极开展全媒体建设，探索出了"中央厨房"、网络电视台、云平台等一系列符合中国媒体特征的运作模式。但从"全国一盘棋""全球一张网"的角度来看，全媒体体系结构中只有中央级媒体是不够的，应将各级主流媒体和具有国际影响力的商业平台纳入体系之中，还应包括能够为众多机构、广大公众实现国际传播赋能的开放性平台和专业数据库。

互联网发展已经走过了门户网站时代（以流量为核心）、社交媒体时代（以用户为核心），正走向智能媒体时代（以数据和场景为核心）。传统媒体与互联网经由深度媒体融合而共同走向智能媒体，未来的国际传播也将充分利用新的媒介体系。全媒体国际传播体系的运营要求传播机构具有以下几个方面的能力：一是生产高品质、全类型（音频、视频、文字、图片）、多终端适配（广播、电视、手机、电脑、报纸、图书、户外）内容的能力；二是实现多渠道（通信网、有线电视网、卫星等、物流网）、多平台（自有平台、非专用性平台、社交平台）协同传播的能力；三是适应多场景（工作、学习、娱乐、运动、在途）、多形态（大众传播、群体传播、社交传播）传播需求和特征的能力；四是面向规模庞大的、人口特征差异显著的受众群体（年龄、身份、性

别、收入、文化、地域）开展差异化、垂直化有效传播的能力。国际传播者还应该能够利用新的信息采集技术和手段获得海量素材，以贴近性思维创作受众易于接受的跨文化内容产品，并利用感知智能去判断特定场景下人的状态和需求，利用运算智能和大数据将适当的内容推送给另一个文化背景下的受众。换言之，追求国际传播内容与用户场景在跨文化环境下的精准匹配。

（二）转换视角，优化国际传播叙事

从发达国家国际传播的经验和教训看，国际传播的叙事大致可以分为三个阶段：第一个阶段是自说自话阶段，主要发生在工业革命早期，形成了完全以自我为中心的叙事传统；第二个阶段是回应关切阶段，也就是民族国家大量兴起后，各国主权意识增强，利益冲突增加，西方发达国家也需要对独立国家的各种关切进行适当回应，从而诞生了各种传播手段与方法，以应对日益差异化的国际现实。第三个阶段是原创话语、设置议题阶段。当今世界，发达国家和发展中国家都在日益多极化的世界格局中争取话语权，话语权来源于原创话语，依赖于主动的议题设置。这种原创话语能力，即概念化（conceptulize）能力是一个国家软实力的象征，然后把原创话语，即概念进行普遍化（generalize），并为世界所说、所用、所认同，更是一个国家硬软实力联合作用的结果。

反观我国的国际传播，叙事格局还处于自说自话的初级阶段，亟待加快步伐进入回应关切、原创话语的更高级阶段。中国已经成为全球化的重要推动者之一，中国的经济总量已经是世界第二，中国道路、制度、文化正在成为全球关注的焦点，种种热爱、赞扬、关心、好奇、疑问、忧虑、评论、质问、批评、谩骂、污蔑、诋毁乃至仇恨都是可能并现实存在的，需要我们积极面对、主动回应。随着我们日益走近世界中央，我们更需要进入原创话语、积极主动设置议题的新时代。在这个时代里，我们需要站在人类高度立意，从全球视角建构，从中国故事切入，这样才能够创造出具有人类普遍意义的话语体系，找

到对全球有共鸣的议题，才能学会在国际语境中讲述中国故事，把个别性的中国故事讲述成具有普遍性的方案。

从叙事学视角看，我们的国际传播叙事至少需要从两个方面加以改进。一个是故事层，即找什么样的故事来讲述。"高大上"要有，但是往往"低（底层）小（身边的）下（各个阶层）"的故事更丰富、更鲜活、更真实、更感人，与国际传播对象更接近；成就故事要讲，但是困难、问题、挑战的故事更实际、更接地气、更具有普遍性，从而也更加有说服力。另一个是话语层，这个层面非常丰富，既有叙述的方式、手段，也有叙述的词汇、语法，更有叙述的语义，这才是话语的真意。在话语层面，长期以来我们国际传播的问题最大，经常是有好故事，却没有好好讲出来。这与我们"讷于言，敏于行"的文化传统有关，也与东西方思维和表达方式的差异性有关。今天，我们可以尝试借助机器学习能力，更好地把握不同国家公众习惯的故事叙述逻辑和表达方法，更好地进行共情式叙事。

（三）合理把握国际传播中价值理性与工具理性

技术是生产力，是催化剂。在国际传播的实践中，我们既要充分把握技术带来的诸多机遇，也要意识到技术的局限性，以更好地把握和协调好价值理性与工具理性的关系。

信息技术、人工智能技术改变了国际传播实践逻辑，写稿机器人、人工智能主播的加入使原本复杂的国际舆论场变得更加热闹，多级多元的国际传播格局，在扩大不同主体国际话语表达权和国际传播参与权的同时，也在滋生各式各样的谣言、假新闻。现阶段，智能媒体在内容生产、翻译等方面展现出了一定的能力优势，但还不足以胜任信息把关、社会瞭望、去伪存真的工作，特别是当话题涉及价值判断和道德判断的相关问题时。另一方面，算法主导的信息定制和信息分配在实现精准化传播的同时也存在着一个值得正视的潜在问题，即这是一种以迎合受众观点和偏好为逻辑的精准化传播。换句话说，越是采用这种方式开展国际传播,就越会肯定或强化受众已有的观点和态度。我们知道,许多国家和地区公众心目中的中国形象仍然受到西方发达国家媒体所建构的刻板印象的影响,形象扭曲、认知滞后等问题广泛存在。如果国际传播完全以算法对受众偏好的判断为基础开展,不仅不能有效树立立体、真实、全面的国家形象,还将使得刻板印象被进一步固化和强化。这种情况无疑与我们国际传播活动的初衷相背离,也是我们不愿看到的。因此,有必要在国际传播的过程中以价值理性驾驭工具理性,以主流价值导向驾驭算法,以事实导向传播形成对观点导向、情绪导向传播的对冲;在制度层面,重构顶层架构与流程,减少信息衰减;在主体层面,鼓励多主体交流,而不是选择性交流;在信息方面,开放多元化交流、多观点交流,兼听则明,虚怀若谷。

(本文发表于2019年6月,略有删改。)

人工智能时代的对外新闻报道[①]

许向东　中国人民大学新闻学院教授，
中国人民大学新闻与社会发展研究中心研究员
邓鹏卓　中国人民大学新闻学院新闻与传播专业硕士研究生

在2018年11月7日举行的第五届世界互联网大会上，新华社与搜狗公司联合推出的全球首个"AI合成主播"，先后参与了世界互联网大会、进博会、春运等若干重要事件的报道，三个月内生产出3400余条新闻，成为我国人工智能与传媒业融合并付诸规模化应用的典型案例。值得关注的是，此次亮相的不仅有使用中文播报的"AI合成主播"，同时还有以"联接中外、沟通世界"为使命的英文"AI合成主播"，体现出我国主流媒体在对外新闻报道上迈出了智能化的一步。

长期以来，我国的对外报道研究主要集中在报道的策略、技巧、效果等方面，关注如何向世界报道中国。[②]当下，从媒介技术变革的视角探索对外新闻报道的实践与研究有所增加，比如，有学者关注到了人工智能在国际传播中降

[①] 本文系2015年度马克思主义理论研究和建设工程重大项目、国家社科基金重大项目"增强国际传播能力建设　讲好中国故事"的部分成果，批准号：2015MZD046。
[②] 相德宝、张弛：《议题、变迁与网络：中国国际传播研究三十年知识图谱分析》，《现代传播（中国传媒大学学报）》，2018年第8期。

低文化折扣的作用，认为人工智能有助于减少文化误读；①有学者从中观层面出发，围绕具体的对外传播事件如"一带一路"国际合作高峰论坛，对其中智能媒体技术的应用进行案例分析；②还有专家建议媒体机构强化对人工智能的应用、阐释、治理，以加强国际传播能力建设，等等。③尽管人工智能时代的来临引发了传媒业界的高度关注，但是，基于人工智能技术的对外新闻报道方面的实践与研究任重道远，事实上，如何科学地应用人工智能，实现对外新闻报道的创新，改善传播效果，对提升国际传播能力有着重要意义。

一、智媒对新闻生产领域的影响

所谓的"智媒"，从字面意义上理解即为"智能化的媒体形态"。虽然国内学者对其内涵的阐释在表述上存在差异，但核心基本上都指向的是在人工智能、物联网、虚拟现实/增强现实（VR/AR）等新技术驱动下，具有万物皆媒、人机共生、自我进化特征的媒介形态。

2016年"智媒时代"首次作为划分传媒行业的阶段性概念在国内传媒界出现。④基于这样的新技术背景，新闻生产呈现出诸多新模式，如个性化新闻、机器新闻写作、传感器新闻，等等。西方新闻界尽管没有使用类似"智媒"的语词来概括上述新兴的媒介形态，但在新闻实践上已经走在前列。早在2014年美联社（AP）就开始在新闻生产的各个环节布局人工智能，引入机器新闻生产。与此同时，学界也及时关注到了新闻生产的技术转向，美国哥伦比亚大学

---

① 栾轶玫：《人工智能降低国际传播中的文化折扣研究》，《对外传播》，2018年第4期。
② 殷强：《"一带一路"国际合作高峰论坛的新媒体会议报道研究——兼对VR视觉传播与新媒体技术、信息服务团队媒介素养的考察》，《国际新闻界》，2017年第6期。
③ 刘扬、高春梅：《利用人工智能加强国际传播能力建设的三个维度》，《对外传播》，2018年第10期。
④ 彭兰：《智媒化：未来媒体浪潮——新媒体发展趋势报告（2016）》，《国际新闻界》，2016年第11期。

的托尔数字新闻研究中心（Tow Center for Digital Journalism）在2014年发表了对算法用于新闻报道的反思《算法问责报告：关于黑箱的调查》（*Algorithmic Accountability Reporting:On the Investigation of Black Boxes*），在2017年发表了《自动化新闻指南》（*Guide to Automated Journalism*）。

随着人工智能技术的迅速发展以及在传媒领域应用的深化，传媒产业的生产运营模式、信息渠道边界和媒体传播形态正在不断被重构。具体到新闻生产范畴，智媒时代的新闻报道从线索发现、信息采集、内容生产和产品分发、效果反馈等多个维度都产生了相应的变化。对外报道作为国家媒体机构实施内容输出的重要行为，在应用智能技术的过程中需要考量外宣工作的特殊性。

二、对外新闻报道中的智能技术应用

在新时代背景下，"讲好中国故事、传播好中国声音"已经成为我国对外新闻报道的根本遵循。而要把故事真正讲得入耳、入脑、入心，就需要在充分了解受众和传播环境的基础上，讲求合适的传播策略和方法。对外报道的本质是一种跨文化传播，人工智能时代的来临使得人们建立在新技术之上的交流语境发生了深刻变化，传播的内容、渠道和对象也与传统的外宣时代有所不同。因此，为了实现有效的传播效果，对外新闻报道与智能化媒体的融合发展和模式探索成为当前国际舆论环境下亟待研究的议题。

（一）智能化采集新闻信息，增强传播的信服力

选题决策是新闻报道的重要组成部分，能否通过采集和挖掘有价值的新闻信息一定程度上决定了我们在国际舆论场中的公信力和话语权。传统媒体时代的对外新闻报道在选题决策上比较局限，且由于带有明显的宣传色彩而难以达到良好的传播效果。但随着智能技术的迅速发展，对外报道的取材范围得以扩充，依托大数据技术、地理定位技术、传感技术，新闻素材变得更加丰富，从

而给新闻采编带来了更多的可能性。①

虽然基于智能化技术采集新闻信息的对外报道平台较少，但也不乏值得圈点的新闻产品，如《中国日报》的无人机与手机（Drone and Phone）视频节目。该节目每期都使用无人机和手机拍摄，记录我国内地、香港以及亚洲国家某一天发生的事情。在无人机的镜头下，人们所熟知的山川河流、城市风貌被以一种全新的视角展现出来，一些地区的风土人情也由此变得生动可感。配置了多种传感器的无人机，捕捉并呈现了用普通的摄像机所无法发现的素材。此外，其他智能化手段如大数据挖掘等也逐渐用于收集新闻信息。这表明在新闻采集环节，智能技术还有很大的应用空间。事实上，应用智能化技术发现那些用传统方式所难以触及的新闻信息，其优势还在于所收集到的数据信息更具客观性、准确性，有助于媒体向世界展现一个更加真实、立体、全面的中国。

（二）智能化整合，提高内容生产效率

互联网的全球普及和加速迭代让信息传播的节奏越来越快，这也使对外新闻报道的时效性显得尤为重要。在竞争日益激烈的国际竞争格局下，如何通过对外新闻报道进行及时、有效的发声，事关国家的国际形象。

近年来，在提高新闻内容生产效率上，大数据、人工智能的应用越来越常见。基于算法程序的机器人新闻写作正被国内外的主流媒体所接纳。通过搜集各种相关信息，建立起容量巨大的数据库，以实现高效的数据分析和处理，实现超出人力新闻写作的生产效率。腾讯的"写作机器人（Dreamwriter）"、新华社的"快笔小新"、第一财经的"DT稿王"等是国内较早一批将机器人写作用于体育、财经类报道的智能媒体。而在对外报道领域，内容生产方面需要考虑的关键性问题在于如何将跨文化、跨语言的信息，通过人工智能技术的整

---

① 潘曙雅、张璇：《智媒时代新闻采编业务的重构》，《新闻与写作》，2018年第4期。

合使其在国外的文化环境中易于理解和接收。目前，智能翻译已经开始在对外报道的内容生产中发挥作用。在2018年的上海进博会和中非合作论坛北京峰会上，记者将科大讯飞、百度等科技公司提供的人工智能翻译机运用到了现场采访中，减少了沟通障碍，使新闻内容生产变得更即时、更高效。

整体来看，应用智能技术整合新闻内容在对外报道的实践中仍然处于起步阶段，在复杂的全球化语境下，要使对外传播真正获得国外受众的认同，仅仅通过不同语言文本的转译还远远不够，需要人工智能与该国文化、民族心理、受众特征等因素相结合，这样才能生产出易被国外受众认同的优质内容。

（三）交互式呈现，提供多元立体叙事

以往在对外传播中造成"传而不通，通而不达"的主要原因是报道者的叙事视角和呈现方式比较单一。具体而言，是新闻生产者习惯于自上而下的叙事模式，这就容易导致"以我为主的报道多，换位思考的报道少；自说自话的报道多，释疑解惑的报道少"[①]。再加上呈现方式上创新不足、缺乏吸引力，导致难以激发受众的阅读兴趣。

在信息超载的今天，用户的注意力日渐成为媒体争夺的资源。因此，我们需要更加有效的传播方式，促进信息的接收、理解、分享和记忆，这就需要新闻内容和表达方式的创新。随着人机交互技术的发展，近年来具有交互功能的数据新闻产品越来越多，其中也不乏优秀的外宣作品。澎湃新闻旗下的英文媒体平台——第六声（Sixth Tone）去年推出的数据新闻报道《数说相亲角》（*Shanghai's Marriage Market, Line of Coverage*）荣获了新闻设计协会（SND，Society for News Design）2018年最佳数字设计奖中信息图表-数据使用类铜奖，记者通过对上海人民广场相亲角上的874份相亲广告进行大数据分析，以交互

[①] 程曼丽：《国际传播能力建设的实践研究与意义——兼评〈新媒体跨文化传播的中国实践研究〉》，《新闻与传播评论》，2019年第1期。

式新闻和手机游戏的方式呈现出了中国婚恋市场的现状，读者甚至可以测试自己的条件在相亲角上的受欢迎程度，希望了解中国的海外受众也可以借助这种充满趣味性的互动方式，很直观地感知这一富有中国特色的故事。该案例反映出，在对外报道的呈现上，精致而有趣的交互设计有助于宏大叙事落到实处，做出实效，让新闻故事更加鲜活。

除了数据新闻，VR/AR技术也有助于受众实现良好的阅读体验。通过VR/AR技术呈现的沉浸式新闻叙事不只是专注于原始化的模拟与再现现实层面，而且能够充分调动受众的感官和逻辑思维，为受众带来更强的代入感和认同感。

（四）个性化分发，实现精准传播

互联网的去中心化特征使得新媒体环境下的用户话语权得到提升，传媒市场格局从"卖方市场"转化为"买方市场"，用户的需求得到前所未有的重视，这使得个性化定制新闻产品得以迅速发展。

在对外新闻报道的分发环节，海外用户的特征与内容偏好直接影响了传播内容能否被有效接受。因此，基于大数据算法将新闻内容与用户的需求相匹配，再利用个性化分发渠道，将有助于增强媒体与用户之间的黏性，提高对外报道的到达率。据牛津大学路透新闻研究院发布的《2017年数字新闻报告》（*Reuters Institute Digital News Report 2017*）显示，超过一半（54%）的受访者更喜欢通过算法来筛选故事，超出编辑或记者选择的比例（44%），[1]这表明算法推荐在新闻的个性化分发上有助于实现更好的传播效果。

目前，算法推荐系统覆盖了包括自媒体平台、新闻聚合平台以及社交媒体在内的多种新闻分发渠道。我国的新华社和人民日报社的英文客户端都搭载了

---

[1] Nic Newman with Richard Fletcher, Antonis Kalogeropoulos, David A. L. Levy and Rasmus Kleis Nielsen., Reuters Institute Digital News Report 2017, https://reutersinstitute. politics. ox. ac. uk/sites/default/files/Digital%20News%20Report%202017%20web_0. pdf?utm_source=digitalnewsreport. org&utm_medium=referral.

个性化推荐功能,用户在打开客户端界面后可以选择自己感兴趣的新闻领域。除此之外,社交媒体用户也是对外传播不可忽视的受众群,我国的主流媒体依托谷歌、脸书、推特、优兔等主流平台的智能推荐方案,积极尝试在更为广泛的传播渠道进行智能投放,这有助于让中国的好故事被更多的人听到、看到。

三、对外报道在人工智能时代面临的挑战

对于技术进步与内容创作之间的关系,美国的媒介理论家保罗·莱文森(Paul Levinson)认为,新技术演化分为三个阶段:第一阶段,处于婴儿期的新技术如同玩具,幼稚招摇,几乎没有内容;第二阶段,技术文化发展变迁,新媒介变成实用技术,并最终完成向艺术的飞跃;第三阶段,技术不仅要能复制现实,还能以富有想象力的方式重组现实。①

目前,我国新闻媒体在智能技术的应用上仍有太多的问题需要解决,既有理念层面的,也有操作层面的。其中,人工智能技术所带来的新闻伦理与法规方面的问题,也是对外新闻报道在未来无法回避的。因非法采集和过度分析数据、算法偏见、算法不透明以及涉及隐私的数据保护缺位,等等,都有可能引发对外新闻报道中的内容失实、侵权,以及算法权力滥用。人工智能技术给新闻生产带来的风险,究其根源是由技术的发展所导致的传统新闻伦理规范对新的新闻生产活动的不适应。②伴随着技术的迭代更新和传播者对新闻实践的不断反思,人工智能时代的对外报道将逐渐由现在的不成熟走向成熟。

今天的世界是一个充满多元利益主体博弈的竞技场,同时也是一个寻求有效对话以实现共识的谈判桌。近年来,习近平主席在多个重要国际场合强调

---

① [美]保罗·莱文森:《莱文森精粹》,何道宽译,北京:中国人民大学出版社,2007年版,第3页。
② 杨保军、杜辉:《智能新闻:伦理风险·伦理主体·伦理原则》,《西北师大学报(社会科学版)》,2019年第1期。

"构建人类命运共同体"的重要性，在这一理念的引领下，新型的全球传播范式将旨在促进多元文明的对话，实现更深层次的文化认同。因此，智媒时代的对外新闻报道不仅是为了借技术之力克服传播障碍，在国际舆论场中塑造本国的媒介品牌和国家形象，更重要的是，推动不同文明之间的情感交流和价值认同，为构建人类命运共同体提供内在驱动。

（本文发表于2019年6月，略有删改。）

技术变革时代的对外新闻报道路径探索

杨敬慧　新华社技术局大数据中心数据技术部高级工程师

近几年伴随着互联网科学技术的快速发展，媒体领域催发了一场前所未有的大变革。在5G、人工智能、大数据、深度学习等新技术推动下，对外新闻报道的舆论生态、媒体格局、传播方式都发生了巨大变化，新闻传播逐渐向移动化、视频化、碎片化、互动化转变。新时代下的媒体转型刻不容缓。利用人工智能等新技术为全媒体新闻生产赋能，这将成为我们未来国际传播工作的重中之重。

当前，人工智能为新闻报道带来新的发展和机遇。从技术变革的视角探索对外报道之路，创造以人工智能技术为基础，以人机协作为特征的对外新闻报道模式将成为未来发展的主流方向。通过大量新颖的、有特色的对外新闻报道场景，创新的、先进的对外报道技术手段来讲好中国故事、传播好中国声音，有助于全面提升对外报道效果，让世界认识一个真实、立体、全面的中国。

一、对外新闻报道的智能技术应用

（一）写稿机器人

人工智能在新闻报道中表现最出色的应用当属写稿机器人。2015年，美联社开始运用Wordsmith机器人撰写上市公司财务报告新闻，是业界最早使用机器人写作的主流媒体之一。随后，《纽约时报》（*The New York Times*）利用

"Blossomblot"机器人筛选文章向社交网站等平台推送,《华盛顿邮报》(*The Washington Post*)使用"说真话的人"(Truth Teller)核实新闻的准确性,《洛杉矶时报》智能机器人专注处理地震和洛杉矶当地自杀等突发新闻,路透社的Open Calais智能解决方案协助编辑审稿,《卫报》(*The Guardian*)利用机器人"Open001"筛选网络热文并生成实验性纸媒产品……机器人写稿已在国外新闻实践中发挥了一定作用。①

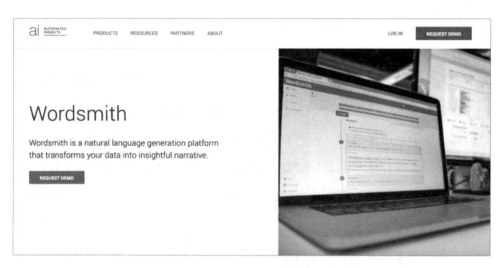

美联社 Wordsmith 机器人

当国外写稿机器人得到越来越多的认可时,国内写稿机器人也不甘示弱。据不完全统计,从新华社等中央媒体到省市级媒体,我国自主研发或引进写稿机器人的媒体至今已超过30家,涌现出了一大批机器写手,其中以"小"字命名的居多,如新华社的"快笔小新"、人民日报社的"小融"、光明日报社的"小明"、浙江卫视的"小聪"、今日头条的"张小明"等。②在对外报道中,写稿机器人凭借其快速和精准的信息处理能力,主要撰写体育和财经类的

---

① 耿磊:《机器人写稿的现状与前景》,《新闻战线》,2018年第1期。
② 陈建飞:《机器人新闻写作的风险评估及责任机制探讨》,《新闻潮》,2021年第3期。

新闻资讯以及地震等突发新闻内容。

除了自动化新闻写稿，智能机器人还可以承担大数据分析、自然语言处理、新闻事件预测、新闻内容推荐等工作，比如会挑选热点新闻、给新闻打标签的编辑机器人，搜集新闻线索、推荐热点新闻的聊天机器人，对新闻审核进行智能化辅助的校对机器人等。写稿机器人的出现给传统媒体带来了翻天覆地的变化，实现了内容生产和分发的优化和升级，推动新闻行业全面进入智能化的生产时代。

（二）VR新闻

VR是虚拟现实技术（Virtual Reality）的简称，它利用计算机生成全视角沉浸式的虚拟世界，实现与现实世界的同步。2015年开始，欧美国家的主流媒体纷纷尝试应用虚拟现实技术开展新闻报道，比如《纽约时报》的虚拟现实报道应用"NYTVR"，美国有线电视新闻网（CNN）的沉浸式VR新闻平台"美国有线电视新闻网VR"，让用户可以瞬间"抵达"新闻现场，并进行360度全景审视；美联社与芯片制造公司AMD合作的VR门户网站，也大力发展独具特色的沉浸式新闻报道；美国有线电视新闻网推出Magic Leap One独占交互式MR（Mix Reality）新闻应用，节目以交互式动态视频的形式呈现，给用户带来身临其境的体验，让他们在事件中心了解新闻。

随着虚拟现实技术的不断发展，VR新闻报道越来越多地出现在国内新闻媒体当中。2015年，人民日报社率先利用全媒体平台制作了"9·3大阅兵"的VR全景视频，成为国内首家应用虚拟现实技术的主流媒体。2018年两会期间，VR新闻更呈井喷之势。近几年，国内VR新闻日渐火爆，相关研究快速发展，VR智能设备层出不穷，VR全景相机、VR直播眼镜、VR头显纷纷亮相。2021年，随着5G商用和VR技术升级，沉浸式、交互式的直播形式已成为各家媒体的必争之地。

VR具有三大优势：一是利用计算机图像建模技术，能够创造梦幻般的VR

作品，打破时间和空间的局限性，构建真实世界中几乎不能完成的或者在现实生活中没有的场景。二是利用全景拍摄技术拍摄真实的场景，再利用计算机图像建模技术和虚拟现实系统开发软件（如Unity 3D和Unreal Engine等）协同工作，创建内容丰富的沉浸式VR作品。[①]三是受众将以第一人称参与报道，在获取信息中拥有极大的自主性和良好的交互性体验。VR新闻在对外报道重大事件、战地新闻、体育新闻，以及在博物馆和旅游的虚拟体验中，都具有现代媒体无可比拟的优势。

（三）深度学习技术

深度学习技术是近年来人工智能领域内最受关注的研究方向之一。目前，全球深度学习市场由美国主导，如谷歌的TensorFlow、脸书的PyTorch都是国际知名的深度学习框架，国内一些公司也开发了自己的深度学习架构，如百度的PaddlePaddle（飞桨）、阿里的MNN、腾讯的TNN，等等。

深度学习技术旨在研究如何从数据中自动提取多层特征表示，其核心思想是通过数据驱动的方式，采用一系列的非线性变换，从原始数据中提取由低层到高层、由具体到抽象、由一般到特定的语义特征。深度学习不仅改变着传统的机器学习方法，也影响着机器对人类感知的理解，迄今已在语音识别、图像识别、自然语言处理等应用领域引发了突破性的变革。通过自然语言处理对用户大数据进行文本分析、语义分析和情感分析，可以分析出用户的兴趣爱好，实现对用户意图的精准理解，从而实现新闻的精准推送。通过语音识别对音频进行语音分析，将其转换为文字内容输出，利用语音合成实现文本转语音。我们所熟知的AI智能主播、多语种翻译工具、语音视频实时翻译、自动问答小工具都是此类典型应用。图像识别多应用于图像与视频的审核流程中，可以有效

[①] 刘崇进、吴应良、贺佐成、叶雯、张云霏：《沉浸式虚拟现实的发展概况及发展趋势》，《计算机系统应用》，2019年第3期。

识别其中的重要人物和敏感内容,实现快速和精准的智能筛选,以减少人工审核的工作量。

对外报道中,多以外文报道为主,国内的中文深度学习模型无法借用,这就需要建立相关文种的训练模型和大容量语料库,学习其语法、语义,以及关于该语种国家的一些文化常识和背景知识。增强用户数据的海量采集能力,提高深度学习的迭代开发能力,进一步提高模型框架的精准性。可以预见,在对外新闻报道中,个性化新闻推荐、问答机器人、AI智能主播等多模式新闻形态将迎来更大的发展空间。

二、对外新闻报道的路径探索

提升对外新闻报道能力,加强国际新闻传播力,不是单纯地把新闻网站变成多语种,也不是简单地在脸书、推特、优兔等国外主流社交媒体平台开通账号,而是需要构建一套完整的对外报道支撑体系,从新闻生产、新闻形式到新闻传播进行全面提升和保障。技术变革时代,需要率先以技术赋能为优势,以产品融合为主线,以用户需求为关键,打造自主可控、特色鲜明、技术先进、传播力强的对外新闻报道平台。

(一)利用智能机器人,提升对外新闻生产力

新闻内容生成的智能化以基于算法的写稿机器人最具代表性。写稿机器人和人类记者相比,最大的两个优势就是效率和数量。在强大计算能力的支撑下,写稿机器人可以瞬间完成海量阅读和分析,通过算法模板快速合成新闻,依靠海量数据和不断优化的算法设计,机器人写稿精准度不断提高,这些都是人类难以做到的。在对外报道中,利用写稿机器人的快速高效特点,可以将其广泛应用于突发事件的报道中,比如,地震、恐怖袭击、重大灾难等。利用写稿机器人准确度高、差错率低的特点,可以将其应用于财经、体育等新闻报道中。同时,注重机器人写作的语法积累、国外不同语言的表达风格,提升机器

人讲好中国故事的叙事能力，提高机器人新闻作品的内容深度。

　　随着大数据和人工智能的发展，机器人不只会写稿，还在新闻采集、新闻制作、新闻审核和智能推荐等环节发挥重要作用，新闻生产的智能化发展已经是大势所趋。谁能抢占新闻的第一手资料，又能丰富新闻的后续报道，谁就能够在媒体行业的竞争中立于不败之地。尤其是在国外媒体行业技术高速发展的今天，对外新闻报道生产的智能化就显得更为重要。利用人工智能优化业务流程，可以提高生产效率，借助深度学习超强的信息分析和挖掘能力，可以有效拓展新闻信息的价值空间，重塑新闻内容的生产和分发方式，最终加快媒体转型升级，助力对外新闻报道。

（二）借助智能分发，实现新闻精准传播

　　人工智能和社交平台颠覆了新闻的传统传播方式，传统媒体的单向传播，早已被移动端的多节点互动所取代。以前没有数据反馈，新闻媒体无法获知受众的想法，现在很多国内外主流媒体都能够通过用户的支付信息和阅读习惯，形成每一个人独特的用户画像，并以此为依据向用户推送特定的新闻。

　　相对于传统媒体和门户网站，这些将人工智能应用于新闻分发的平台已经成为读者接收新闻信息的首选方式，这当中所涉及的智能分发算法和深度学习模型成为最主要的探索方向。分发算法模型的核心包括三方面：一是用户画像——你是谁？你喜欢什么？二是文章画像——什么内容？什么形式？是好是坏？三是算法模型——如何实现用户画像和文章画像的最佳匹配？算法模型的优劣，直接影响用户最终接收什么样的新闻，是否满足用户的全部需求。推送内容要快速、精准、择优、宽泛，可以让受众在第一时间获取他喜欢的新闻，且是同一领域品质最高的新闻。另外，不只限于用户所要求的范围内，还可以根据用户画像，进行相关新闻搜索，保证用户不会陷入信息孤岛和信息茧房，能在其感兴趣的范围内获取更宽泛的新闻。

　　在智能分发平台中，用户行为数据是依据，自然语言处理、语音图像识别

是基础，深度学习是核心。在对外报道中，国内媒体要继续拓宽市场，大量收集用户行为数据，进行深度挖掘和分析，将已经智能生成标签的文字、图片、音频、视频各种类型的稿件进行聚合，利用不断优化的深度学习算法模型生成个性化新闻产品和服务，通过多种渠道实时发布到用户活跃的各类平台上，以此不断提高用户的关注度和忠诚度，促使用户成为新闻传播的推广者和传播者。

（三）重视用户体验，丰富融媒体报道产品

新闻产品创新和应用要以用户体验为首位，针对国外受众，需要在深入了解他们喜好品位的基础上，策划一批角度新颖、内容丰富、用户喜闻乐见的融媒体个性化产品，创新VR、AR技术，利用"5G+8K""5G+4K+AI""3D新闻"优势，重塑"云直播""云访谈""沉浸式报道"综合直播业务品牌，使报道更加生动有趣，吸引更多用户。

从360度全景视频、直播视频到沉浸式新闻、智能互动，"VR新闻"新形态层出不穷。其中沉浸式报道作为一种新兴的新闻报道方式，受到媒体的广泛关注。沉浸式新闻最突出的特点就是能够让用户对新闻事件拥有身临其境般的现场体验。这将进一步影响人们的认知决策，观众与被建构的场景之间容易产生共鸣，也更容易产生情绪的波动。[1]目前在对外报道中，用户可以看到并体验的沉浸式新闻种类不多。随着5G商用化，4K/8K高清视频将迎来更广阔的发展空间。媒体应该积极探索VR/AR、5G、8K高清视频等新技术在报道产品中的创新和应用，打造更具冲击力的沉浸式新闻现场，设计更有趣的互动环节，研发更实用的虚拟现实设备，在互动性、可视化、现场感等方面做出有效的尝试。通过产品形式的丰富和创新，突出报道的趣味性、通俗性、互动性，引爆视频和直播产品的潜力，提升海外受众的参与感，开启真正的体验式新闻时

---

[1] 喻国明、曲慧：《VR/AR技术对媒体场景构建的三度拓展》，《传媒观察》，2021年第6期。

代。

三、结语

目前，国际形势复杂多变，技术迭代日新月异。在中国日益走近世界舞台中央的关键时期，中国外宣媒体应该抓住人工智能、虚拟现实、深度学习等发展机遇，探索新技术在新闻报道中的应用和创新，不断提升新闻生产效率，丰富新闻报道形式，推动新闻传播创新。这也是重塑外宣业务、重整外宣流程、重构外宣格局的题中应有之义。通过增加和提升对外融合报道种类、数量、质量和效果，扩大新闻信息产品的海外覆盖面和影响力，从而在全球媒体格局、传播方式及舆论生态面临新一轮洗牌之际，占有国际舆论主导权，提升国际话语权，高效精准地向世界展现一个真实、立体、全面的中国。

（本文发表于2021年7月，略有删改。）

数字时代的对外科技传播新思路

冯小桐　中国工商银行博士后科研工作站博士后，
哈佛大学费正清中国研究中心访问学者

2021年，《中华人民共和国国民经济和社会发展第十四个五年规划和2035年远景目标纲要》提出，我国要强化国家战略科技力量，加快数字化发展，并且投入主体多元化、运行机制市场化。[①]党的二十大报告明确指出，我国要加强国际化科研环境建设，形成具有全球竞争力的开放创新生态。[②]在此背景下，对外科技传播已成为提升我国科技成果国际影响力，吸引世界范围内多元主体参与中国科技建设，扩大世界市场占有份额的重要方式。但不容忽视的是，在数字时代，我国对外科技传播依然面临许多挑战。

---

① 《中华人民共和国国民经济和社会发展第十四个五年规划和2035年远景目标纲要》，中华人民共和国中央人民政府网，http://www.gov.cn/xinwen/2021-03/13/content_5592681.htm，2021年3月13日。

② 《习近平强调，坚持科技是第一生产力人才是第一资源创新是第一动力》，中华人民共和国中央人民政府网，http://www.gov.cn/xinwen/2022-10/16/content_5718815.htm，2022年10月16日。

一、我国对外科技传播面临的主要问题与挑战

（一）优质内容稀缺

一是传播形式缺乏吸引力。除重大科技事件外，数字时代日常的科技传播需要互动性和趣味性。然而，目前我国科技传播仍多以"硬新闻"形式出现。二是观点表达缺乏严谨性。在当前科技传播实践中，常常出现在讨论科学问题、表达科学观点时，有意无意忽略其成立前提条件的情况。当客观条件不能复制而得出相同的结论时，其论述的严谨性很容易遭到受众质疑。三是材料引用缺乏规范性。科学传播既不同于普通时事新闻，可以因为追求时效性适当牺牲材料完整性，也不同于专业学术论文，需要对每一种可能性都进行充分讨论。但是当进行对外科技传播时，至少应在合适的地方标注材料引用来源。在进行内容制作时，注意引用材料是否能够准确溯源。四是得出观点的方法缺乏科学性。作为传播主体，特别是数字时代的传播主体，发表有一定指向性的内容十分正常，但得出观点的路径和方法一定要严谨，要符合基本的科学研究规范。当出现明显方法谬误和逻辑漏洞时，不良作品极有可能会被数字媒介迅速传播，给自身品牌带来名誉危机。

（二）传播模式简单

一是传播结构单一。从传播主体上讲，我国对外科技传播的主体主要由部分央媒、科技期刊和自媒体创作者构成。这些主体运营相互独立，深度联动较少。除个别品牌在局部领域已有一定国际影响力外，更多创作主体还没有能力走出国门。从传播渠道上讲，我国对外科技传播主要依靠在海外平台上的网络账号。但是，从安全性的角度来看，这些依托海外社交网络平台账号的存续主动权并不在自己手中。从传播目标受众上讲，我国对外科技传播依然以欧美发达国家为主要目标，内容制作也以欧美发达国家的标准为标准。然而，欧美发达国家在科技上领先并不一定意味着它们就是中国科技传播的主要对象。中国

从未中断过与发达国家的科技交流。相反，愿意引进中国科技的国家却往往不是发达国家，而是如东盟地区、中亚地区等。但在现有对外科技传播中，针对这部分受众的科技传播却没有得到足够重视。

二是缺少本土合作伙伴。对于科技传播而言，数字技术极大丰富了传播工具和传播手段，但并不意味着线上传播活动可以完全代替线下工作。由于缺少足够、合适、稳定的本土合作伙伴，我国科技传播活动不得不主要集中在线上，且受制于被西方发达国家控制的社交网络平台制定的所谓规则。在实践中，完全依靠自身力量在他国获取新受众的成本高昂，且不一定能取得预期效果。

（三）竞争对手强劲

一是竞争对手往往自身运作成熟。在作品制作方面，部分发达国家的传媒集团已经有百年左右的发展历史，有非常成熟的制作流程，甚至其自身就是行业发展的标杆。在发展规模方面，一些传媒集团在经过长期资本化运作后不仅形成跨国传媒集团，甚至形成了事实上的传媒卡特尔（Cartel）。在市场占有方面，西方大型传媒集团不仅仅占有了全世界的大部分市场，更重要的是他们还同时掌握着最新科研成果的发表渠道。例如，德国的施普林格出版社（Springer）不仅是世界最大的传媒集团之一，其旗下的学术期刊也吸引着全世界各个国家的科学家发表他们最新的科学发现。在人才吸引方面，西方大型传媒集团拥有强大的品牌效应可以吸引全世界的传媒人才，同时也因其能持续盈利可以留住这些人才，保持其人员队伍的稳定。

二是竞争对手往往绑定国家意志。虽然科学无国界，但传媒集团在进行科技传播时并不会无国界，其立场和取向必然服务于母国国家利益。以著名的学术期刊《自然》（Nature）为例，从出版国、论文类型、国际形势等方面看，无论是一战、二战还是在冷战阶段，《自然》的学术共同体与英国政府的国际关系立场保持了高度的一致性。①

二、我国对外科技传播存在困难的成因分析

（一）主观上：缺少成熟运作经验

我国科技传播虽然在近些年，特别是数字时代进步很快，但相较于西方科技强国依然起步较晚，各方面经验尚处于探索、学习和赶超阶段。首先，我国科技传播多为"单兵作战"。即使是最专业的科技期刊，分散、独立的特点也十分明显。截至2018年底，4973种科技期刊归属于1275个主管单位，平均每个主管单位主管3.9种科技期刊，很多出版单位只出版1种期刊。②在大众传媒领域，仅有少数央媒和大型媒体设有专门的科技传播部门，大多数媒体仅把科技传播作为经济新闻或时事新闻的附属话题。在新媒体领域，虽有个别自媒体账号异军突起，但因其盈利模式尚未成熟，出现优质作品往往"昙花一现"，或存在被网友挖出资金来路不正而"翻车"情况。

也正是因为"单兵作战"的特点，我国科技传播主体不得不面临市场化不足、自我造血能力弱的问题。在盈利模式上，因缺少规模效应致使成本收益难以达到稳定平衡和可预期的稳步增长；在内容制作上，因各自为战致使有效信息难以被集中整合，故而难以保持可持续的优质创作；在人才流动上，因职业发展路径不清晰、薪酬水平缺乏市场竞争力，人才流动巨大，流失严重。这些问题相互叠加，致使在数字时代我国对外科技传播工作常常被烦琐的事务性任务所代替。

---

① 张昕、王素、刘兴平：《培育世界一流科技期刊的机遇、挑战与对策研究》，《科学通报》，2020年第9期，第771—779页。
② 徐雁龙、王聪：《我国培育世界一流科技期刊的思考》，《中国科技期刊研究》，2020年第4期，第371—374页。

（二）客观上：国际政治经济影响

科学无国界，科学研究崇尚交流合作，但对科学技术的开发和利用有国别和区域的区分和限制。从科学理论突破，到实验室试验成功，到规模化生产，再到实现商业化和市场化，每一步都需要科学家的母国持续不断巨额投入才有可能实现。不仅如此，科技创新讲究时效性。如果某国科学家率先突破了某项关键技术，那么该国不仅可以凭借新技术占领大部分全球市场，甚至可以制定行业规则，限制他国在该领域的发展。

数字时代的对外科技传播具体体现在传媒技术应用和本国科技发展水平两个方面。就传媒技术本身而言，随着我国近20年来的信息技术水平的快速发展，中国已经掌握绝大部分发达国家以及目前在世界上具有广泛影响力的媒体集团所使用的传媒技术。但因前文所言规模化和市场化能力较弱，无法用规模效应抹平使用技术的必要成本，所以除少数大型媒体集团外，先进的传媒技术没有得到更广泛的运用。就科技发展水平而言，部分发达国家感受到中国技术进步对其领先地位可能带来的挑战，必然会在国际舆论上降低甚至抹黑中国科技发展对世界的贡献。这在可预见的未来里将是一种常态。

三、数字时代加强我国对外科技传播的思路与建议

（一）鼓励科学家参与传播活动

在配套支持层面，科学家的工作是进行科学研究，但并不擅长将专业的知识以非本领域专业人员所能看得懂、看得有趣、看完愿意分享的形式表达和制作出来。作为传播者，在进行科技传播活动时应积极配合科学家进行相关内容制作，让科学家在循证基础上自由表达已有发现、前沿突破和前瞻预测。在作品制作过程中和制作完成时，应积极与科学家沟通，力争在科学性、严谨性和趣味性、传播性之间找到平衡。

在评价体系层面，目前科研系统的评价机制并不支持科研人员积极参与广

泛的科技传播活动。要在数字时代进一步加强我国对外科技传播能力，应在评价体系中对科学家参与科技传播给予一定认可和奖励。考虑到部分科学家较为内向的性格特点，参与科技传播不一定作为评价科学家的必需项，但对于愿意参与科技传播的科学家，则应出台相应的物质鼓励标准和荣誉激励奖项。

（二）推进集团化、数字化、国际化运营

一是推进传播媒介集团化发展。虽然中国传播媒介集团化发展起步较晚，但中国可以学习他国传媒集团市场化运作的可取经验，在法律法规框架下整合优质媒体平台和内容创作者，形成有国际影响力的媒体品牌。二是改善传播平台数字化服务。数字时代对外科技传播应提升潜在受众的使用体验。在服务个人内容生产者方面，应便于他们将精力集中于内容制作上；在服务内容消费者方面，应提升交互界面的用户友好程度，并鼓励和方便他们在平台上进行良性互动。在数字科技应用方面，应大胆采用中国已掌握的最前沿的传媒科技。当前世界上最有影响力的传媒集团，无不是当传媒科技取得突破之初就率先布局，逐渐掌握这个领域的规则制定权。因此，中国对外科技传播自身应当采用最先进的数字科技，展现新技术力量。三是改进传播内容国际化制作。由于传播受众的多样性，单一文化背景组成的制作团队往往不能准确把握多元文化背景下不同人群的媒介使用习惯和兴趣点。因此，制作团队应根据需要吸纳特定文化背景的成员来提升内容表达形式的针对性。

（三）不主动参与但不回避国际政治经济博弈

一方面，科技传播主体在参与对外传播时，应提高国际政治敏感度，特别是在一些对中国的科技发展抱有某些政治偏见的国家和地区，不主动参与不必要的国际政治经济问题讨论。科学本身是无国界的，因此对于基础性、原理性、规律性的科学问题讨论，应尽量做到实事求是和就事论事，推动正常友好的国际科学交流。

另一方面，作为中国的对外科技传播主体，也应随时准备面对无可避免

的"科学问题政治化"现象。在世界百年未有之大变局之中，中国的科学发现和科技进步对于世界来说本身就是一件大事，所以部分极端政客会基于某些政治目的恶意攻击涉华科技话题，并伺机转化为对华科技战的舆论准备和实际行动。当国际政治经济博弈扑面而来避无可避之时，则应有理有节做出回应，用事实和对方听得懂的话语逻辑与之耐心周旋。

四、结语

尽管我国科技进步非常迅速，在部分领域已经达到世界领先水平，但是我国对外科技传播能力尚未与科技发展水平相匹配。因此，在数字时代，对外科技传播应更注重顺应数字媒介传播规律，配合国家战略，积极主动参与国际市场竞争。

（本文发表于2022年11月，略有删改。）

以情动情：人工智能时代的对外共情传播

邓建国　复旦大学新闻学院教授、博士生导师
黄依婷　复旦大学新闻学院博士研究生

一、引言

共情指一种能理解和感受对方的能力，它能在跨文化交流中创造积极的反馈，并提高一方对另一方的真诚度和信任感，因此被认为是国际关系和对外传播中一种重要的解决冲突的能力。然而，大多数海外受众缺乏对中国的直接认知，通常只能依赖新闻媒体提供的信息来做出判断。因此，在共情传播中，新闻媒体作为信息中介扮演着重要角色。人工智能技术发展半个多世纪以来，已经从最初的计算智能走向感知智能和认知智能，现在已被广泛应用于内容生产、计算宣传、数字治理等领域。同时，人工智能也为共情传播的自动化、智能化和精准化等带来了机遇。但共情本身是一个颇为复杂的心理过程，即个体在受到情绪刺激后，在认知到自我与他人有区别的前提下，对其总体状况进行认知评估，从而产生伴有相应行为（外显或内隐行为）的情绪、情感。[①]所以，如果要深度审视人工智能技术如何为共情传播带来契机，必须回到情绪的

[①] 刘聪慧、王永梅、俞国良、王拥军：《共情的相关理论评述及动态模型探新》，《心理科学进展》，2009年第5期，第964–972页。

生成与传播机制上来,即情绪的卷入、加工和传染过程。基于此,本文结合中国对外传播媒体的实践,探讨共情传播的现状及存在的不足,并分析人工智能技术在这三个方面为共情传播带来的机遇,以为我国对外传播实践提供参考。

二、我国对外传播实践中共情传播的现状及不足

共情传播的本质在于寻求跨越国界、语言和文化的认同。这是一个非常高远的目标。尽管我国的对外媒体机构一直在努力,也取得了一些成绩,但仍然存在着不少值得改进的地方。

(一)内容流于拼凑,受众情感卷入度低

经过长期的实践,以中国日报和中国国际电视台等为代表的主流媒体成长为我国对外传播的重要窗口,其"中国故事"的内容生产也实现了多语言、多媒体和跨平台的生产和传播。然而,受制于媒介资源的有限或是出于经济考量,一些媒介内容常呈现出拼凑的痕迹。不可否认,拼凑也是一种创作手段,但重点在于以新方式组合各种材料创造出特色和风格鲜明的作品。[1]遗憾的是,我国的外宣媒体虽然开设了脸书等海外社交平台账号,也尝试发布一些有关中国社会、文化、政治的新闻贴,特别是打造了中国文化传播专题,但其内容往往只是配上简单的文字与组图,导致内容模板化和重复化,降低了文本的可读性和情感的表达力度。海外受众属于政治异质群体,整体上对中国社会缺少认知动机,因此这种拼凑的内容更加难以引发他们的情感共鸣。拼凑式内容生产导致受众情绪卷入度低,也让对外传播效果大打折扣。例如,笔者爬取了我国某主流大报的脸书账号发布的新闻贴,结果显示,2023年4月期间,该账号虽已获得大量粉丝关注,但过半的帖子转发数和评论数都在50条以下。

---

[1] 邓建国:《概率与反馈:ChatGPT 的智能原理与人机内容共创》,《南京社会科学》,2023 年第 3 期,第 86-94+142 页。

（二）叙事工具传统单向，受众情绪加工迟缓

如学者所言，"媒介"代表着"媒—介"的互应和互动，在它的触发和协调下，各种关系因连接而相互转化，因转化而形成新的形态或面向。① 人类也总是希望能借助媒介冲破空间、时间、物理和心理的障碍，以直达边缘、直击人心。② 但目前在对外媒体的共情传播中，很多内容仍是以文字、图片为主，传播效果有限。这是因为，一方面，文字和图片是线性的，只能为受众提供信息（information），因缺乏交互和个性，难以为受众提供情感上的体验（experience）；另一方面，文字和图片篇幅通常很短，缺乏深度和关联性，无法构建一个完整的情感叙事。例如，某主流大报的脸书账号经常发一些简单的中国风景图片，只能吸引大量如"优美的图片（beautiful pictures）"因此这类简单、浅表和敷衍的评论。共情的最终目标是能让一个人对另一个人产生同情心理，并做出利他主义的行动。③ 显然，只有经过情绪加工以后，海外受众才能够形成相应决策、行为和社交互动，对外传播才能达到较好的效果。但是我国主流对外媒体仍主要在使用文字和图片等媒介形式，因而不能有效引导受众对内容进行有意识的情绪加工，也就无法激发受众的共情。

（三）平台噪音过多，共情传播道阻且长

社交媒体既能快速传递信息，又能在人与人之间形成关系连接，也因此成为对外共情传播的主要平台与阵地。随着人工智能技术的发展，社交媒体平台上的传播主体呈多样化趋势，除人类外还包括社交机器人、AI主播和语音虚拟

---

① 黄旦：《理解媒介的威力——重识媒介与历史》，《探索与争鸣》，2022年第1期，第142-148+180页。

② 邓建国：《沟通即文明：〈三体〉内外的媒介和传播》，《文化艺术研究》，2023年第1期，第39-44+113页。

③ 吴飞：《传播的理论基础与实践路径探索》，《新闻与传播研究》，2019年第5期，第59-76+127页。

助手等多种新型智能体。以美对华挑起贸易摩擦和新冠疫情等议题为例,有研究者就相关议题对推特、脸书等平台的账户进行了机器人检测,发现机器人的比例基本维持在9%~20%,传播者通过购买粉丝行为来营造虚假人气,所发布的社交文本内容重复率高、原创性弱,这些传播者还会有意选择敏感议题频繁转发或评论以对受众进行倾向性引导。①②尽管社交媒体平台已开始通过内部审查来删除机器人用户,但因其生产技术成本低且行为越来越复杂,因此仍旧无法大规模准确检测和消除机器人用户。③在共情传播中,信息的传递过程是否完整、准确、有效至关重要,它们是产生共情的基础。但由于多种传播主体的出现,我国对外传播传统媒体发出的信息面临着越来越多且无法从根本上消除的噪音。共情传播需要清朗的传播环境和受众持续的注意力,这些噪音无疑让跨语言和跨文化的共情传播变得无比艰难。

三、以情动情:人工智能技术为共情传播带来的新机遇

人工智能的应用已广泛涉及社交机器人、机器写作、AI主播、算法推荐等领域。人工智能并非人类所有工作的替代力量,而必须作为人类能力的延伸和补充,在与人的合作中找到各自的生态位,最终达到互通有无、相得益彰的效果。笔者认为,基于以上三个不足,在我国的对外共情传播中,人工智能可以在以下三个方面发挥作用,在一定程度上弥补上述不足。

---

① 张洪忠、何康、段泽宁、斗维红:《中美特定网民群体看待社交机器人的差异——基于技术接受视角的比较分析》,《西南民族大学学报(人文社会科学版)》,2021年第5期,第160-166页。
② 师文、陈昌凤:《议题凸显与关联构建:Twitter社交机器人对新冠疫情讨论的建构》,《现代传播(中国传媒大学学报)》,2020年第10期,第50-57页。
③ Luceri, Deb, A., Giordano, S., & Ferrara, E., "Evolution of bot and human behavior during elections," First Monday, vol. 24, no. 9, 2019, pp.1-29.

（一）善用算法推荐系统，提高情绪卷入度

在对外传播中，受众的情绪卷入度与信息的有效传递息息相关。如前所述，社交平台的普及应用改变了信息的生产与消费模式，人类已经步入去中介化的信息环境。特别是社交机器人的到来进一步启发了学界：情绪传染路径将影响受众在网络空间中的情感卷入和参与行为，所以需要重点了解和检验背后的情绪传染过程和心理认知机制。这一现象也为对外传播敲响了警钟，即不能忽略"情绪传染"这一现象，甚至应在此关键变量上寻找突破。

然而，不同国家的受众具有不同的文化价值观，同时对中国具有不同程度的了解和经验水平，这些都影响其对共情故事文本的解码和感知。因此，对外传播需要对用户留下的数字痕迹进行收集和分析，绘制出细致的用户画像，进而实现精准推送和分众化传播。目前对外传播实践中却存在海外用户"画像缺失"的困境，而且往往由于海外用户基数大、活跃范围广，因此对用户的描述只辐射某一类或某几类用户群体。[①] 2022年9月7日，中国外文局、鹏城实验室在北京联合主办"人工智能与国际传播高峰论坛"，提出人工智能技术能够为实现精准国际传播提供助力，具体通过大数据和算法推荐能够精准识别国际目标受众，实现针对不同受众的个性化、精准内容传播。只是与会专家也提及机器不能完全替代人，人机协作的方式更有助于提高机器模型的可靠性，从而提升对外传播的效率与精准度。[②] 可以预见的是，此种尝试能帮助不同文化背景的受众建立起多样化的情绪传染路径，以真正提高受众的情绪卷入度。比如，原本对中国认可度较高的受众可能建立直接诱发路径，而对中国认知度相对较少的受众则建立起认知唤醒路径。

---

① 刘丹：《国际传播如何"走基层"？——基于GDToday的"下沉"路径探索》，《南方传媒研究》，2022年第6期，第20-26页。
② 房琳琳、钟建丽、赵博元：《让国际传播插上人工智能的"翅膀"》，《科技日报》，2022年9月8日，第4版。

（二）借力人机交互传播，提高情绪加工效果

在心理学领域有这样一种观点：情绪不但会触发或抑制读者寻求信息的动机，还将辅助其加工和处理接收到的各类信息。[1]共情传播要想达到最佳效果，读者的情绪加工与评估是十分重要的一环。正如克雷布斯（Ronald R.Kredbs）所言，读者通过故事最终形成身份（自我和他人是谁）和表达兴趣（自我和他人想要什么）。[2]只是个体的情绪加工与评估容易受到诸多心理的、生理的、社会的、工具的因素影响。此前本文已针对传统的叙事工具进行了分析，研究发现信息接收和转化为行动的效果并不理想。

人机交互传播便能依托于社交线索及由此产生的在场感，介入个体的情绪加工与评估过程之中并以此产生积极的效应。主要原因在于，当人类与机器通过数字界面等进行沟通和互动时，机器人能够捕捉和释放丰富的社交线索，从而为人类提供了一种社会在场感。而这种社会在场感类似于常提及的烟火气，即我们举目望去，能看到、听到和感到有同类在从事着我们都会从事的日常活动。[3]已有一些人机交互平台在研发设计时便考虑了这些因素，比如在北京冬奥会举行期间，科大讯飞曾推出虚拟志愿者"爱加"，虽是以真人为原型的拟真度较高的数字人，但在外形、声音、行为等方面具备多重人类特征，可以用中、英、法、俄等六种语言和各国运动员等进行"面对面"交流。除此以外，"爱加"不仅能回答与冬奥赛事赛程、周边交通旅游有关的提问，还能陪受众

---

[1] Konijn, E. A., & ten Holt, J. M., From noise to nucleus: Emotion as key construct in processing media messages, in K. Döveling, C. von Scheve, & E.A. Konijn, eds., The Routledge handbook of emotions and mass media, London:reprinted by Routledge Inc., 2015, p.37.

[2] Krebs. R. R., How domimant narratives rise and fall: Military conflict, Politics, and the cdd war consensus, International Organization, vol.36m no.4, 2015, pp.809-845.

[3] 邓建国：《我们何以身临其境？——人机传播中社会在场感的建构与挑战》，《新闻与写作》，2022年第10期，第17-28页。

玩冬奥知识游戏大比拼。[①]具体来说,"爱加"通过丰富面部表情、情感语言和肢体动作等社交线索产生社会在场感,让受众感到自己似乎是在与人类对话、互动和游戏,并且对交流的内容产生信任感,从而大大提高了情绪加工与评估效果。

(三)以情动情——通过沉浸性内容抵抗高噪音感染

需要指出的是,人工智能虽然在采集、生成和投放内容上效率极高,但优质内容的生产目前还主要依靠人来完成。优质内容涉及大量的实际经验、情感投入和创造性,目前的人工智能还无能为力。有研究者指出,人工智能,特别是写稿机器人,能赋能国际新闻生产,但即使是当下最强大的人工智能ChatGPT也是基于既有语料库的生成式系统,仍无法完美地完成对外传播中的优质新闻生产任务。对外传播要建立共情,需要坚持传统新闻生产方式中的精华部分——叙事和情感。

不少研究表明,人情味新闻往往更容易获得读者的注意力,并促使其进一步分享态度情感,能够成为跨文化交流情境中深刻的心理链接。譬如,澎湃新闻旗下的英文媒体第六声(Six Tone)坚持生产富有人情味的新闻内容,讲述普通人不普通的故事,主要在以下两大方面体现出来:其一,新闻主题贴近共通的人性,第六声通常讲述普通人在挑战、困境和迷惑面前如何挣扎、搏斗、妥协、胜利的故事[②];其二,新闻报道采用多种文学手法来呈现冲突、刻画人物和建构高潮。因此而产生的报道作为情绪启发材料能有效地提高故事的沉浸感和作者的情感参与度,并激发他们的行动。这也意味着人情味新闻具有较强的抵抗噪音的能力。因此,不少海外受众深受第六声报道的感染,积极在其脸

---

① 艾佳:《科大讯飞用技术说话 助力冬奥会信息沟通无障碍》,证券时报网,http://www.stcn.com/article/detail/525087.html,2022年2月16日。

② 邓建国:《讲述小而美的中国故事——Sixth Tone 的融合对外传播》,《对外传播》,2017年第5期,第63-65页。

书公号上留言,表达对第六声的赞许和有一天能到访中国的愿望。我们认为,一个媒介,它在写入时需要投入多大的努力,它在读出时也就需要多大的努力。类似的,在共情传播中,传播者对所创造的内容投入了多少情感,其受众才可能解读出多少情感——以情才能动情。

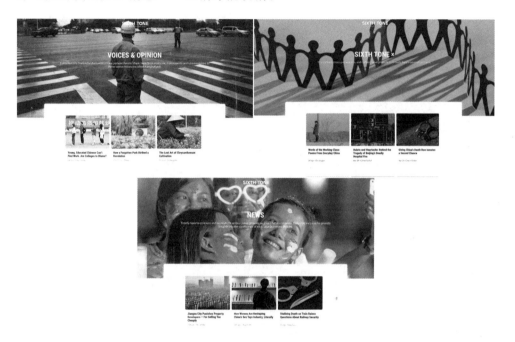

第六声(Six Tone)坚持生产富有人情味的新闻,讲述普通人不普通的故事

四、结语

从概念争论到算法革新再到产业化应用,人工智能已经逐步发展成为一种数字基础设施,推动了整个社会多方位、深层次的智能化。我们在探讨人工智能对外共情传播带来哪些机遇时,有必要认识到技术具有的根深蒂固的两面性。人类的历史经验已经表明,地缘政治、金融风险和环境问题等因素总是容易致使国际社会处于不稳定状态,技术也并非解决这些问题的万灵药。亚里士多德很早便言明了情感在政治说服中的重要作用。涂尔干(Émile Durkheim)

也指出，人们是先有信任才会订立契约，而不是因为先订立了契约才有信任。因此，在技术日益强大的今天，我们需要破除对人工智能技术的膜拜甚至迷信，以全人类共同价值为引领，不断拓展实现跨国界、跨语言和跨文化共情传播的可行途径。

（本文发表于2023年6月，略有删改。）

第二编

人工智能时代国际传播的实践探索

人工智能时代的国际传播：应用、趋势与反思

常　江　深圳大学传播学院教授，深圳大学媒体融合与国际传播研究中心主任
罗雅琴　深圳大学传播学院博士研究生

一、引言

继AlphaGo打败人类围棋冠军之后，OpenAI发布的聊天型机器人模型ChatGPT再次引发全球热议，成为人工智能发展历史中的又一里程碑事件。与人工智能技术狂飙突进并行的是国际环境的剧烈变动：经济增长放缓、地区冲突加剧，一种易变、不确定、复杂、模糊的时代结构正在形成，传统意义上的国际传播理念也因此面临尖锐的挑战。如今，参与国际传播实践的主体不再仅仅是主权国家及其代理机构，而是在新技术的佐助下日益呈现出一种人机协同参与、国家和各类社会机构交错影响的新局面。国际传播的边界更加模糊，场景也逐渐转移到更为微观和日常的人际交流领域。掌握数据收集、算法推荐、智能分发等核心技术的跨国媒体平台成为国际传播的新阵地。国家形象的塑造和国际话语权的争夺也不再局限于制度和文化吸引力等范畴，而更多依赖前沿技术的博弈。总而言之，技术逻辑、市场逻辑和政治逻辑相互嵌套，有力地重塑着国际传播的总体生态。

二、人工智能在国际传播中的应用

一般认为，人工智能是使用计算机模拟人类智能及执行智能任务的技术。麦肯锡全球研究院（MGI）将人工智能分为五个主要门类：计算机视觉（computer vision）、自然语言（natural language）、虚拟助手（virtual assistants）、机器人流程自动化（robotic process automation）和高级机器学习（advanced machine learning）。目前来看，这些技术皆在国际传播领域得到应用，贯穿了跨境信息采集、内容的生产和分发等传播环节，并不断创造人机交互的新方式。

（一）信息采集

在国际传播和国际话语权的竞争中，快速获取高质量信息往往是抢占先机的关键。但由于互联网去中心化的媒介架构，海量信息散逸于虚拟世界的各个角落，仅凭人的力量难以完整理解和精准捕捉。而数据挖掘与分析、智能语音识别和多语言数据采集等智能技术不仅可以实现这一点，还能按照预先设定的规则自动地形成人类视角难以捕获的非结构化信息。这种全球信息采集的有效性建立在庞大的数据库之上，因此数据智能化处理水平就成为影响国际传播中归纳、预测和内容生成效果的重要因素。

与此同时，两个问题也随之而来：一是社会中固有的结构性偏见、歧视、暴力等因素由于人的判断的缺位而融入数据之中，造成难以察觉的信息污染；二是数据隐私、国家信息安全和版权等问题日益严峻，例如风头正盛的ChatGPT和文本转图像模型"稳定扩散"就受到了关于侵犯版权的质疑。著名语言学家、哲学家乔姆斯基（Avram Noam Chomsky）即公开表示ChatGPT是一种高科技剽窃。美国三位漫画艺术家也对包括Stability AI在内的三家"内容生成式人工智能"（AIGC）公司发起集体诉讼，指控其模型用于训练的数据包含受版权保护的内容，是对艺术家版权的侵犯。

（二）内容生产

在内容生产环节，机器写作已经成为国际传播领域的常见操作。早在2006年，汤森路透公司就使用自动化计算机程序编撰财经新闻。2014年，美联社与科技公司Automated Insights合作，使用其自动化写作平台Wordsmith撰写国际报道。之后，《华盛顿邮报》的Heliograf、《纽约时报》的Blossom、腾讯的Dreamwriter、新华社的"快笔小新"等大批写作机器人应运而生。机器写作使得国际新闻生产效率显著提高，远非人类记者所能企及。以美联社为例，在与Automated Insights联手后，其每季度发布财经新闻的数量从300篇增加到3700篇。不过，随着机器写作日渐成为一种程式化的内容生产方式，其文本模式僵化和内容表达肤浅等短板也逐渐暴露，这有可能影响意义在跨境信息传递中的准确呈现。

此外，更为智能化的社交机器人和深度合成等技术也进入国际信息生产视野，成为内容产出的生力军，甚至被视为国际传播的一个新的主体。通过"类人类"行为的算法，社交机器人可以自动生成内容，因此被广泛应用于各种服务型信息自动发布，以及新闻聚合、广告营销、远程沟通等领域。由于学习能力强，不少活跃于全球性社交平台的机器人账户不断自动生成的内容既有趣又与时俱进，吸引了全世界的用户。例如推特上的机器人账号@MakeItAQuote就因其生动活泼的互动方式拥有超过57万的关注者。在那些以发布短文、短视频和图文为主的社交媒体平台上，因社交机器人极高的智能程度，我们甚至难以区分它们与普通"人类账号"之间的差别。据统计，推特上关于2016年美国总统大选的相关讨论中，活跃用户里有约15%是机器人，至少有40万个机器人发布了380万条推文，约占内容总量的19%。[①]不仅如此，社交机器人还可以通过

---

① John, M., Automated Pro-Trump Bots Overwhelmed Pro-Clinton Messages, Researchers Say, https://www.nytimes.com/2016/11/18/technology/automated-pro-trump-bots-overwhelmed-pro-clinton-messages-researchers-say.html.

智能化的复制手段，高速、批量发布信息，"劫持"话题标签，干预国际舆论。社交机器人传播虚假信息和阴谋论、破坏信息生态和挑动国际冲突等问题已成为各大平台自我治理的重点，其结果就是智能化检测工具的出现和不断升级。如今，各平台普遍使用如Botometer3之类的机器人检测工具来对付真假难辨的社交机器人。其中，推特的做法最为决绝：该平台表示将不再支持任何用户免费访问其应用程序编程界面（API），这就使社交机器人无法毫无成本地使用数据库搜索、回复文本并生成自动推文。

社交机器人自动生成的文字内容相对容易被证伪，但日渐成熟的深度合成技术则可借助智能算法实现图片与音视频素材的合成和自动生成，这种深度伪造的信息以假乱真的程度很高，几可实现沉浸、真实、自由和临场的体验，进而赋能情感传播。[1]在俄乌冲突中，就曾有两条关于双方最高领导人的深度伪造视频引发广泛关注并影响了后续的国际舆论。现有研究表明，即使人们知晓内容可以被深度伪造，并且能够意识到自己刚刚接触到了伪造的内容，哪怕只是短暂地接触也会产生强大的心理效应，从而促使其改变自己的（隐性）态度和意图。[2]因此，深度合成技术造成的负面影响不仅在于让信息变得真假难辨，更加速了国际受众的认知错乱和理性崩溃。当个人的信息识别能力无法分辨深度合成内容的真假，这最终有可能导致其区分真实与虚假的初始动力的丧失。一如阿维夫·奥瓦迪亚（Aviv Ovadya）所言：面对一个任何事物都可能被人为扭曲或伪造的数字媒体环境，最有可能也最具破坏性的反应是"对真实漠然"（reality apathy），即人们可能会完全放弃尝试验证信息。[3]对于深度合成

---

[1] 何康、张洪忠、刘绍强等：《认知的罗生门效应制造：深度伪造在俄乌冲突中的案例分析》，《新闻界》，2023年第1期，第88—96页。

[2] Hughes, S., Fried, O., Ferguson, M., et al.（2021）, Deepfaked online content is highly effective in manipulating people's attitudes and intentions. Safety, 9, 11.

[3] Charlie, W., Believable: The Terrifying Future Of Fake News., https://www.buzzfeednews.com/article/charliewarzel/the-terrifying-future-of-fake-news#.taE9n0qax. 2018-02-12.

技术的忧虑同样促使人们从技术本身出发寻找解决方案。如脸书牵头微软、麻省理工学院等知名研究机构联合举办的"深度伪造检测挑战赛"(Deepfake Detection Challenge)就是把人工智能作为一种解决方案的尝试,"以子之矛,攻子之盾"。

(三)内容分发与扩散

相较于内容生产,主流互联网平台的功能其实更侧重于内容的智能化分发与扩散。人工智能技术在内容分发和扩散领域同样有着高效和高精准度的表现。在不分昼夜抓取高关注度信息并进行有效的整合和自动生成内容后,社交机器人能快速将完整的信息套餐(information diet)推送给全球用户,其机制形同"投喂"。不仅如此,通过对用户地点、设备、历史行为、个人喜好等数据的分析,智能算法还能实现高度精准的个性化推送。而在信息扩散环节,社交机器人往往是国际舆论场中的"超级传播者",通过自动发布文章链接、转发其他账户或执行更复杂的自主任务实现跨境信息的病毒式传播。[①]

如今,智能算法已成为各平台为用户筛选和定制内容的基础工具。尽管个性化的内容分发能在一定程度上帮助用户节约信息检索的成本,有助于缓解信息过载制造的精神焦虑,但算法推荐可能产生的信息茧房(也称"信息过滤泡")效应也一直为学界和批评者所诟病——这是一种窄化的信息经验的自我强化系统,[②]存在被用于操纵性宣传、国际信息战、传播极端主义、引发国际舆论极化的伦理风险。[③]针对这些问题,对于多样化推荐系统的开发和设计被

---

① Shao, C., Ciampaglia, G. L., Varol, O., et al.(2018),The spread of low-credibility content by social bots. Nature communications, 9(1), 1-9.

② Rowland, F.(2011), The filter bubble: what the internet is hiding from you. Portal: Libraries and the Academy, 11(4), 1009-1011.

③ Badawy, A., Addawood, A., Lerman, K., & Ferrara, Em(2019), Characterizing the 2016 Russian IRA influence campaign. Social Network Analysis and Mining, 9, 1-11.

很多研究者视为"破茧"的主要方法。例如，基于综合用户画像的多样化标签推荐方法，就能实现依据更为多元和去中心化的标签体系对信息进行自动化分发，在满足精确率的前提下，尽可能实现信息套餐的多样化。①

（四）人机交互

虽然人工智能的崛起赋予国际传播更丰富的可能和更细腻的维度，但受限于特定的历史积因和全球政治结构，参与国际传播的人类主体长期以来仍以国家、非政府组织和少数掌握特定传播资源的个体为主。而以ChatGPT为代表的交流型人工智能的诞生和不断成熟，则将国际传播的主要场域拓展至微观、日常的人际传播范畴。作为一种大语言模型（LLM），ChatGPT的智能形成于人类反馈强化学习（RLHF）的方法之中，即通过强化学习的方式优化带有人类反馈特征的语言模型。机器人在这一过程中接受了如书籍、文章、网站等文本的训练，并基于对话任务对交互方式进行智能化的调整，这使其在理解用户意图、生成类似人类的文本，以及保持对话连贯性方面表现更佳。②人类社会原本有着多样的种族和文化差异，圣经故事中也有上帝为阻止人类修建通往天堂的巴别塔而令其讲不同的语言、最终因沟通失败而成为一盘散沙的寓言。ChatGPT强大的跨语言翻译、多语言文本的内容生成、智能问答等功能，为改善国际传播中的文化折扣提供了一种可能的解决方案，其个性化的交互方式为来自不同文化、使用不同语言的个体跨越沟通障碍提供了高效且成本低廉的新途径，完全有可能创造新的国际交流方式。

以ChatGPT为代表的人机交互实践虽然被寄予了"重建巴别塔"的乌托邦式想象，但"反乌托邦"的忧虑也接踵而至。有学者针对此类大型语言

---

① 刘海鸥、李凯、何旭涛等：《面向信息茧房的用户画像多样化标签推荐》，《图书馆》，2022年第3期，第83—89页。

② Shen, Y., Heacock, L., Elias, J., et al.（2023），ChatGPT and other large language models are double-edged swords. Radiology, 230163.

模型提出了六个方面的具体风险：歧视、排斥和毒性（toxicity）；信息风险（information hazards）；错误信息危害（misinformation harms）；恶意使用（malicious uses）；人机交互危害（human-computer interaction harms）；自动化、访问和环境危害（automation,access,and environmental harms）。[1]还有人在使用ChatGPT创作五行打油诗时发现其通常倾向于为保守派创作消极的打油诗，为自由派创作积极的打油诗，存在明显的制造信息茧房的意图。[2]针对这些风险，将对伦理问题和社会危害的考量纳入大语言模型的测量和评估框架就显得格外重要，"用技术对抗技术"似乎仍是较为务实的思路。[3]

三、人工智能与国际传播的新趋势

传播主体由人类行动者转向人机协同，传播场域从宏观的公共场景拓展至微观、私人化的范畴，传播渠道从建制化走向平台化……人工智能已经全方位地参与国际传播的各个环节，革新了跨境信息交流的方式，在全球范围内创设了广泛、垂直的数字连接关系，引发国际传播格局与生态的嬗变，有力推动了"数字全球化"时代的到来。人工智能带来的国际传播新趋势中，既渗透了技术逻辑的理性与效能，也容纳了市场逻辑逐利的天性，更内嵌了权力逻辑的博弈与控制。如前文所述，人工智能的效应是一个矛盾共同体。"矛"与"盾"相互依存、互为犄角。"矛"愈锐利，人类被其穿透的风险愈高，防范风险的盾便需要愈发坚固。但此处的"盾"不应仅仅包括技术之盾，更要包括人文

---

[1] Weidinger, L., Mellor, J., Rauh, M., et al.（2021），Ethical and social risks of harm from language models, arXiv preprint arXiv, 2112.04359.

[2] McGee, R. W.（2023），Is Chat GPT Biased against Conservatives? An Empirical Study. An Empirical Study, February 15, 2023.

[3] Chen, M., Tworek, J., Jun, H., et al.（2021），Evaluating large language models trained on code, arXiv preprint arXi., 2107.03374.

之盾，因为以技术对抗技术只能暂时解决问题，长远来看只会培育出逃逸性更强的"病毒"新变种。因此，本文跳出单一的技术逻辑框架，尝试从技术、市场、政治三个维度完整阐释人工智能时代的国际传播发展趋势——传播大规模自动化、公共空间平台化和治理数控化。在此基础上，本文将首要基于人文主义的视角对这些趋势做出价值反思。

（一）传播大规模自动化

从信息采集到内容的生成、分发和扩散，再到主体间的对话与交流，国际传播的完整环节正不断被人工智能代理。从这一概念起点出发，我们需要在认识论层面重新锚定技术的历史角色——技术或将不再只是一种媒介，而是与人类处于同等地位的交流主体。交流是一个社会过程，传播的自动化也即社会过程的自动化。①人类可以通过人工智能共享信息和参与社会生活，人工智能也可以通过模拟人类的行为、语言甚至思考创造意义。技术的类人化程度越高，其作为主体参与社会生活的存在感便越强。对此，有学者提出了解释性的CASA（computers are social actors）框架，主张将计算机作为社会行动者纳入理论考察。②包括机器写作、语音助手、社交机器人、对话代理在内的各种智能技术，莫不在扮演曾经限定在人类范畴的社会角色。传播的大规模自动化也必然会带来日常交流的变革，如同蒸汽机代替了产业工人进行大规模商品生产一样，人工智能也接管了越来越多的"交流劳动"，培育一种具有国际流通性的媒介话语体系，参与全球公共文化的塑造。

就国际传播而言，传播大规模自动化引发的最深切的忧虑在于：从跨国交往的偶然性与冲突性中产生的"交流盈余"被机器代理湮灭。ChatGPT这样的

---

① Mead, G. H.（1934）, Mind, self, and society（Vol. 111）, Chicago: University of Chicago press.
② Reeves, B., & Nass, C.（1996）, The media equation: How people treat computers, television, and new media like real people, Cambridge, UK, 10, 236605.

交流型机器人，在一定程度上克服了语言障碍，整合了全球的知识与文化，并以虚拟的跨国交流代替面对面的跨国交流，以貌似客观中立的立场参与国际交往，以高效、低成本的方式有问必答。理想化的机器会让人失去进行现实交往的耐心与动力，但人类交往劳动的生产性、自发性和偶然性正是文化多样性和创造力的源泉。你来我往之间，基于差异的冲突与融合才能达成更深入的彼此理解。人工智能追求速度、效率的技术逻辑会影响人们的实践观和世界观，机器的代理也将重塑我们感知和理解"远方"和"他者"的方式，从而减少了人类组织、斗争、合作和相互同情的机会和冲动。[①]不仅如此，内嵌于人工智能技术的偏见、歧视和刻板印象也不利于实现真正平等、互谅的国际交往。技术的运行方式越完美，权力关系就越隐蔽，这会使国际传播中悬而未决的公平和正义问题进一步复杂化。

（二）公共空间平台化

以谷歌、亚马逊、脸书、苹果、微软为代表的欧美跨国高科技公司（GAFAM），因其控制的平台、技术和数据资源而成为国际传播的重要基础设施，并通过与传统社会结构的持续互动塑造了一个平台社会（platform society）。范·戴克（Van Dijck）等人将平台社会描述为：社会和经济流通越来越由全球在线平台生态系统（以企业为主）引导，该系统由算法驱动并以数据为燃料。[②]依托这些平台提供的连接可供性，世界范围内建立起无穷的个体间的数字连接，既显著提升了气候、环境、性别、种族、人权等全球普遍性问题的能见度，也将地方性的事件和社会运动上升到国际关注的层面。有学者将这一文化趋势称为数字行动主义（digital activism），即以各种类型的数字媒体

---

① Reeves, J.（2016），Automatic for the people: the automation of communicative labor,communication and critical/cultural studies., 13（2），pp.150-165.

② Van Dijck, J., Poell, T., & De Waal, M.（2018），The platform society: Public values in a connective world, Oxford University Press.

为中介的社会行动及其"超本地"(translocal)的文化影响,包括点击行动主义(clicktivism)、元发声(metavoicing)、数据行动主义(data activism)、黑客行动主义(hacktivism)等十多种子类型。①于是我们看到,如"黑人的命也是命"(Black Lives Matter)这样原本发生在单一国家的地方性社会运动,由于跨境数字平台和信息的大规模自动化传播而发展为全球性的媒介事件,其话语势能超越国界、文化和地域,成为国际传播实践中一种自发的、难以预测和控制的结构要素。可以说,正是跨国数字平台的存在,改变了人们对于"本地""远方"和"世界"的空间感知,这也就在观念层面上促使国际传播日益由"国族中心主义"向"平台世界主义"升维。②

正如范·戴克等人所言:"平台既非中立,也并非无价值的建构,其自身架构中就携带着特定的规范与价值观。"③世界主义的想象与期待固然美好,但平台企业的发展野心是否与其标榜的世界主义的愿景相一致?这有待商榷和反思。有学者即在对奈飞(Netflix)和声田(Spotify)的话语分析中发现:欧美代表性流媒体平台热衷于强调自己对"全球文化多样性"的关注,并宣称自己的算法注重赋予多元文化以可见性;而实际上,这体现了高科技公司用世界主义的话语为其全球扩张的商业野心和技术实践赋予合法性的企图,与实际情况相去甚远。将作为市场战略的全球化与作为伦理政治的世界主义结合起来是跨国平台的常见策略,其目标在于鼓励国际受众接受其全球扩张。④

---

① George, J. J., & Leidner, D. E. (2019), From clicktivism to hacktivism: Understanding digital activism. Information and Organization, 29 (3), 100249.
② 史安斌、童桐:《平台世界主义视域下跨文化传播理论和实践的升维》,《跨文化传播研究》,2021年第1期,第31—50页。
③ Van Dijck, J., Poell, T., & De Waal, M. (2018), The platform society: Public values in a connective world, Oxford University Press.
④ Elkins, E. (2019), Algorithmic cosmopolitanism: on the global claims of digital entertainment platforms. Critical Studies in Media Communicatio., 36 (4), pp.376–389.

"平台资本主义"与"平台世界主义"之间的矛盾，本质上仍是商业逻辑和人文逻辑之间的不可调和性。对这一矛盾的反思也早就是传播政治经济学批判的成熟框架。早在20世纪90年代，就有学者在对当时的强势媒体电视的批判中指出：电视业运行机制的内在矛盾之处在于其既是一个工业过程，关注市场和利益最大化，同时又是一个文化过程，为艺术和公共表达提供场所。[①]故而，在视人工智能为一种革命性力量的同时，我们也要看到其背后的政治经济结构的历史延续性。若想客观评估公共空间平台化的发展趋势，就要同时观照其文化民主潜力和隐藏在效能话语背后的商业权力。

（三）治理数控化

平台虽然利用世界主义话语标榜自身的进步性和独立性，但其核心驱动力仍是商业利益。以GAFAM为代表的跨国信息平台依靠其在人工智能领域的垄断优势，成为全球传播资源配置体系的实际主导者。不过，由于国际传播生态的极度复杂，资本的逻辑往往与地方的逻辑交织在一起，从而培育出一种专属于人工智能时代的、独特的全球地缘政治体系。[②]一方面，人工智能技术加速了信息和意义的流动，重塑了国际传播的边界，为个体行动者和边缘群体创造了连接和行动的可能；另一方面，以社交机器人为代表的智能化信息产品也为塑造国家形象、引导国际舆论提供了更具地区和受众精准度的便利工具，并对各国的网络主权构成一定威胁。不可否认，国际传播不是单纯的文化交流，其始终具有鲜明的政治诉求。基于人工智能技术的国际话语权博弈，其实也是国家间权力博弈的重要一环。无论数字行动主义带来政治上的不确定性，还是人工智能对于国家信息安全的挑战，都凸显出准确理解互联网地缘政治的重要

---

① Meehan, E. R.（1986），Conceptualizing culture a.commodity: The problem of television. Critical Studies in Media Communicatio., 3（4），pp.448-457.

② 姬德强：《数字平台的地缘政治：中国网络媒体全球传播的新语境与新路径》，《对外传播》，2020 年第 11 期，第 14-16 页。

性，这就促使各国将国际传播领域的风险管理与信息治理置于战略高度。从作为国际传播主体的国家的角度看，人工智能既是症结所在，也是解决方案，所以它在被当作传播提效工具的同时，也被视为捍卫网络主权和治理网络空间的重要技术资源。以人工智能为路径的跨境信息治理实践，体现出技术逻辑和政治逻辑的紧密互动，数字技术手段同时为信息安全提供保障和限定。

基于人工智能的数控化治理方式能够对跨境信息风险进行准确感知和预测，帮助国家掌握全球舆论场的风向，有助于提高其跨境信息治理的效率和水平。同时，这也意味着更密集的信息流监管和发达国家建立数字霸权的威胁。德勒兹（Gilles Louis Réné Deleuze）就曾预言：控制社会最有效的工具就是计算机，这种控制在形式上却并不束缚人的行为，而体现出"迅捷流转"且"无限持续"的表面特征。[①]这一理论想象可以帮助我们更好地理解今天高度算法化的国际社会。数控化的信息治理的本质仍是一种不可化解的矛盾：人在无垠的全球网络空间中既无时无刻不在流动，又无时无刻不被控制。随着推特、脸书这样的平台发展为一种垄断性力量，人工智能技术和设备也就同时成为数控化治理的信息基础设施，国际网络空间有可能变成推行和维护数字霸权的场所，从而进一步加剧国际信息传播秩序的失衡。

四、结语

本文基于对人工智能在国际传播领域应用实践的观察，归纳出传播大规模自动化、公共空间平台化和治理数控化三个国际传播发展趋势，并尝试基于人文主义的视角做出反思。从历史的经验看，技术带来的光明与晦暗总是形影相随。本文的讨论也坚持围绕着对效率与公平、机遇与风险、流动与控制三对矛

---

① Deleuze, G.（1990）, Post-scriptum sur les sociétés de contrôle. L'autre journal, n. 1. Paris, mai.

盾的辩证思考展开。人工智能赋予国际传播更多可能性，也不可避免要面对新老问题的交叠。技术既是问题的提出者，也是问题的解决方案，但两者之间的力量配比则取决于人类行动者在多大程度上遵从普遍人性和公共福祉。

因此，本文认为，人工智能时代的到来意味着国际传播现有的观念和伦理应当全面革新，而在这个过程中，"人的价值"应当始终占据至高无上的认识论地位。正如控制论创始人诺伯特·维纳（Norbert Wiener）所说的："我们必须坚持发挥自己的想象力，以充分检视那些新的应用模式会将我们引向何方。"[①]

（本文发表于2023年4月，略有删改。）

[①] Wiener, N.（1960）, Some Moral and Technical Consequences of Automation: As machines learn they may develop unforeseen strategies at rates that baffle their programmers. Science, 131（3410）, pp.1355-1358.

人工智能驱动下的国际传播范式创新

相德宝　北京外国语大学国际新闻与传播学院教授、博士生导师
崔宸硕　北京外国语大学国际新闻与传播学院硕士研究生

当下，我们正在经历一场意义深远的"图灵革命"①。习近平主席致2018年世界人工智能大会的贺信中指出："新一代人工智能正在全球范围内蓬勃兴起，为经济社会发展注入了新动能，正在深刻改变人们的生产生活方式。"②

1956年，达特茅斯会议就"如何使用计算机模拟人类智能"展开讨论并首次提出"人工智能（Artificial Intelligence）"概念。人工智能是"像人类一样理性思考并行动的机器系统"。③伴随"大数据+算力+算法"三大基础要素持续发展，自然语言处理、语音处理、计算机视觉、知识图谱、机器学习、人机交互等核心技术历经多轮迭代，元宇宙、虚拟数字人、社交机器人、ChatGPT、AIGC等应用不断涌现，人工智能呈现出深度学习、跨界融合、人机

---

① [意]卢西亚诺·弗洛里迪：《第四次革命：人工智能如何重塑人类现实》，王文革译，杭州：浙江人民出版社，2016年版，第 XII 页。
② 《共享数字经济发展机遇　共同推动人工智能造福人类》，《人民日报》，2018年9月18日，第1版。
③ Kok, J. N., Boers, E., Kosters, W. A., Poel, M., &Putten, P., Artificial intelligence: definition, trends, techniques, and cases, International Symposium on Southeast Asia Water Environment, 2002, pp.1095-1107.

协同、群智开放、自主操控等新的技术特征。①

人工智能所带来的诸多持续性反常不断打破科学常规边界，为国际传播提供多元场景、多元主体、多元叙事，驱动并引领当下国际传播范式创新。本文尝试阐释新一代人工智能驱动下国际传播范式转变，描绘人工智能技术引领的未来国际传播图景。

一、元宇宙成为国际传播的崭新场域

"元宇宙"（Metaverse）一词源自美国著名科幻作家尼尔·斯蒂芬森（Neal Stephenson）的小说《雪崩》（*Snow Crash*）。在书中，作者描绘了一个平行于现实世界的虚拟网络世界，所有现实世界中的人都在其中拥有一个"线上分身"。此后，这一概念逐步发展为连接现实世界和虚拟世界并集现在和未来全部数字技术于一体的终极数字媒介。②在数据、信息、知识互联互通的数字空间之中，时空结构不断重组重构。

时间层面，人工智能技术将引发人类时间的概念革命。从农业社会的自然时间，到工业社会的机械时间，再到信息社会的媒介时间，人类对于时间的观念经历了三个阶段的重要变迁。③在人工智能技术的推动下，"媒介时间"呈现出瞬间性、零散性与无序性三大特征，时间被媒介技术层层压缩。④此外，脑机接口、意识上传等数字永生技术使人类存活于云端之上，跨越生死鸿沟并

---

① 《国务院关于印发新一代人工智能发展规划的通知》，中国政府网，http://www.gov.cn/zhengce/content/2017-07/20/content_5211996.htm，2023 年 2 月 28 日。
② 喻国明、耿晓梦：《元宇宙：媒介化社会的未来生态图景》，《新疆师范大学学报》（哲学社会科学版），2022 年第 3 期，第 110-118+2 页。
③ 朱玲玲：《变革中的传播媒介对时间观念的重塑》，《新闻传播》，2020 年第 9 期，第 36-37 页。
④ 卞冬磊、张稀颖：《媒介时间的来临——对传播媒介塑造的时间观念之起源、形成与特征的研究》，《新闻与传播研究》，2006 年第 1 期，第 32-44+95 页。

获得趋于无限的生命时间。在数字时代，时间被按照媒介自身逻辑重新解构与建构。

空间层面，人工智能技术将推动物理空间的延伸与叠加。一方面，数字孪生技术通过建模与仿真，可以将物理对象或系统的全生命周期完全映射，使我们能够更加深入地了解现实世界的运行规律和特点特征；另一方面，扩展现实技术的出现也实现了对现实世界规则的突破，以及虚拟世界和现实世界的交融。在与技术的高度互嵌中，我们不仅面对着"超越真实的人造真实"，还将被卷入自主想象、随心构建、自我支配的多重数字空间。由此，人类得以通过思考构造新生元境，依靠灵感缔造无数现实。

基于人工智能、复刻现实、超越现实、再造时空的元宇宙为国际传播提供了全新场域。游走在无限扩展且自由流动的数字空间之中，人类终于得以挣脱物理时空限制，通过数字形象建构数字分身，最终置身数字基础设施之上进行数字化生存。

二、数字基础设施、数据成为国际传播博弈新筹码

人工智能时代，数字基础设施成为新型物质基础，在此平台上生成、积累的数据成为数字时代"新的石油"[①]，潜藏并释放出巨大的政治、经济价值。因此，人工智能时代的数字基础设施、数据成为国际传播博弈中的重要筹码。当今世界主要国家加大、加快对数字基础设施和数据的战略布局、争夺、立法，全球数字竞争格局呈现出复杂态势。

据英国牛津洞察智库（Oxford Insights）2022年1月发布的《政府AI就绪指数报告》（*Government AI Readiness Index 2020*），全球已有约40%的国家发

---

① The world's most valuable resource is no longer oil, but data, The Economist, https://www.economist.com/leaders/2017/05/06/the-worlds-most-valuable-resource-is-no-longer-oil-but-data.

布或将要发布国家人工智能战略。①美国在人工智能方面一直保持领先地位并遏制竞争对手。在确保技术优势方面，2016年与2019年，美国政府两次发布《国家人工智能研究和发展战略计划》（*The National Artificial Intelligence R&D Strategic Plan*），就长期投资、数据供给、人才培养等事项共提出八项重点战略；2020年11月，白宫发布《引领未来先进计算生态系统：战略计划》（*Pioneering the Future Advanced Computing Ecosystem: A Strategic Plan*），将计算生态系统视作国家战略资产；2021年6月，拜登政府白宫科技政策办公室（OSTP）和国家科学基金会（NSF）宣布成立国家人工智能研究资源（NAIRR）工作组，协助推进基础设施建设并提供数据资源支持。在遏制后发国家方面，2020年4月，美国国际开发署（USAID）发布《数字战略2020—2024》（*USAID Digital Stategy 2020—2024*），以数字援助拉拢政治盟友，以美式价值观作为准入门槛，以"警惕数字威权"凸显战略排他。2021年3月，美国人工智能国家安全委员会（NSCAI）在《最终报告》（*Final Report*）中提出美国在人工智能时代遏制他国的战略方针和行动路线，其中明确指出要在提升基础算力的"微电子技术方面至少领先中国两代"。2021年6月，美国与欧盟共同成立美欧贸易和技术委员会（TTC），其主要目标之一便是利用出口管制与投资审查等手段遏制后发国家。

欧盟整合内部市场并致力推广标准。一方面，欧洲于2015年开始建设"数字化单一市场"，随后发布《欧洲高性能计算共同计划》（*Euro HPC*）、《欧洲共同数据空间：进展与挑战》（*EN data europa eu and the European Common Data Spaces*）、《欧盟数据战略》（*A European Stategy for Data*）、《欧洲人

---

① Oxford Insights, Government AI Readiness Index 2020, https://static1.squarespace.com/static/58b2e92c1e5b6c828058484e/t/639b495cc6b59c620c3ecde5/1671121299433/Government_AI_Readiness_2022_FV.pdf, 2022-12-12.

工智能白皮书》(*White Paper: On Artificial Intelligence-A European Approach to Excellence and Trust*)等战略文件统筹内部资源,加强数字基础设施建设;另一方面,接连发布《通用数据保护条例》《塑造欧洲数字未来》(*Shaping Europe's Digital Future: Commission Presents Strategies for Data and Artificial Intelligence*)《2030数字罗盘:欧盟数字十年战略》(*2030 Digital Compass: the Earpean Way for the Digital Decade*)等文件追求全球数字规则领导权,在七国集团、世界贸易组织和联合国等平台推广欧盟方案,致力于形成全球适用的数字经济国际标准与规则。①

其他国家相继发力紧随其后。俄罗斯于2019年发布《2030年前俄罗斯国家人工智能发展战略》,明确了俄罗斯未来十年人工智能发展基本原则、优先方向、目标、主要任务以及机制举措;英国于2021年发布《国家人工智能战略》(*National AI Strategy*),确保英国在2030年前成为"科技超级大国";日本发布《人工智能战略2019》与《人工智能战略2022》对人工智能技术的发展与应用做出总体布局,加快技术产业综合发展;韩国于2019年推出国家人工智能战略,次年发布半导体产业发展战略,推动自身从"IT强国"发展为"人工智能强国";新加坡与印度也分别于2017年和2018年推出本国人工智能发展战略。

此外,近年来围绕平台资源展开的国际博弈也日趋白热化。《平台社会:互联世界中的公共价值》(*The Platform Society: Public Values in A Connective World*)一书指出,当前谷歌、苹果、脸书、亚马逊和微软五大巨头提供的基础设施服务决定了全球平台生态中的整体设计和数据分流。②在巨大政治经济利益驱使下,形成平台垄断的先发国家处处钳制意图有所突破的后发国家。以

---

① 张茉楠:《全球数字治理博弈与中国的应对》,《当代世界》,2022年第3期,第28-33页。
② Dijck José van, Poell T. &Waal M. de. (2018), The platform society: public values in a connective world, Oxford University Press, p. 4.

美国滥用国家力量打压抖音国际版为例，作为第一款取得全球性成就的非美国数字社交媒体App，抖音国际版打破了脸书、照片墙、推特及优兔等美国平台形成的数字空间垄断格局。然而，美国政府以"威胁数据安全"为由屡屡对其恶意打压，脸书公司CEO扎克伯格（Mark Elliot Zuckerberg）则更是将脸书与抖音国际版之间的商业竞争视作中美两国的网络军备竞赛。

三、人工智能催生国际传播多元主体

主体（Agency）又称"行动者"，通常指拥有自我意识、思考感知和行动能力的个体。立足马克思主义实践主体性，可知一个主体必须能够通过自主思考进行实践，最终对世界造成真实影响。进入人工智能时代之前，机器仅仅是人类的工具、设备和手段，既无法做出自主思考，也无法展开传播实践。人工智能时代到来以后，随着弱人工智能逐步升级为强人工智能，技术迭代将持续催发机器成为新的传播主体，掀起一场轰轰烈烈的主体革命。

弱人工智能是依赖预先定义的规则指令执行特定任务的技术，一定程度上可以模拟人类智能，但不具备真正的自我学习和推理能力，需要人类干预和监督进行正确决策与行动。当下，弱人工智能尽管只能基于符号主义、联结主义、行为主义三大底层逻辑从形式上模拟人类智能进行传播活动，但其自身已具备成为传播主体的巨大潜力。2018年，OpenAI推出的GPT-1无法解决任何心智任务，2022年1月推出的GPT-3便达到了7岁儿童的心智水平，而2022年11月推出的GPT-3.5则已达到9岁儿童的心智水平。伴随技术进展，机器智能愈发呈现人类心智特征，其嵌入社会、参与人机互动的能力也愈发强大。

未来，强人工智能将成为参与信息传播活动的新传播主体。强人工智能又被称为通用人工智能，能够自主完成思考学习和推理判断，拥有属于自己的情感、价值观和世界观，不仅能够完成人类智能足以胜任的一切活动，还可完成人类能力范围之外的诸多任务。在不远的将来，媲美人类智能的机器智能将

同人类正常交往。拥有人类外貌、感知能力及交互功能等人类特征的虚拟数字人及能和人类进行社交互动并引发人类情绪感受的社交机器人将深度嵌入社会结构。在即将到来的"人机国度"中，人与人、人与自然、人与机器、机器与机器的数字交往将成为新的传播常态。人与机器都将不再仅局限于二元主客关系，取而代之的是彼此作为独立个体，在不同情境的数字互动中建立社会关系，共同创造新的意义。

四、人工智能满足人类感官、情感、价值多维需求

"媒介是人体的延伸……（媒介发展）是进化和生物裂变的过程，为人类打开通向感知和新型活动领域的大门。"[1]从书籍、报纸、广播、电视到互联网、元宇宙，从图画、文字、音频、图像再到视频，在漫长的媒介演进历程中，技术更迭不断更新人类度量万物的方式与途径，逐步满足人类自身的渴求和幻想。未来，具有自主感知、认知、学习和执行等能力，符合人类情感及道德伦理的通用人工智能将在人类积极驾驭下完成保罗·莱文森提出的所谓"层层补救"，最终迎来高度复杂形态。由此，人、机、物得以真正达成深度耦合，人类借助智能媒介突破自身生物局限，重获早期延伸中失去的自然。

人工智能研究的初心和终极目标是实现具有自主的感知、认知、决策、学习、执行和社会写作能力，符合人类情感、伦理与道德观念的通用智能体。[2]AIGC通过大量训练数据和生成算法模型自动生成文本、图片、音乐、视频，快速构造场景化、定制化、个性化的小模型和应用工具，为打造元宇宙提供自动化、个性化、低成本、跨模态内容；元宇宙供给的沉浸体验与丰富内

---

[1] [加] 马歇尔·麦克卢汉：《理解媒介：论人的延伸》，何道宽译，北京：商务印书馆，2000年版，第33—34页。
[2] 机器之心：《关于AGI与ChatGPT，Stuart Russell与朱松纯这么看》，机器之心，https://www.jiqizhixin.com/articles/2023-02-28-4，2023年2月28日。

容再次提升人类感知万物的广度与深度;基于传感器和自然语言处理等技术计算人类情感的情绪传播推动媒介技术形态由既有服务式互动走向新型情感型交往;VR、AR、MR、XR等技术激发人体新一轮的感官冲击与神经共鸣;情感计算驱动的虚拟机器人与社交机器人则充分满足人类社交情感需求。更值得期待的是,未来人脑运作所需的电信号和计算机运行所需的数字信号或将实现双向编码解码,无障碍的实时大脑-机器通信或在不久的将来成为现实。在此前基础之上,信息服务方式由需要用户参与系统调整的"用户驱动"跨越至"动态感知、分析并预测用户行为并基于特定时空提供情景服务"的自适应模式。[1]可以说,人工智能为人类创造出了一个思想的乌托邦。身处其中,人类得以根据自身意愿开展"有意义的劳动活动",实现自由而全面的发展。

不难畅想,在以交互性、沉浸性与想象性为特征的立体空间之中,人工智能或将成为人类的数字器官,人不仅以机为媒度量万物,其多维度的感官需求、情感需求与价值需求也将得到机器进一步的理解与满足。

五、计算宣传成为国际舆论斗争新武器

从古至今,历次技术迭代都伴随着国际舆论斗争的手段多样发展与战力效能升级。此前,国际舆论斗争形式以基于报刊、广播、电视、互联网等技术载体开展的宣传战和舆论战为主。伴随信息化革命的加速演进以及斗争形态转向重视无形设施的对抗,涵盖知觉、感知、理解、信仰和价值观等意识领域的认知域将成为大国战略博弈的新疆域。[2]以人工智能为技术基础、以计算宣传为主要手段、以信息失序为显著特征的认知域作战将成为国际舆论斗争的新形态。

计算宣传利用算法、自动化程序、人类策展等手段在社交媒体传播

---

[1] 喻国明、陈雪娇:《元宇宙:未来媒体的集成模式》,《编辑之友》,2022年第2期,第5-12页。
[2] 门洪华、徐博雅:《美国认知域战略布局与大国博弈》,《现代国际关系》,2022年第6期,第1-11+61页。

误导信息（Misleading Information）以达到特定宣传目的。[①]信息失序则指信息环境受到蓄意捏造以损害个人、社会、组织或国家利益的误导信息（Disinformation）、具有误导性但非恶意的虚假信息（Misinformation），以及具备真实性但对他人或团体造成伤害的恶意信息（Malinformation）污染的社会现象。[②]在人工智能驱动下，计算宣传可从作战主体、信息生产以及信息分发三个层面加剧信息失序，让别有用心者实现"乱中取利"。

在作战主体层面，人工智能技术赋能将推动多元主体立体协同作战。一方面，伴随技术走向成熟并广泛应用，任何人都可以低门槛、低成本地开展规模化、自动化舆论攻击；另一方面，基于特定程序介入公众讨论的社交机器人则可针对特定用户精准化分发信息干预公共舆论。技术赋能极大促进了人机协同作战的发展与进步，提升了认知作战的效果效能。

在信息生产层面，内容生成式人工智能（AIGC）与深度伪造（Deepfake）成为高效制造信息弹药的军工生产线。一方面，基于人类反馈强化学习机制（RLHF）的AIGC使用户能够以极低成本生产大量目的文本。例如，用户可使用"可控文本生成"（CTG，Controlable Text Generation）技术，通过给定关键词对生成文本的主题、风格、情感倾向等属性加以控制，进而生成误导信息、虚假信息、恶意信息。另一方面，基于生成对抗网络的深度伪造则通过结合目标对象的脸型、语音、表情等生物特征进行反复迭代，实现图像、视频、声音和微表情合成等多模态信息伪造。

[①] Samuel C. Woolley&Philip N. Howard, Computational Propaganda Worldwide: Executive Summary, https://demtech. oii. ox. ac. uk/wp-content/uploads/sites/12/2017/06/Casestudies-ExecutiveSummary. pdf, 2017-12-6.

[②] Wardle C, &Derakhshan H., Information disorder: Toward an interdisciplinary framework for research and policymaking, https://rm. coe. int/information-disorder-toward-an-interdisciplinary-framework-for-researc/168076277c, 2017-12-27.

在信息分发层面，算法为有害信息提供精准且隐蔽的传播渠道。基于数据化归类、趣缘化再结构、交互化排序和圈层化推荐底层逻辑的社交媒体平台算法强化了回音室效应与偏见机制，[①]配合深度伪造形成涟漪效应，带来以讹传讹式信息扩散。近年来，在2016年英国脱欧、2017年法国大选、2020年美国大选等重大国际事件中，以社交机器人账号为主要力量的计算宣传均发挥了重要作用，影响社交媒体舆论走向，引导用户受众的政治行为。

六、人工智能将重构传统时代世界信息传播秩序

传统时代，全球传播格局"西强东弱"，西方国家凭借信息通信技术优势掌控全球信息生产和传播，通过塑造世界信息单向流通的不平等结构巩固自身霸权地位，造成广大发展中国家失语失声。

时至今日，人工智能的发展与进步将推动世界信息传播秩序加速重构。在权力格局方面，数据及数字基础设施成为国际传播博弈的新筹码，信息背后价值观与意识形态的凝聚力和引领力将成为国际话语权力分配的底层逻辑。在媒介场域方面，构建于数字基础设施之上的元宇宙成为国际传播新的场域，极大动摇报纸、广播、电视及互联网等媒介原有支配地位。在传播主体方面，人类个体和人工智能等多元主体将平等参与信息传播，少数发声、多数缄默成为历史；处处发声、声声洪亮将成现实。在信息生产方面，脑机技术与AIGC模型将让人类得以超越语言差异、知识水平、媒介技巧等层层限制，把承载想法的脑信号直接转化为多模态信息。在信息流通方面，人工智能推动人类社会、机器智能，以及物理世界走向深度互联，数字算法推动传播机制由垂直走向扁平，传播规律由自上而下转向自下而上，传播范围从"少数人—多数人"变为"所

[①] 相德宝、曹春晓：《国际社交媒体平台算法对涉华国际舆论的价值偏见及其治理》，《对外传播》，2022年第10期，第8-11页。

有人—所有人"。①

在人工智能引领的国际传播崭新时代，借助技术联结与赋能，"消除信息领域的殖民化"和"创建新型世界信息传播秩序"或将不再仅仅是口号与想象。

七、人工智能助力人类命运共同体建设

习近平总书记指出，不同文明包容共存、交流互鉴，在推动人类社会现代化进程、繁荣世界文明百花园中具有不可替代的作用。②文化间相互影响及不同文化人群间交流接触是文明演变的主要动力，相互交往和相互影响的人类网络的发展历程则构成了人类历史的总体框架。③从莎草纸到互联网，推动文化交流与文明互鉴始终是媒介进步的底层逻辑之一。在人工智能驱动的崭新时代，传统意义上国际传播的物质边界逐渐消弭，以去实体化和非物质化为显著特征的数字空间愈加凸显出人类的心灵内核。

首先，人工智能促进人类实现真正理解。一方面，功能强大的传感器使信息得以完整保存，数字编码与数字传输使传播损耗下降至零，基于深度学习生成的个性化话语叙事消除信息解码与认知加工所带来的一切损耗，使信息折扣不复存在；另一方面，全面连接自然环境与人类社会的算法针对个体认知差距推动精准化"认知匹配"，元宇宙技术使媒介在场和社会在场均得以充分建

---

① 方兴东、严峰、钟祥铭：《大众传播的终结与数字传播的崛起——从大教堂到大集市的传播范式转变历程考察》，《现代传播》（中国传媒大学学报），2020年第7期，第132–146页。

② 习近平：《携手同行现代化之路——在中国共产党与世界政党高层对话会上的主旨讲话》，新华社北京2023年3月15日电。

③ [美]约翰·R.麦克尼尔、威廉·H.麦克尼尔：《麦克尼尔全球史：从史前到21世纪的人类网络》，王晋新等译，北京：北京大学出版社，2017年版，第4页。

构。①借助人工智能技术，人类得以在物质层面真正实践"你中有我，我中有你"的价值主张。在点点滴滴的数字交往中，个体得以抛弃群体所赋予的文化透镜，以"文化持有者"视角对他者进行理解与深描，文明得以以交流超越隔阂、以互鉴超越冲突、以共存超越优越。

其次，人工智能赋能个体参与共同生产。在技术的加持下，传播权力被赋予每一位数字网络中的行动者，生活的深度数字化趋势让国际传播由专业实践逐步转变为表达情绪和情感的日常实践。②在绵密的接触中，异质文化彼此相互协商，相互碰撞，相互影响，重新组合，创造出新的意义。在脱离殖民语境的流动场域之中，全球文化各美其美、美美与共，呈现出霍米·巴巴（Homi K. Bhabha）所谓的杂糅图景。通过以个体为单位共同参与全球信息传播活动，人类得以分享共通情感、塑造共同身份、凝聚共同价值，将人类命运共同体延伸至以元宇宙为载体的国际传播场域。

国之交在民相亲，民相亲在心相通。人工智能作为基础设施和人类沟通交流的未来场域，通过实现具有自主的感知、认知、决策、学习和执行能力，通过实现符合人类情感、伦理与道德观念的通用智能体，通过人类共通的心理基模、道德基础和价值诉求，必将超越既有国际传播现实实践中国家利益、意识形态、价值观等因素所导致的"交流的无奈"，追求终极的共情与共通。③最终，人类命运共同体的国际传播理念得以落地生根。

（本文发表于2023年4月，略有删改。）

---

① 邓建国：《我们何以身临其境？——人机传播中社会在场感的建构与挑战》，《新闻与写作》，2022年第10期，第17-28页。
② 常江、张毓强：《从边界重构到理念重建：数字文化视野下的国际传播》，《对外传播》，2022年第1期，第54-58页。
③ 常江、张毓强：《从边界重构到理念重建：数字文化视野下的国际传播》，《对外传播》，2022年第1期，第54-58页。

新一代人工智能技术引领下的国际传播领域新趋势

王　维　上海交通大学上海交大-南加州大学文化创意产业学院讲师

张锦涛　复旦大学新闻学院博士研究生

　　2022年末推出的聊天生成预训练转换器（ChatGPT）在短期内刮起席卷全球的风潮，极大地激发了各界对人工智能的想象，也促使人们对人工智能的社会影响进行反思。ChatGPT集中体现了全球化格局下智能技术的全球震荡和跨国效力，突出了新一代人工智能技术下国际传播命题的紧迫性。学界研究发现，人工智能技术已在传播者、传播渠道、传播内容生产链条等方面颠覆着国际传播现有格局。[①]在媒介化的国际政治关系格局中，人工智能技术进一步挑战着"传者—受者""公域—私域""真实—虚构"等传统媒体时代的二元架构，模糊了国际传播生态中的主体自觉和客体边界。那么，随着人工智能技术的持续性发展、爆发性突破和现象性落地，国际传播范式正在进行何种转变？国际传播领域呈现何种新趋势？本文将从传播主体、传播内容、传播受众、传播话语等四个维度出发，剖析新一代人工智能演进下的国际传播范式转变。在此基础上，本文将探讨国际传播领域在新一代人工智能技术引领下出现的趋势及其应对策略。

[①] 张洪忠、任吴炯、斗维红：《人工智能技术视角下的国际传播新特征分析》，《江西师范大学学报》（哲学社会科学版），2022年第2期，第111-118页。

一、人工智能技术演进下的国际传播范式转变

（一）传播主体愈加多元，信息失范乱象加剧

高德纳公司发布的《2022年需要探索的重要战略技术趋势》（*Top Strategic Technology Trends for 2022*）[①]对人工智能技术做出了积极预测：2023年将有20%的内容被生成式AI所创建，至2025年时，生成式AI产生的数据将占所有数据的10%。目前看来，报告中的部分预测已经得到证实，从专业机构生产内容（PGC），到用户生产内容（UGC），再到人工智能生产内容（AIGC），技术发展使得国际传播主体门槛不断降低，致使场域内信息失范情况逐步加剧。具体来看，相较于专业媒体机构，公众群体缺乏专业规训且表达自由，易受西方"价值体系"文化霸权侵袭，陷入各类流量陷阱；社交机器人乱象凸显，"打榜""引流"等行为干扰客观信息秩序，致使阅读数、转发数等传统的传播效果评价指标参考价值弱化，建立新的影响力评估体系成为关键。此外，多元化主体带来更复杂的传播动机，在PGC内容主导时代，专业媒体的传播行为一般基于特定的政治或商业立场，在动机判断上往往有章可循，而公众和社交机器人的入场使得舆论场的传播动机复杂化，庞乱的主体利益导致国际传播行为背后的真正意图难以挖掘。另外，在强化AI治理、加大机器人识别和防范技术的同时，社交机器人本身的技术水平也在不断提升，这些因素加剧了国际传播舆论场的混乱。

（二）形式内容更加丰富，图像趋势表现明显

在人工智能应用的早期，国际传播在社交平台上的形式载体主要以图文为主，而随着通信基建的发展和算法能力的优化，国际传播的内容逐渐向视频化，甚至短视频化方向发展，并进一步向VR/AR、元宇宙等新型图像技术的应

[①] "Top Strategic Technology Trends for 2022"，Gartner，https://www.gartner.com/en/information-technology/insights/top-tech-trends，2021-12-23.

用方向前进。其中，一个明显的表现是以抖音国际版为代表的短视频平台正逐渐接力推特、脸书和照片墙等成为国际传播的主要场域。在5G等新技术的支持下，视频化的信息更易于在大面积范围内传播，公众对于国际新闻获取的主要渠道已经从图文平台转为视频平台。此外，国际传播在内容方面的丰富性逐渐加强，基于大模型的新一代人工智能技术已经取得了里程碑式的应用成果，以ChatGPT、文心一言为代表的自然语言处理软件和以"达利"、文心一格为代表的自动画图软件等已经成为AIGC赛道的领跑者，大量的AI生成内容充斥着国际传播场域。而对于国际传播内容的识别和判定工作更加复杂，尤其是假新闻的载体已经从假文字过渡到假照片和假视频，加剧了国际传播内容的不可控。

（三）受众定位逐步精准，信息内容个性生产

与大众媒体时代的国际传播模式不同，基于平台的传播过程既可以开展传统的广播式的无差别信息发布，又可以基于用户画像和推荐算法开展特定的信息推送，这为"精准国际传播"[①]的概念形成奠定了基础。在用户画像（User Persona）技术[②]的支持下，传播主体可以建立起用户思维，基于受众不同的国别籍贯、文化背景、宗教信仰、性别特征、教育程度等资料，将特定内容在全球范围开展分组、分类、分语言、分国界、分时间等精准投放操作，挑战传统的无差别国际传播模式，获得更高质量的传播效果。同时，在个性化内容的生产方面，可以通过对于不同类别国际用户的画像开展分析，判定目标受众的需求偏好，为国际传播内容的精准化生产提供数据支持和理论依据。此外，个性化内容创作也可因AIGC的辅助而降低人工成本，在推荐算法的支持下触达接收端。在国际传播场域中，特定内容将更容易找寻并影响特定受众，既为传播效

---

① 洪宇、陈帅：《"数字冷战"再审视：从互联网地缘政治到地缘政治话语》，《新闻与传播研究》，2022年第10期，第47—63+127页。

② 孙宇、官承波：《国际传播精准化的基本逻辑与多维进路》，《当代传播》，2022年第6期，第75—77页。

力带来机会，也为规避负面影响带来挑战。

（四）传播能力体系变革，技术占比持续上升

长久以来，西方媒体机构经过较长时间的经验积累，酝酿形成了一套完备的话语体系，造就了西方的话语霸权。但在人工智能技术引领的当下，国际平台中信息内容的生产数量呈现几何量级膨胀，生产质量也在不断提升。尤其是在面对一些国际舆论的冲突时，基于立场爆发的感性冲动完全压盖了理性思考，"音量"的大小已经掩盖了"音质"的好坏，对于传播内容的追求逐渐从优质适量过渡到高质巨量。在这种背景下，除话语体系外，技术能力的强弱成为衡量国际传播能力的一项标准，而如何强化对新一代人工智能技术的应用则是未来国际传播能力升级的重要发展方向。

二、人工智能技术引领下的国际传播新趋势

（一）国际传播平台转向，格局变化迎来契机

传统的国际传播格局受西方主导，国际信息的生产和传递遭受垄断，传播力量格局固化，全球南方表达"失声"或声量微弱。人工智能技术引领下的国际传播开展了平台转向，基于数据和算法支撑的互联网平台成为国际传播的主战场。在平台赋权的背景下，西方在国际信息传播领域的垄断权受到挑战，国际传播场域力量分布趋于扁平化。此外，平台作为关键的第三方在国际传播竞争中也表现出不可避免的倾向性，成为左右传播进程的关键力量：一方面，西方平台的全球深耕可能会固化不平等格局；另一方面，新兴国家和地区的平台发展可能会赋能全球南方的话语权。由此可见，平台转向为构建国际传播格局带来新契机。

（二）技术催化安全需求，地缘边界数字转型

随着人工智能技术的不断发展，国际传播的载体越来越依靠数字空间，而公众对于国家和地区间地理边界的关注意识也逐步从线下转为线上、从实际

现实转向数字空间。①近年来，元宇宙、数字人等新技术的商业化应用加剧了这种转向。在现实的地缘版图之外，国别之间的数字版图概念也愈发清晰。此外，技术的演进更加催生和激化了国家之间的信息冲突的可能性，国民对于国家地缘安全的愿景也由传统的对于军事力量的期待转为对线上技术主权的憧憬。相较于实际的军事冲突，公众更加担心可能爆发的"数字冷战"，技术安全感被提升到一个新高度，技术所携带的政治因素越来越高，技术博弈升级为和平年代的国际竞争。

（三）语言障碍逐步消弭，英语国家优势减弱

在传统时代，语言障碍是影响国际传播的最主要因素。②借助于英语在世界范围内的流行地位，英语国家的传媒力量获得了强力发展，而这种力量的兴起进一步巩固了英语的霸权地位，对英语能力的初步掌握被视为国际传播领域的入场券。翻译软件的出现在某种程度上缓和了语言差异的挑战，然而，在人工智能技术发展的初期阶段，机器翻译的能力尚未能满足流畅交流的需求。对于一些较为冷门的语种，机器翻译的效果甚至无法达到基础参考的水平。更进一步，对于一些主要以口语形式存在且缺乏实际书面文本的语言，如闽南语，翻译软件的应用面临更大的困难。但对于新一代人工智能技术而言，基于神经网络算法和大规模数据样本开展机器学习的翻译软件，如德国的DeepL、Meta开发的S2UT（Speech-to-unit）等颠覆了这种技术障碍困境，极高的翻译精度和便捷的使用方式消弭了国际沟通场域的语言障碍，而且完全覆盖了口语语言、文言文、方言等实际应用场景，给予了更多非英语国家居民涉猎全球社交平台的信心，赋予了全球南方在话语场域发声的能力。英语霸权的式微和其他

---

① 刘海鸥、孙晶晶、苏妍嫄，等：《国内外用户画像研究综述》，《情报理论与实践》，2018年第11期，第155-160页。

② 何芳：《语言在国际传播能力建设中的作用》，《首都师范大学学报(社会科学版)》，2013年第S1期，第150-154页。

语言的兴起将重焕国际传播场域最本真的语言活力,以最终实现"母语传播"的宏伟目标。

(四)议题设置更加集中,算法霸权威力显现

用户在获取国际信息时,一般有主动搜索和被动推荐两种主要渠道。早年间,中国互联网络信息中心发布的《2016年中国网民搜索行为调查报告》指出,主动搜索信息行为在用户通过互联网获取信息过程中的重要性有所降低,被动推送逐渐成为用户获取信息的主要方式,且这一现象在手机端尤其明显。[①]时至今日,人工智能技术已经获得了深远的发展,个性化推荐算法的性能急剧提升,这可能会使受众越来越依赖算法的推荐结果,检索行为会随之不断减少。该趋势在短视频应用如抖音国际版上表现最为明显:用户被培养出了"刷抖音"而不是"搜抖音"的习惯,受众在不断下滑视频页面过程中完成了对新内容的获取。整体来看,在商业化算法推荐机制作用下,有利于特定相关利益主体的议题内容更易获得推荐,而不利信息将无法获得流量扶持。因此,在国际传播领域里,算法霸权会导致社交媒体集聚把关人权力,主导国际传播议题设置。

三、结语

在新一代人工智能技术的震荡下,国际传播范式正在激烈转变,国际传播领域也呈现新趋势。为此,首先需加强对人工智能内容生产的治理,提升人工智能主体识别技术,增进多媒体内容鉴别水平,培养公众人工智能素养,清朗国际传播内容格局。其次,深化对人工智能技术的应用,推进优质国际传播内容生产,善用算法推荐触达受众,建设跨国跨文化数字平台,影响国际传播话

---

① 《2016年中国网民搜索行为调查报告》,中国互联网络信息中心,https://www.cnnic.net.cn/n4/2022/0401/c122-1128.html,2018年1月9日。

语场域。在人工智能治理能力和技术应用的双重引擎推动下，我国可在新的国际传播格局里夯实主体能力、平台吸力、内容引力、传播效力，以此为契机构建国际传播新格局。

（本文发表于2023年7月，略有删改。）

关于利用人工智能技术助力文化传播的思考与实践

龙　飞　中国搜索信息科技股份有限公司技术研发部主任、博士、正高级工程师

人工智能亦称机器智能，通常是指通过计算机程序来呈现人类智能的技术。按照定义，人工智能的四个组成部分是专家系统、启发式问题解决、自然语言处理和计算机视觉。随着人工智能技术的崛起和升级，其在文化传播中的作用越来越显著。当前，国内外都在积极利用人工智能技术助力文化传播。

在人工智能技术的组成部分中，计算机视觉和自然语言处理被最多地应用于文化传播。例如，影视剧中的各种特效、搜索引擎及各类社交媒体平台所使用的推荐引擎等，无不借助了人工智能技术的强大能力。本文拟从人工智能技术本身如何助力文化传播，以及在文化传播各个环节中如何运用人工智能技术两个角度进行分析，初步探讨人工智能技术助力文化传播的方式、途径和策略。

一、人工智能技术在文化传播领域的作用

在人工智能技术的组成部分中，计算机视觉技术在文化传播领域起到最为关键的作用。这与影视剧、视频作品在文化传播中占据重要地位有关。美西方在其影视剧作品中曾大量运用计算机视觉技术以宣扬美西方文化。以迪士尼公司为例，其动画长片《冰雪奇缘》（*Frozen*）的特效帧占整部影片的45%，为了使画面中的雪景更加真实，迪士尼采用了麻省理工学院的最新科研成果：物

质点法模拟技术。该技术产生的千余种雪花的样式使得雪景极尽逼真。不仅在画面特效中充分运用计算机视觉技术，美国大片的创意也离不开计算机视觉技术的加持，如《星球大战》（*Star War*）系列、《蜘蛛侠》（*Spider Man*）、《钢铁侠》（*Iron Man*）等。高超的计算机视觉技术使得美国科技类影视作品在文化传播方面明显比别国更具优势，而崇尚科学和对科技的不懈追求又是美国文化中的重要组成部分。随着元宇宙的爆发式发展，文化传播有了新的平台。在元宇宙空间中，计算机视觉技术可以利用其增强现实技术（AR）、虚拟现实技术（VR）创造大量文化场景和文化产品，还可以运用数字孪生技术将现实世界中的文化场景和产品移植至元宇宙空间中，达到文化传播的效果。

除了计算机视觉技术以外，自然语言处理技术也在文化传播领域起到重要作用。作为自然语言处理技术的集大成者，搜索引擎一直是互联网时代的流量入口和信息获取的重要工具。有鉴于此，搜索引擎可以极大助力文化传播。对于希望了解中国文化的外国友人，可以通过搜索引擎准确地将影音图文等相关文化元素有条理地展现，以帮助其了解中国文化。随着以ChatGPT为代表的全新聊天机器人模型爆火，搜索引擎也面临着前所未有的冲击。ChatGPT的本质是基于超大语言模型的问答系统。为了应对更加智能的问答系统可能取代搜索引擎的趋势，我们可以采集大量文化相关的语料信息训练大规模语言模型，以使其在未来可以代替搜索引擎进行文化传播。

二、人工智能技术助力文化传播的经验

随着人工智能技术的发展，智能传播技术对传播生态全链条的影响日益显著。[1]利用人工智能技术助力文化传播并不是大量人工智能技术在文创作品中

---

[1] 张洪忠、任吴炯、斗维红：《人工智能技术视角下的国际传播新特征分析》，《江西师范大学学报（哲学社会科学版）》，2022年3月第55卷第2期，第117页。

的简单堆砌。事实上，文化传播是一项相当复杂的系统工程，在传播的各个环节中都需要人工智能技术的适当应用。在文化传播的过程中，应当树立以用户为中心的思维模式。利用人工智能技术将所希望传播的文化内容融入文化产品中去，并依据用户的反馈不断迭代。具体来说，包括生产、分发、反馈三个环节。由此，本文将从利用人工智能技术助力文化产品的生产、利用人工智能技术助力文化产品的分发和利用人工智能技术收集文化产品的反馈等三个方面，浅析如何利用人工智能技术助力文化传播。

（一）利用人工智能技术助力文化产品的生产

1. 利用人工智能技术，拓展产品形态

随着技术的发展，文化产品的形态和体裁也得到了很大的拓展。从早期的文字、音频、视频拓展到今天的H5、动画、AR、VR等。交互方式从早期的"我说你听、我演你看"的非交互模式转化为用户可深度参与、与产品互动的交互模式。为庆祝建军90周年，2017年人民日报客户端利用人脸识别和融合成像技术制作的互动产品"军装照"H5，在一周之内浏览次数（PV）超过10亿人次，独立访客（UV）累计1.55亿人次。这种成功为后续的文化产品提供了借鉴思路。新华社主管主办的中国搜索研发部门开发了"民族服装"H5，利用相似的技术为用户生成少数民族服装照，以弘扬民族团结精神。除此之外，中国搜索积极开拓创新，使用人工智能绘图工具（DALL-E）模型训练了大量的诗句—山水画数据。该项技术可为古诗文自动生成配图，为喜欢古诗文的中华文化爱好者提供了很好的互动体验。

2. 利用人工智能技术，扩大产品产量

在文化传播领域充分运用人工智能将会提升文化产品总体供给水平，增加相关产品供给规模。以中国搜索为例，该平台可利用机器翻译技术将一批高质量的中文稿件翻译为其他语种，采用"机器翻译+人工审核"的方式，快速生成外文稿件。针对文化领域的翻译环节，也可收集文化领域的多语种翻译语

根据古诗文自动生成的山水画配图

料进行训练,配合通用机器翻译模型,将大量优秀的中国故事翻译为多语种以助力中国好故事的海外传播。机器翻译虽然已经是较为成熟的技术,但只能够实现现有文创产品的翻译。为了将某些中国元素做成文创产品,并实现自动生产,中国搜索还利用目标识别、目标追踪和视频生成等人工智能技术,搭建了5G熊猫慢直播平台。

追踪与识别
让憨态可掬的大熊猫,时刻把最优秀的"一面摆在眼前

智能搜索与生成
海量资源,智能标注,总能搜到你喜欢的那"一瞬间"

VR与AR呈现
沉浸式体验,AR虚拟主播,带你体验慢直播新玩法

5G熊猫慢直播视频智能生成平台

5G熊猫慢直播平台使用目标追踪技术实时控制远在千里之外的四川大熊猫基地摄像头，使得摄像头能够实时追踪熊猫动态，接着使用目标识别技术自动识别熊猫的嬉戏、进食和睡眠等状态，最后使用视频生成技术自动生成各种状态的熊猫短视频。该平台生成的熊猫短视频已经发布于"中国好故事"的抖音国际版账号，获得了大量粉丝的好评。

3. 利用人工智能技术，打造优质产品

除了利用人工智能技术拓展产品形态、扩大产品产量以外，人工智能技术还可以协助打造优质的文创产品。利用低分辨率转高分辨率技术、图片生成动画技术和视频去抖等人工智能技术，便可以生成高质量的文创产品。以此前在海外市场爆火的应用程序"明星脸"（Myheritage）为例，该软件使用GPT-3模型将静止的人相照片转化为动态图片，动态的人相可以完成缓缓转头、微笑、眨眼等动作，栩栩如生。将该技术配合上文提到的"民族服装"H5技术或其他相关技术，可以为用户生成一段顾盼神飞的动画，极大地提升产品的趣味性和互动性。

我国也在利用人工智能技术打造优质产品方面进行了一些探索。例如，中国搜索旗下的"中国好故事"曾选取中国各地博物馆中的历史图片，为用户展示图片背后的故事。这些图片大多数为老照片，很多已经模糊不清。虽然有历史的厚重感，但是用户体验不佳。中国搜索利用GAN模型尝试将低分辨率的图片转化为高分辨率图片，利用科技手段还原真实的历史场景。中国搜索还研发了视频去抖技术，该技术可以将拍摄的抖动视频自动转化为镜头平稳的视频，对于早期拍摄的低质量抖动视频有着较好的转化效果。

（二）利用人工智能技术助力文化产品的分发

人工智能技术，特别是推荐引擎技术的出现为内容分发模式带来了巨大改变。内容分发模式已经从之前千人一面的广播式分发变成了千人千面的个性化分发。其代表技术即推荐引擎技术，代表产品为"今日头条"。"今日头条"

的推荐模式获得成功后,个性化智能推荐已成为国内乃至印度、日本等国新闻类应用程序的主流模式。据牛津大学路透新闻研究院2017年研究报告显示,已有54%的受众倾向于算法为其选择阅读内容。①除此之外,许多社交类应用程序如照片墙、脸书、推特和优兔等也将推荐系统作为其标准配置。

了解不同平台的内容分发机制,对于文化产品的传播至关重要。虽然不同平台的内容分发机制各不相同,但是大多数平台在内容发布后都会经历黑名单过滤、内容审核、随机流量、人工复审、算法推荐和出池沉底等流程。一般来说,如果文化产品足够受欢迎的话,会得到平台的广泛推荐,从而达到很好的传播效果。然而足够好的产品毕竟是少数,所谓"酒香也怕巷子深",即使是好的作品,有时候因为分发机制的缘故,也会得不到有效的传播。这就需要我们研究不同平台的内容分发机制。一般可着重跟踪文化产品在随机流量阶段的浏览量增长情况和算法推荐阶段的流量增长情况。通过分析不同产品在不同阶段的流量增长情况,可以反推出内容分发的规律,从而有针对性地改善内容质量,指导内容生产者生产出更符合用户口味的内容。对于某些符合长尾用户兴趣的文化内容,也能够找到相应的办法来突破随机流量阶段。

虽然基于推荐引擎的内容主动推送模式已经成为用户获取信息的主要方式,但是我们依然不能忽视基于查询(query)的用户主动搜索行为。这类用户一般为对中国传统文化感兴趣的外国人或外国华侨。由于文化产品的搜索属于垂直搜索,与中国搜索旗下的"中国好故事"数据库的搜索引擎原理类似。在搜索技术方面,可借鉴"中国好故事"搜索,通过以下方面助力文化产品的分发。

1. 丰富搜索功能,提供一站式搜索服务

在完善按照时间、地点、人物和标签等多种形态的搜索功能的基础上,与

---

① 张建中:《困境中的曙光:2017年牛津路透数字新闻报告解读》,《新闻界》,2017年第10期,第95-102页。

面向5G的检索平台深度融合,为用户提供一站式智能搜索服务。利用搜索技术,通过对国外搜索引擎进行反向抓取。同时借助大数据技术进行舆情分析,精确研判国内外重大热点事件,并根据此实时调整搜索结果排序,使得搜索结果与当下的舆情事件更为吻合,达到文化传播的有的放矢。

2. 构建细颗粒度富标签体系,提升检索精准性

根据文化产品的属性和特点搭建若干层级、若干维度,根据数据种类和分布情况构建数百至上千个标签组成的细颗粒度富标签体系。在沿用时间、地域等常规分类基础上,多维度构建特有的中华文化标签体系。精细化的标签分类在提升后台数据管理效率、提升搜索结果质量的同时,也为用户提供逻辑清晰的产品形态和精准的搜索结果。

3. 根据用户行为,提供个性化搜索

根据用户搜索(query)与搜索结果点击的行为收集,分析用户的搜索意图。通用的搜索意图一般可分为导航型、信息型和事务型三大类。然而对于文化产品类搜索的意图大多集中于信息型。虽然如此,还是需要利用意图识别技术精确识别用户的搜索意图,并提供个性化的搜索结果。同时,通过知识图谱技术对文化产品中的实体词进行关联,为用户提供更丰富、更相关的搜索结果。

(三)利用人工智能技术收集文化产品的反馈

在融媒体时代,用户对内容的反馈至关重要。一篇文章只有被阅读、点评、转发,其影响力才能真正得到体现。产品内容的质量较直观地反映在稿件的浏览数、收藏数、转发数和评论数等指标上。人工智能技术在这些指标的基础上可以很好地预测稿件内容的影响力,并帮助编辑改善内容。

《纽约时报》十余年前就注意到用户反馈的重要性。其研发的Blossom机器人通过对社交平台上的海量文章进行大数据分析,预测什么类型的内容更具热度,以帮助编辑挑选合适的推送素材。据统计,经Blossom挑选后的文章可收获

普通文章38倍的点击量。受其启发，中国搜索也于2018年研制了自己的内容热度预测系统。该系统以网易新闻20周内的2.5万条新闻为训练数据，抓取了新闻的内容、标题和点击数，利用集成学习的方法预测文章在未来24小时的可能热度，得到了80%以上的准确率，在当时高于当前同类技术的预测精度。随后，该系统又以新华社客户端2万余条数据进行验证，得到了类似的结果。

此外，在所有的文化产品中，广告是比较特殊的一类，用户对广告产品的反馈会直接体现在产品的销量上。比如，近年来一些泰国广告凭借独特的文化背景和聚焦市井人情，引起了现象级传播，达到了很好的广告效果，成为一种独特的文化元素。通过人工智能技术分析广告内容，我们发现泰国广告通过大量使用平民元素，以催泪、神反转等手段引起广大观众的共情，达到良好的传播效果，最终使得泰国广告成为泰文化传播的重要载体。基于以上工作，中国搜索正在更新升级自身的影响力预测系统。采用视频摘要技术和最新开源的GPT-3模型，以作品标题和主要图片内容为预测对象，将视频、动画和H5内容转化为关键帧，并跟踪了一些视频类文创作品一周内的浏览量变化，以期找出作品内容与热度之间的关系，从而达到预测作品热度，进而指导编辑改进的功效。

互联网时代，用户的评论也是非常重要的指标。用户的评论带有一定的主观性，处理起来更加复杂。正因如此，用户的评论中的建设性意见对于文化产品的改进更有价值。可以采用自然语言处理技术，对用户的评论进行分析。通过语义理解自动提炼用户评论的观点，并提取其中的关键词作为创作者改良产品的依据。

结语

随着中国国际地位的提升，中国的文化软实力亟待进一步提高。让各国民众通过了解中华文化进而了解真实的中国。人工智能是新一轮科技革命和产业变革的重要驱动力量，在文化传播过程中，也是非常重要的技术手段。以人工智能技术助力文化传播，需要紧密跟踪人工智能最前沿的技术，需要在文化传播的全链条上发力。为此，要利用人工智能和大数据技术分析用户需求，拓展产品形态，扩大产品产量，打磨优质产品，为文化产品的生产助力；要充分利用人工智能技术助力文化产品的分发，得到平台的广泛推荐，从而达到更好的传播效果；要利用人工智能技术收集文化产品的反馈，在浏览数、收藏数、转发数和评论数等指标基础上更好地预测稿件内容的影响力，助力文化传播。

（本文发表于2023年3月，略有删改。）

沉浸化、剧场化、互动化：
数字技术重构下的中华文明认知与体验[①]

姬德强　中国传媒大学教授、博士生导师，
媒体融合与传播国家重点实验室研究员，人类命运共同体研究院副院长
白彦泽　中国传媒大学广告学院博士研究生

在数字文明重构传统文化与当代艺术传播的结构性变动中，无论是对内还是对外的传播环境，中华文明认知与体验正面临着数字技术重构的重要转折。当前，讲好中国故事的探索百舸争流，不断变化的叙事场景与数字化、平台化驱动的全球互联互通相得益彰，这是融通中外的传播转型时刻，也是立足中国、面向未来的文化路径抉择时刻。

党的二十大报告明确提出实施国家文化数字化战略。文化数字化已经成为建设社会主义文化强国、实现文化高质量发展的战略选择。2023年6月2日，习近平总书记在文化传承发展座谈会上强调，担负起新的文化使命，努力建设中华民族现代文明，在新的历史起点上继续推动文化繁荣。实施文化数字化战略，推动中国数字文化产业高质量发展，有利于建设中华民族现代文明，促进世界人民对中华文明的认知与体验。

[①] 本文系国家社科基金艺术学重大项目"建成社会主义文化强国的标准和实现路径研究"（项目编号：22ZD01）的阶段性研究成果。

回顾世界历史的人文长河，人类对文明的认知过程是有机的，可以随着有形和无形产品的生产而"递增"（incremented）。这包括加强文化遗产的传承与修复，对文化历史的艺术干预和表演设计，尤其后者蕴藏着无形的部分，可以识别到社会进步与变革，对新形式、新载体提出内生要求。数字时代的当下，广袤而丰富的中华文明的历史轮廓和内在肌理都需要依托现代信息传播技术不断挖掘表现形式，推动传播深入人心，从而焕发其时代性的文化魅力，增强其全球传播与文明影响力。在这个过程中，我们需要深刻认识数字技术的内涵和外延，多主体、多角度进行学习借鉴，不断内化其逻辑、创新其表达。

马克·扎克伯格曾经在《创始人信》（Founder's Letter, 2021）中提及"下一代平台将更具沉浸感，一种具身化的互联网（embodied internet），人们不仅可以观看它，还可以置身其中"①。这番技术乌托邦式的元宇宙宣言至少提供了一个具有实践价值的用户体验指标，即沉浸式的在场感。数字技术正在使这种体验不断进行迭代。英国泰特美术馆的掌舵者、世界知名策展人尼古拉斯·赛罗塔（Nicholas Serota）认为，审视当代策展的新视角是当代社会与历史文明之间的关系转变。他提出，根据当代艺术的娱乐性和表演性特征，参观者受到历史文物、艺术品的情感刺激，摆脱了传统的基于理性参与的分析和解释体验②。从这个意义上说，参观者和艺术交流是博物馆转型的核心过程，而非文物本身。历史学家凯瑟琳·格雷尼尔（Catherine Grenier）曾提出"多形态博物馆"（le musée polymorphe）的概念，以新方式传播知识，并作为一个有机体，适应社会需求不断演变，将博物馆视为具有潜在文化政治影响力的公共知识场域。这一观点与安德烈·马尔罗（André Malraux）的《没有围墙的博物

---

① Mark Zuckerberg, Founder's Letter, (2021-10-28)[2023-08-25], https://about.fb.com/news/2021/10/founders-letter.
② Serota, N., Experience or interpretation, The Dilemma of Museums of Modern Art, New York: Thames and Hudson, 1996.

馆》（*Le Musée Imaginaire*）一书有关。马尔罗认为，讲述作品的语言在不断变化[①]。通过数字文化和现代互动技术所提供的诠释和体验的新手段，在一种对新型展陈关系的想象中，陈列空间中的所有文物和艺术品将构成可对话的精神场所，同时尊重彼此的差异。

一、数字化展陈的沉浸式体验：博物馆的现代叙事方式

数字技术正在将博物馆转变为混合和复杂的空间。在这里，人物和故事的虚拟生活与文物的实体形式融为一体。数字展陈伴随着文化可访问性（cultural accessibility）概念的转变而发展。

文明的传播过程正在成为一种计算化工具。在向参观者传递信息中，其价值提升得益于和观众的有机互动，情感体验方式的深入，使得一段历史、文明与现代社会达成勾连，与现代观众建立了联系。

20世纪80年代末，时任敦煌研究院常务副院长的樊锦诗便提出"数字敦煌"，希望利用数字技术永久地、高保真地储存莫高窟内的文化遗迹。樊锦诗讲道："我们这些人用毕生的生命所做的一件事就是与毁灭抗争，让莫高窟保存得长久一些、再长久一些。"2014年8月投入运营的敦煌莫高窟数字展示中心里，8K高分辨率球幕电影《梦幻佛宫》以180度画面、立体声环绕音效，携游客漫游千年敦煌幻境。2022年，全球首个基于区块链的数字文化遗产开放共享平台"数字敦煌·开放素材库"上线，来自莫高窟等石窟遗址及藏经洞文献的21类壁画专题、6500余份高清数字资源档案向全球开放。

2022年，抖音国际版上关于"sanxingdui"的话题播放量超过2000万次，三星堆博物馆抖音国际版账号上发布的青铜人头像还原视频点赞量突破10万次。

[①] Dal Falco F, Vassos S., Museum experience design: A modern storytelling methodology., The Design Journal, 2017, 20(sup1): S3975–S3983.

2023年7月，位于四川广汉的三星堆博物馆新馆试运营。数字沉浸技术的应用为参观者提供创新体验。借助裸眼立体媒体技术，2020年起三星堆新发掘6座祭祀坑的"工作现场过程"呈现在展区之中，观众在欣赏文物的同时，穿梭发掘现场，沉浸式体验考古时刻；借助先进的复杂投影矩阵无缝融合，配合同步播放，"三星堆多媒体沙盘折幕"实现了数十台投影矩阵画面融合，近20个超高清画面同时播放，让游客亲临三星堆古城的历史恢宏。

文化遗产和博物馆文物可以代表一种现场讲故事的体验，这种叙事体验的实现得益于数字技术驱动。无论是数字虚拟空间，还是数字平台，都为全球观众开启了更为活跃的当代对话。

二、媒介文化转向中的数字戏剧：真实与虚拟交互的戏剧想象

大卫·萨尔茨（David Z. Saltz）认为，学界和业界依然没有确定具体的名称来描述结合数字媒体技术的表演（performances that incorporate digital media）[1]。以全球视角追踪数字媒介技术与剧场表演之间的互动关系可以回溯到20世纪80年代中期，从多媒体表演（multimedia performance）、新媒体戏剧学（new media dramaturgy）到赛博格戏剧（cyborg theatre），由这些名词勾连的所谓戏剧流派脉络延宕着对数字技术"陌生化理解"的终点时刻。目前比较广泛的理解是："数字戏剧"（digital theatre）是一种利用大量数字媒介手段的剧场表演。诸如预录数字视频、投影、动画、虚拟现实、机器人、即时影像和现场剪辑、现场观众反馈、动作捕捉、线上会议等其他形式的数字媒介互

---

[1] David Z. Saltz, Jennifer Parker Starbuck, and Sarah Bay-Cheng, Performance and Media: Taxonomies for a Changing Field, Ann Arbor, Michigan: University of Michigan Press, 2015, pp.1–10.

动[1]。对表演的虚实沉浸改造流露着后现代形式的媒介文化转向[2]。

剧场艺术从来不是单向度的媒介形式，而数字戏剧技术重构了现代戏剧对中华文明的叙事方式和受众体验。2018年，著名戏剧导演田沁鑫和上海戏剧学院合作的《狂飙》在日本东京世田谷公共剧场公演，讲述剧作家田汉浪漫、卓越又悲苦的一生。该剧采用八台摄影机即时拍摄、即时剪辑、实时投影，将演员现场表演和数字科技完美糅合，作为半电影化的数字戏剧。田沁鑫在剧中从青年田汉留日时与戏结缘开始，将戏剧作为舶来品的中国化历程糅进田汉的爱欲血泪之中，令日本观众赞叹。时逢中日和平友好条约缔结40周年，在剧场艺术对外传播的过程中印证着文化的机缘遇合。从《故事里的中国》的电视化到《直播开国大典》的半影视化，2022年，田沁鑫在数字戏剧实践上更进一步，带领中国国家话剧院团队，创作文献话剧《抗战中的文艺》，展现了数十位左翼文人、艺术家的时代心路。提前影视化拍摄、特效制作、现场即时影像与跨媒介戏剧演出相融，历史的环境与时间的故国化身在现代审美中，整场演出是一座现代的文献博物馆。伴随着观众观剧，从一场戏到一座城，演员在表演，结构在搭建，多维特效在移步换景。导演的调度叙事与数字技术巧妙结合，使得舞台美术与剧场空间的物质性被模糊掉，多重叙事成就了多维视点，观众仿佛置身历史的切片中。在田沁鑫最擅长的舞台流动性与自由度里，在数字技术舞美的配合下，这段十几载的历史记忆成为视听奇景，屏幕明暗之间，演员表演走动，影像突破结构框架。这些都在不断挑战着现场观众对真实的判断，文献博物馆的视觉场域和历史叙事在剧场空间中自由穿梭。

---

[1] Nadja Masura, Digital Theatre: The Making and Meaning of Live Mediated Performance, US & UK 1990–2020, Basingstoke: Springer Nature, 2020, p.9.

[2] 沈嘉熠:《从体验到沉浸:表演的叙事性转变》,《华东师范大学学报(哲学社会科学版)》,2018年第1期,第110-116+179页。

三、从体验到对话：重点技术应用中的可视化与互动性

2023年8月，在世界三大游戏展之一的德国科隆游戏展（Gamescom）上，来自中国企业"游戏科学"的动作角色扮演（Role-Playing Game）游戏《黑神话：悟空》摘得最佳视觉效果奖，其优秀的动作设计和中式美学受到大量海外玩家青睐与期待。取材于中国古典文化的《黑神话：悟空》带着互动娱乐世界的节奏，展示着数字时代中国文化产业对外传播的技术实践。数字游戏所代表的互动技术改造了诸多文化产业的传播形式与用户体验。这些前沿技术方法可以为参与者带来更深层次的叙事体验和更广泛的文化生命感受。

交互设计（Interaction Design）。数字技术提供了无尽的可能性和活动力，让人们以新的方式体验物理世界并与之互动，包括沉浸在虚拟世界中。增强现实（Augmented Reality）、虚拟现实（Virtual Reality）、嵌入式计算（Embedded Computing）、手势控制（Gesture Control）等方法可以让参观者在博物馆的混合物理空间中与有关文物、历史人物、历史片段的数字信息场中进行丰富互动。时空再造的过程中，多介质构建的幻象和交互，融入体验者的自我投射[1]。在迪拜世博会的中国馆中，智慧高铁与未来汽车让游客沉浸虚拟世界感受多屏联动的交互设计体验。秦始皇帝陵博物院为满足海外游客的语言需求，兵马俑720°虚拟现实（VR）影院现已包含四国语言。

互动叙事（Interactive Storytelling）。交互式叙事研究基于三条轴线，分别是故事的生成、角色的自主性和玩家的建模[2]。基于情节的创作系统能严格控制故事，而基于角色的自主性系统则能展开故事，两者之间需要权衡利弊，如

---

[1] 顾亚奇、刘盛：《形态、维度、语境：论沉浸式新媒体装置艺术的"空间"再造》，《装饰》，2020年第7期，第72-74页。

[2] Riedl M O, Bulitko V., Interactive narrative: An intelligent systems approach., Ai Magazine, 2013, 34(1): pp.67.

基于STRIPS规划的ABL语言[①]。这些电子游戏方法可应用于创建互动叙事，甚至可以延长观众的体验路径。

对话界面（Conversational Interfaces）。依据自然语言处理（NLP），对话机器人的主要重点是提供机器学习工具，以识别特定的意图，例如，游览者想要了解所到之处的文物历史。对话界面根据提供一次性回复的后端流程提供文本回复。因此，对话的结构是由这些意图和回复组成的线性或分支故事。

无论是交互设计、互动体验还是人机对话，这种实体、数字或混合空间内的游戏，本质上是这些文化故事的可视化和互动性。这就需要游戏设计师和交互设计专家的参与，也需要应用程序开发人员和工程师的参与，以便进行场景实施。

四、民族化与现代化的融筑和超越：中华文明认知与体验的数字技术运用

回应当代文旅产业的现代化进程追问，在敬畏传统的过程中，思考传统文明的历史线索与发展脉络，不被传统掣肘，不惮于变革。从数字化展陈到数字戏剧，基于上述整理，可以延展出三个方面的文明传播实践进路。

首先，中华文明符号传播与跨媒介、多模态数字化创意。数字技术的介入，使得文明符号可以拥有跨媒介、多模态的转译和解释，以及再创造的巨大潜力，从而获得勾连异质性文化的通道。

其次，传统与当下的感知交互，民族与现代的美学碰撞。无论是现场空间的交互体验，还是数字平台传播中的美学互鉴，都将系统改造中外民众的认知方式和审美体验，进而碰撞出新的美学空间。

[①] Mateas M, Stern A., A Behavior Language: Joint action and behavioral idioms// Life-Like Characters: Tools, Affective Functions, and Applications. Berlin , Heidelberg: Springer Berlin Heidelberg, 2004: pp.135-161.

最后，立足叙事，立足情感，立足时代。在数字化、平台化重构全球传播格局的当下，文化叙事方式的"无限可更新性和无限多样性"[①]正期待着中华文明国际传播的创新实践。讲好中国故事的行动主线永远在于叙事，叙事的核心价值在于情感。情感是具有时代特征的，共享和共情着中国以及全球共同的时代价值。

2023年8月，中国国家话剧院宣布，2024年推出的音舞元素话剧《敦煌》将使用多维数字技术重构当代舞台叙事。据悉，该剧在现代叙事结构中，让人物跨越19世纪30年代与当下，从法国巴黎到中国敦煌，对中华文明的文化故事进行创造表达。不仅为现场观众提供多维感官体验，锻造时空之旅，更将推出4K录制、全球直播的中国国家话剧院现场（CNT现场）线上演播，为全球观众提供跨越文明感知的视听体验[②]。

此类实践力求融合文旅艺术的民族化与现代化，以数字技术升级为支撑的叙事体验作基础，通过沉浸化、剧场化、互动化的文化艺术传播路径，以实现中华文明承载信息与观众认知、体验之间的高度融合为实践目标。

结语："共同在场"与"整合叙事"——现代化叙事的方法论

数字技术重构的文明认知与体验是方法论重塑的历程。在一个动荡与喧嚣的全球网络中，我们在面对技术升级的同时，也审视着虚拟空间与地缘关系、人类社区与跨文化交流、互动与亲密、接触与疏离、创造与共同创造的参与式实践，在实践中锻造着新的文明形式。

沉浸化、剧场化与互动化的技术改造，代表着文物、艺术品、历史文化

---

① [英]马丁·阿尔布劳：《全球时代》，高湘泽、冯玲译，北京：商务印书馆，2001年版，第227页。
② 《中国国家话剧院首部音舞元素舞台剧正式官宣》，北青网，http://ent.ynet.com/2023/08/28/3661103t1254.html，2023年8月28日。

叙事嵌入了特定的技术语境和文化网络。"关系"与"对话"美学成为认知与体验实践的意义统筹。数字技术打开了艺术与文化的参与边界，"共同在场"（co-presence）的意义在于打破了传统的观演关系，历史与当下、远方与咫尺、他者处境与灵魂况味，实现共同在场，经由数字技术交汇。

建设中华民族现代文明、讲好中国故事是一条双向的通道创造。数字技术全方位、全语境、全感官提升人民艺术体会，与此同时，文化"出海"的载体在虚实之间跃动，既可以在物理空间内时空碰撞、改写与融合，也可以借助数字平台促成中国原创IP的跨媒介转化和全球价值传播。我们必须重视全球互联的先进文化资源，不能故步自封，唯有不断参与，不断上前，提升专业团队技术整合，学习海外优秀经验，广泛连接，深度合作，才能拂去数千载厚重的时间尘土，拓展中华文明足够的全球生存空间与精神领域。

剧场化与数字化在拓展着当代展陈的参与模式与形态边界[①]，沉浸化与互动化在改造着剧场表演空间的时空体验与文化能力。我们的下一步，是将对文物、艺术品或其他历史文化承载物的认知的各个方面整合到一个持续的叙事体验中，通过空间内部的互动，创造个性化的故事。新一代数字技术为文物、历史人物、建筑和关键事件成为参与叙事的一个个角色提供了可能，这种叙事体验将会以观众和展陈或剧场空间之间的对话形式展开。应用现代计算和交互技术来加强人、物理空间和数字信息之间的交流，使中华文明源源不断地焕发生机，在一种可持续化的技术叙事之下增强国际传播能力，塑造海外受众的升级体验，必将是一种令人兴奋的传播实践。

（本文发表于2023年10月，略有删改。）

---

① 何桂彦：《"剧场化"与数字化——展览的观看模式与形态边界》，《美术观察》，2021年第12期，第19-20页。

国际传播人工智能语料库建设意义与途径探索
——以中国外文局语料库建设为例

顾巨凡　北京中外翻译咨询有限公司总经理

随着我国国际话语体系建设的不断深入，国际传播事业需要不断优化传播布局、拓展传播渠道、完善机制平台并深化融合发展，从而更好地对外传播中国发展成就并积极影响对象国涉华舆论生态。为贯彻落实习近平总书记在党的十九大报告中提出的要高度重视传播手段建设和创新，提高新闻舆论传播力、引导力、影响力和公信力，党的国际传播事业要抓住时机、把握节奏、讲究策略，体现时度效要求等重要政策讲话精神，外宣媒体需进一步强化信息化和语料库功能服务，以更好地讲好中国故事，对外展现真实、立体、全面的中国形象，综合提高国家文化软实力。国际传播人工智能翻译语料库是指基于互联网工作平台，运用以神经机器翻译技术为基础的人工智能翻译技术，对国际传播等相关领域的语料资料进行数据化处理和加工，建立系统对外传播党政文献、领导人著作、讲话及外宣图书、期刊及网络新闻宣传内容为主的语料数据库，并在此基础上进一步建立国际传播综合人工智能语料库。该工程是提升新一代人工智能科技能力服务党的对外传播事业的重要创新型举措，是配合"十四五"创新技术举措实施的有效组成部分，更是落实党的十九大精神的重要举措。本文拟通过讨论国际传播人工智能语料库建设的必要性与战略意义、可行性与条件，进一步探讨此类专门性国际传播人工智能语料库建设的途径和方法。

一、建设国际传播人工智能语料库的必要性与战略意义

（一）国际传播人工智能语料库建设是涉及国家安全、意识形态和话语权建设的重要阵地

近十年来，自然语言处理技术越来越成为国际竞争的新焦点。自然语言处理技术是引领未来的战略性技术，世界主要发达国家将发展自然语言处理技术作为提升国家竞争力、维护国家安全的重大战略，加紧出台规划和政策，围绕核心技术、顶尖人才、标准规范等强化部署，力图在新一轮国际科技竞争中掌握主导权。当前，我国国家安全和国际竞争形势更为复杂，必须放眼全球，把自然语言处理技术发展放在国家战略层面系统布局、主动谋划，牢牢把握自然语言处理技术发展新阶段国际竞争的战略主动权，打造竞争新优势、开辟发展新空间，坚持总体国家安全观、坚决维护国家主权、安全、发展利益，有效保障国家安全。

我国日益提高的国际话语权建设需求与翻译及多语报道人才培养不平衡不充分矛盾突出。因此，亟须建设大量收入优秀中译外精准语料的数据库，解放国际传播翻译写作人力，并在实际工作中有效提高效率的综合性服务平台，为国际传播能力建设解决技术和束缚生产力发展的瓶颈性障碍，促进我国政治话语权地位综合提升，推动中华优秀传统文化创造性转化，创新性发展。目前，国际传播专项语料库建设虽具备基础语料，但仍有大量语料资源散落，亟须整理整合。仅中国外文局外文出版社出版的《习近平谈治国理政》一书，就涉及中、英、法、俄、阿、西、葡、德、日等21个语种，是十分宝贵的语料库资源。从新中国成立之初至今保存的资料中陈旧性历史资料为数不少，有些已经处于濒危状态，亟待保护性开发整理。

按照党中央、国务院部署要求，应抢抓人工智能发展重大战略机遇，构筑我国人工智能发展的先发优势，加快建设创新型国家和世界科技强国。为此，迅速发展人工智能将成为社会主义现代化的组成部分和重要体现。人工智能技术也有

利于发展和改善创新对外宣传方式，着力打造融通中外的新概念新范畴新表述，对外解读传播好习近平新时代中国特色社会主义思想和中国智慧、中国方案，对形成富有中国特色的国际传播话语体系、增强国际话语权具有重要现实意义、实用价值和长期效益。同时，建设国际传播人工智能语料库还将为我国国际传播能力建设和国际话语权建设提供重要的智力支持和战略研究保障。

（二）语料库建设将为国际传播领域推广机器翻译提供坚实技术支撑

我国日益提高的国际话语权建设需求与多语语料库建设不平衡不充分的矛盾日益突出，国际传播可应用的语料库精准度差、专业性不强已经严重制约对外传播工作对机器翻译等新技术的使用。以中国外文局为例，新中国成立初期至今出版的多文版领导人著作及外宣期刊，含有大量珍贵且极具参考价值的多文版语料，但大多以档案形式存储，且由于出版年代久远，纸质版资料保存难度逐年增加。因此，亟须对承载以习近平新时代中国特色社会主义思想为代表的领导人著作及此前几代领导人著作、讲话等珍贵党政文献做系统梳理，形成供国际传播参考使用的大型多语种语料信息数据库。此外，目前国内外市场的语料库建设虽小有规模，如微软、百度等，但涉及国际传播领域的语料信息大多新闻专业性不强，意识形态、立场及语汇色彩不能有效地为我所用，因此，在应用人工智能及自然语言处理技术的前提下，设计建设外译我党执政理念、经验成就等的精准智能辅助翻译综合基础性语料库，为国际传播能力建设提供基础性、支撑性技术应用已迫在眉睫。

（三）人工智能语料库应用可有效提高对外传播内容核心竞争力

语料库建设将对大量语料资源进行快速、高效的有机整合，进行语料库的深加工，实现语料库的个性化服务，改变传统对外传播工作模式。建设过程中将会充分考虑到语料多样性及语言的变化性，添加一些与对外传播相关的词汇并实时更新语料库，以激发使用者的工作自主性和积极性，或可利用自主检索手段解决翻译过程中所遇到的问题，增强其对相关语言知识的理解，帮助使用者进行语料的归纳总结,增强翻译能力。另外,语料库的建设过程中将大量参照翻译学理论及语言学理论,并在语料库中加入大量词条及翻译实例,加强翻译对于中外语言异同的理解,使其在更大范围内方便译员查阅相关资料及进行译文校对,切实提高使用者的翻译效率及翻译质量。

语料库的应用可有效加强中国媒体对外传播内容的创作生产,主动设置议题、话题,积极开展舆论引导,及时回应国际关切。同时,还可加强中国媒体在海外发布权威新闻、首发新闻、独家报道和深度报道的能力,提高言论评论水平,推出特色新闻产品,培育具有全球传播优势的新闻品牌产品。

二、建设国际传播人工智能语料库的可行性

(一)语种丰富度优势

仅就外文出版社来说,其成立68年以来,就用43种文字翻译出版了3万余种图书,包括领导人著作、党和政府重要文献、中国国情读物、中国文化典籍、医疗保健、历史地理等不同领域内容,以及10余个语种的教辅教材、双语词典等工具书。语种最多时涉及英文、法文、俄文、德文、西班牙文、意大利文、葡萄牙文、日文、朝文、泰文、越南文、缅甸文、老挝文、柬埔寨文、印尼文、印地文、乌尔都文、泰米尔文、孟加拉文、阿拉伯文、波斯文、斯瓦西里文、豪萨文、蒙古文、罗马尼亚文、世界语等。目前每年仍以英、法、德、西、俄、日、葡、阿等多种文字,平均年出版500余种图书。每种书平均按20万字计算,每年可形成500万条有效的句对语料。

期刊出版方面,有《北京周报》《今日中国》《人民画报》《人民中国》等国家级外宣期刊,包括中、英、法、俄、西、阿、日、韩、藏共9个语种14种文版,面向180多个国家和地区发行,是海外读者了解中国的重要渠道。仅以《人民中国》为例,其1953年创刊,为日文版月刊,16开本,128页,平均每期刊物约有七八万字,每年可形成约7万条语料。

（二）历史语料储备优势

中国外文局作为中国规模最大的外文出版发行机构，是我党重要的对外传播机构和基地，特别是改革开放以来，通过书、刊、网以及融媒体等多种手段和渠道开展党的对外宣传工作，在党的对外传播大局中发挥了重要作用，可为语料库建设提供全面而有代表性的优质多语语料。中国外文局从1949年至今一直承担着重要党政文献和领袖著作的多语种对外翻译出版发行工作，具有70余年党的对外宣传工作经验积累，拥有大量的内容资源、多语种对外翻译人才资源和国内外社会资源。中国外文局多家出版社每年定期出版多语种领导人著作、白皮书，与中央及地方外事外宣部门合作出版各类人文社科外宣图书等，并以图书、期刊、音像制品和互联网等各种形式，为各国读者提供丰富的中国信息。中国外文局下属10家出版社，包括7家国内出版社和3家海外出版社，每年以中文和英、法、德、日、西、阿等近20种文字出版近3000种图书，涵盖政治、经济、文化、艺术和历史，以及汉语教学和儿童读物等方面内容。

（三）新媒体技术转换优势

中国外文局运营着30多家网站，形成了特色鲜明的多语种网络集群。其中，中国网是用10个语种、11个文版对外发布信息的超级网络平台，自2000年成立以来，24小时对外发布信息，每年可积累上千万词，形成百万条语料。中国外文局下属的北京中外翻译咨询有限公司于2016年与国内人工智能翻译技术领先的百度翻译开展战略合作，双方已经发挥各自在人工翻译及技术等方面的优势共同打造了多语言人工翻译平台，加深了翻译与互联网技术的深度融合。该平台基于大数据及云计算开发，使用智能匹配技术，并通过ERP线上管理系统，完善流程、解放人工、解决跨文化交流的语言障碍。目前涉及语种60余种，上线一年多以来，点击量达6500万次，积累语料4500万余个，同时形成反哺，为机器翻译提供大量深度学习的宝贵资料，优化机器翻译的反馈结果。百度翻译目前上线了人工智能神经网络机器翻译系统，可利用人工智能翻译API

端口导入专业语料库，并在百度现有人工智能技术的程序代码基础上进行深入编程，以符合自身翻译需要。同时与北京中外翻译咨询有限公司有长期合作关系的微软亦可提供云服务及本地通用模型部署的技术支持，通过神经网络计算机功能进行中外互译自动学习，从而实现党政文献人工智能翻译，为项目实施提供前沿的技术力量和庞大的数据支持。该公司还承担了国际传播能力建设相关横向课题国家新闻出版广电总局《中国影视剧译配项目篇目评审监理服务》等，在国家重大项目组织、科研人力资源储备方面具有一定的管理经验和社会影响力。

（四）人工及工作机制保障优势

中国外文局翻译专业资格考评中心成立于2003年12月。中心负责组织实施全国翻译专业资格（水平）考试，科学、客观、规范地评价翻译专业人才水平和能力。主要承担全国翻译专业资格（水平）考试各语种、各级别考试命题；试题初终审、阅卷和题库建设；负责全国翻译专业资格（水平）考试各语种专家委员会协调和服务工作；负责对持证者进行继续教育或业务培训工作；负责翻译专业资格证书核发与登记；负责组织教材和教辅资料出版工作。随着翻译专业资格（水平）考试在全国的推广，它已取代国内其他翻译专业技术职务评审工作，并被正式纳入国家人事部国家职业资格证书（考试）制度。

中国外文局还主管当代中国与世界研究院、全国性翻译社会团体——中国翻译协会，集聚了一大批对外传播领域的专家资源和研究资源，这些资源和优势也为有效推进和实施该项工程提供了有力保障。

在工作机制上，可利用中国外文局、中国翻译协会重大翻译工作审评专家委员会等工作机制，联合中央外事、外宣单位组建多语种、宽领域的项目工作委员会，如文献智能翻译技术委员会、人工翻译审定委员会等，参与承担该项目的策划和文献编辑整理、翻译定稿和磋商研究等工作。

三、国际传播人工智能语料库建设途径和方法

（一）基于中国外文局自身资源建设国际传播平行语料库

国际传播语料库项目将全面梳理、收录新中国成立以来各文版多语种《今日中国》（原《中国建设》）、《人民中国》等历史性语料，形成中外文对照的平行语料库，将20种语言文字出版的2000多种图书、21种印刷版期刊和25种网络版期刊做系统整理，按照政治经济、外交军事、民生文化等形成信息分类检索功能，用于进一步翻译或者机器翻译研究。

（二）联合其他同质近似外宣新闻媒体等建设国际传播比较语料库

可以通过语料信息关键内容检索，建立相关语种、相近主题新闻资源库。此阶段工作拟与其他中央国家外事、外宣单位合作，如新华社、《中国日报》、中央广播电视总台、《人民日报》（海外版）、《环球时报》英文版等，广泛收集相关语料内容，精细加工并做内容标引等，为人工智能搜集素材、写稿奠定强大的语料信息基础。

（三）集成数据库为机器翻译和智能写稿奠定基础

语料库建设面临的一大难题是历史语料的处理，历史语料库中的内容需要对陈旧语言信息做过滤，需邀请几十个语种专家，对语料库内容做重新审校处理，邀请计算机和语言学双料专家对语料进行分类及赋码处理，合成具有先进人工智能搜索等功能的先进语料库。在用户属性分析、信息个性化推送方面也将引入逻辑回归算法及协同过滤算法等，对党政机关外事部门、中央外宣媒体、科研教学机构等不同种类型用户属性做更细化的定位分析处理。未来语料库将进一步丰富智能数据库的信息资源，包括历史外语语料的数字化、各类社会公共服务数据资源的接入等，并在此基础上引入虚拟智能机器人技术，借助机器学习算法实现新闻标题、摘要、配图的制定，进而实现新闻的自动生成。语料库还将时刻关注中央机关及国家外事外宣部门主要国际传播活动最新动

向，不断收集有关词、固定搭配以及句子等。为了提高翻译质量，该语料库在收录大量词、句的同时还将深入挖掘其文化内涵并将这些词汇、句子进行有机整合。

国际传播人工智能语料库工程是主动应对国际国内新形势新需求，把握人工智能发展的重大历史机遇，为维护和提升新时代我党国际形象和对外影响力而实施的一项系统化工程。语料库的建设将以掌握和提升当代最新政治理念全球发布的数量、速度和质量为总体目标，未来将主要服务于各国政党、政要、智库和其他研究机构，以及我国党政外宣外事主管部门、驻外使领馆、大型"走出去"企业等。

（本文发表于2021年1月，略有删改。）

跨文化传播中的通用人工智能：变革、机遇与挑战

王文广　达观数据副总裁，上海市人工智能标准化技术委员会委员

一、通用人工智能时代的变革

（一）奇点来临：迈向通用人工智能时代

通用人工智能（Artificial General Intelligence，AGI）是拥有广泛的学习、推理等认知能力，具备类似人类的广泛适应性，能够灵活地解决问题的智能系统。自2022年11月30日发布至今，人工智能工具ChatGPT在全网迅速走红、快速"出圈"，再一次将人工智能推到聚光灯下。据报道，ChatGPT发布仅两个月就有1亿用户，是有史以来用户增长最快的产品。[①]同时，微软宣布其搜索产品必应全面接入ChatGPT之后股票市值增长了800亿美元。[②]随后，谷歌发布ChatGPT的竞品Bard，但其宣传视频的一个失误导致股票市值下跌超1000亿美元。[③]从这三组数据可看出ChatGPT的影响力。ChatGPT是一种对话式的语言智

---

① ChatGPT sets record for fastest-growing user base-analyst note, Reuters, https://www.reuters.com/technology/chatgpt-sets-record-fastest-growing-user-base-analyst-note-2023-02-01/，2023年2月1日。
② 《微软将ChatGPT引入必应，市值飙涨800亿》，澎湃新闻，https://www.thepaper.cn/newsDetail_forward_21857983，2023年2月9日。
③ 《Google的AI机器人Bard秀错误答案！股价蒸发千亿美元、跌逾7%》，网易新闻，https://www.163.com/dy/article/HT70G3830553Y8HI.html，2023年2月10日。

能系统，通过对话和提示能够实现几乎所有的自然语言理解和生成的任务，比如，机器翻译、问答、关键信息抽取、总结摘要、文章编写、文章润色，等等。ChatGPT对语言的理解达到了惊人的程度，不仅能理解文本的语义信息，也能完全理解数十轮对话的长程背景和语义依赖，还能生成语义连贯、逻辑合理、结构完善的响应文本。它不是一个实验室产品，而是拥有超过1亿用户的规模化应用的产品。在某种程度上，"语言通天塔"已经初具雏形。同时，模仿人类的其他通用智能系统也在兴起。扩散模型（Diffusion Model）和控制网（Control Net）实现了极高水平的、强可控的图像生成能力。新必应和谷歌的人工智能（LaMDA）则被认为具备了一定程度情感认知的能力。

这些智能系统的进一步发展，带来了神经网络大模型（连接主义）、知识图谱（符号主义）、强化学习（行为主义）三大智能范式融合的智能系统。在强大算力以及语料的支撑、资本和智力高密投入之下，2030—2035年或将迎来通用人工智能乃至强人工智能的奇点时刻。

（二）脑力替代引发效率革命

自动化设备在工业生产的体力劳动替代方面越来越广泛，但在脑力劳动的替代方面还是无能为力。例如，制造业的故障分析、金融领域的投资研究、文化创意产业的内容创作等，这些工作几乎完全依赖人类自身。但依托超大规模语料和千亿乃至万亿级知识图谱的通用人工智能具备推理、学习和适应新情况的能力，执行知识型、决策型、创意型和创造型的工作。如同自动化设备引发体力劳动的效率革命一样，通用人工智能也将引发脑力劳动的效率革命。

当下的ChatGPT已经显露出了脑力活动替代的迹象，比如，ChatGPT几乎通过了美国医师执业资格考试，[①]在美国的律师资格考试中接近人类应试者的水

---

① Expert reaction to study on ChatGPT almost passing the US Medical Licensing Exam, Science Media Centre, https://www.sciencemediacentre.org/expert-reaction-to-study-on-chatgpt-almost-passing-the-us-medical-licensing-exam，2023年2月9日。

平，等等。通用人工智能的进一步发展将迎来更广泛的效率提升，最直接的例子是，跨语言交流障碍的消除带来知识传播效率成千上万倍的提升。以制造业的故障分析为例，工程师可能精通中英双语，但大量故障分析知识可能是德文、法文或日文的。一旦工程师遇到此类故障时，因并不掌握相关知识，往往需要摸索数周乃至数月才能解决问题。未来，在通用人工智能的支持下，任何语言的知识都可以通过母语的提示引导和对话交互来获得，解决这类问题的时间将降至数小时或更少。甚至，一旦机器能够"听人话"和"说人话"，大量的故障都将被自动分析和解决，其过程完全自动化。

这种智力活动的效率革命也意味着重构生产和劳动的本质，变革生产方式，进而改变社会结构和政治经济秩序。此前几乎完全依赖人类的智力的活动，将逐渐由通用人工智能系统来担任，更多的脑力劳动被解放，新职业、新产业或将出现，创新会加速。

（三）思维革命引发社会巨变和文化繁荣

通用人工智能将产生第一个人类之外的智能体。有研究表明，当前最好的智能系统已经达到9岁孩子的心智水平。[1]通用人工智能的进一步发展，将为人类带来前所未有的思维革命，变革当前建立在"人是唯一的智能体"基础之上整个人类社会的方方面面。全新的社会组织结构将出现，文化因此会迎来新一代的繁荣，而这又会进一步变革创新和创造的范式，认知科学或将得到极大的发展，再次出现类似19世纪末20世纪初的科学跃进和技术爆炸或可期待。

思维革命必然带来人类认知的重构，并由此引发文化和社会形态的变革。农业使得人类摆脱了时刻迁徙寻找食物的窘境，工业使得人类摆脱了日出而作、日落而息的束缚，通用人工智能也必将带来新的解放，产生新型的文化和

---

[1] Michal Kosinski, Theory of Mind May Have Spontaneously Emerged in Large Language Models, arXiv: 2302.02083，2023年2月4日。

社会形态与之相适应。比如，随着"语言通天塔"的初步建成和劳动的解放，当前仅属于少数人的"地球村"将属于所有人。又如，具备自主智能的机器人劳动力大军的出现将使得人类的物产极其丰富，人类则能够专注于创新和文化创作，再一次产生类似春秋战国或文艺复兴时期的文化繁荣。或许，文化的繁荣程度将远胜以往。

二、通用人工智能在文化传播领域的机遇

文化是共享信念、价值、行为和工具的复杂系统，通常以语言、符号、音乐、影视、文学、艺术、知识、技术、生活方式等表达生产生活实践的形态。随着效率革命和思维革命的发生，文化的创造和传播方式也必然革新。

（一）文化创作和传播方式的革新

文化创作通常被认为是智力活动，以往的科技成果对文化创作的直接影响较小，文化创作非常依赖于人本身。但通用人工智能将使文化创作和传播效率得到极大提升，文化产品将极致繁荣，文化传播将剧烈加速。当下已有人工智能创作作品超越人类画家并在比赛中夺冠。[①]未来此类文化创作将很普遍，并且，针对不同群体自动实现针对性解读，同时快速传播到不同国家和地区，进而形成文化影响力。可以预见，这对于主导了通用人工智能技术的国家或组织机构来说，高效率的文化创作和无障碍的文化传播，将带来显著优势。

（二）无障碍理解文化作品

通用人工智能善于深度分析文化作品中的各个元素，例如，风格、情感和意义，提供丰富的背景知识，并以受众能够理解和接受的方式解析作品。此外，通用人工智能具备非常广泛的知识，能够跨领域、跨文化、跨时空分析文

[①]《AI 正在悄悄"杀死"画师》，澎湃新闻，https://www.thepaper.cn/newsDetail_forward_22144133，2023 年 3 月 3 日。

化作品，带来新的见解和观点。同时，由于文化作品的极大丰富，通用人工智能还能够了解人们对文化内容的需求和兴趣，识别文化作品与人们的潜在关联，揭示文化传播的有效思路和途径，为人们提供符合其需求的文化内容，主动促进人们对文化的消费，进而推动文化的交流与传播。此外，通用人工智能可以接收人们的反馈，进而丰富文化创作方向，提升文化作品的质量，进一步丰富文化本身。

（三）促进文化融合和科技创新

文化间的无障碍交流，以及人们无障碍理解任意文化作品，必然带来不同文化的融合，并促使文化创新。这种融合，既可能是掌握了通用人工智能的强势文化入侵弱势文化，也可能是一种文化对另一种文化的主动吸收。实际上，文化融合在历史上并不罕见，但以往，这种文化融合的进程相当缓慢。随着通用人工智能带来的效率革命和思维革命，这种融合的发生可能非常剧烈，并由此带来文化碰撞与文化创新。

文化的交融会打破固有的文化观念和思维模式，产生新的理念，促进思想的解放。创新思路和思维范式又能进一步带动通用人工智能，以及其他科学技术的发展，而这又能进一步带动文化的繁荣，进而又一次促进新的思想解放和创新，如此进入正向循环。

（四）虚拟"地球村"、元宇宙或将到来

通用人工智能减少了文化交流的障碍，促进了文化间的融合。这会带来人们对真正"地球村"的向往。另一方面，人们受限于物理限制而无法快速"移动"，"地球村"的真正实现还有待其他技术的进步。但得益于通用人工智能在文化创作上的革新，使得构建出高度逼真的虚拟环境、复刻栩栩如生的真实人物、创作大量天马行空的内容成为可能，进而首先在虚拟空间上建立"地球村"（元宇宙）。在虚拟"地球村"中，不同思想、语言、文化和社会形态的人们无间交流，互相吸收对方文化中的优势部分，并改造自身不足的地方，最

终形成充分融合的文化"巨无霸"。

三、通用人工智能在文化传播领域的挑战

（一）吞噬弱势文化，造成多样性的缺失

一旦掌握了通用人工智能，文化产品的极致繁荣以及文化传播的便捷，使得强势文化同化弱势文化也会加速。持续高效生产大量优质的文化产品，文化间交流障碍的消失，使得强势文化入侵弱势文化异常便捷。在现实中，文化往往以国家为界，而国家之间还存在巨大的政治、经济等利益关系。文化入侵能够帮助掌握或主导了通用人工智能技术的国家获得更大的利益，进而成为攫取利益的武器。这就使得文化产品通过通信、贸易和虚拟社区等进行倾销进而入侵成了可以预见的现实。这在本质上也降低了文化多样性、丰富性、复杂性，对人类整体的创新创造会造成不利影响。

（二）人才虹吸效应

优先掌握了通用人工智能的国家，既带来了生产力的提升，又繁荣了文化产品。通过文化优势和经济利益等相结合，转化成良好的生态、优质的环境、高质量的人才培养等条件，形成对人才的强大吸引力，尤其会对高精尖人才形成虹吸效应。人才虹吸效应是一种马太效应，即强者恒强，而弱者更弱。强者能够利用其优势进一步发展通用人工智能以及其他科技，保持甚至持续扩大这种优势。这对于未能主导或掌握通用人工智能的国家来说值得警惕。

（三）道德和法律

通用人工智能是由人类历史上的海量数据与知识构建出来的，这必然会涉及数据和知识的使用问题，比如个人隐私、公民权益以及法律监管等问题。比如，智能系统生成的图像中，人物和某个人的肖像"很像"，如何界定其隐私和肖像权？又如，不同国家之间的法律有冲突时，智能系统如何为他们提供服务？另一个可能的问题是，在与智能系统的交互使用过程中所产生的知识、所

涉及的隐私等有关的法律问题如何界定？当前的法律框架并不能很好地适应新生事物，并且随着通用人工智能的进一步发展，这类问题会愈加突出。更为长远的是，未来的社会组织形态乃至人类自身都会向前发展，并带来更深层次的道德和法律问题。

（四）真实性和不确定性

通用人工智能所生产的内容只符合智能系统本身的逻辑，并不一定与现实世界相符合，也不一定与人类的认知和价值观相符合。这就造成了真实性和不确定性的问题。这会造成不同文化之间的冲突，甚至引起人类的混乱，产生极其严重的后果。更为极端的是，受到政治或经济利益的影响，这种虚假的或混乱的内容还会被一些国家或组织利用，操纵公众舆论、侵略或攻击其他文化等。对于不主导或不掌握通用人工智能技术的个人、团体与国家来说，应对这种挑战是异常困难的。

（五）偏见与歧视问题

通用人工智能跟以往的机器设备不一样，具有了一定的"智力"，并能够进行大量的思维活动。这种思维活动不可避免会出现人类天然就有的偏见、刻板印象以及歧视等问题。这些问题，来自数据和知识本身所蕴含的偏见和歧视，同时也来自构建智能系统的团体故意的或无意的行为，比如，算法逻辑的偏见和数据的有偏选择等。

与以往带有偏见或歧视的产品不同的是，通用人工智能系统会因此高效产生大量有偏见或歧视的内容，进而持续放大这种偏见和歧视。由于通用人工智能系统的特点，人们无法拒绝这类产品，进而无法避免受到偏见和歧视的伤害。如果偏见和歧视上升到文化团体或国家层面，将产生价值观的冲突与话语权争夺，这也是通用人工智能在文化领域所产生的负面效应。

（本文发表于2023年5月，略有删改。）

对外传播的"ChatGPT时刻"
——以《中国日报》双重内嵌式人工智能新闻生产为例

方师师　上海社会科学院新闻研究所副研究员，互联网治理研究中心主任

邓章瑜　中国日报社文教部记者

一、对外传播的"ChatGPT时刻"

自2022年11月发布以来，OpenAI的大型预训练人工智能语言模型ChatGPT稳坐各家媒体新闻头条，成为时代思潮的一部分。ChatGPT并非凭空出现，相反，它是人工智能技术（AI，Artificial Intelligence）快速发展中的一个节点：生成式人工智能（GenAI，Generative Artificial Intelligence）。通过无监督或自监督的机器学习，生成式系统模型根据用于创建它们的训练数据集对新数据进行统计和采样。而ChatGPT是生成式人工智能的一个应用，它可以根据对话提示（prompt），生成文本、图像等多种媒介形态。在发布不到一周的时间里，用户数量已近百万，上线仅两个月便获得1亿人用户数，成为史上增长最快的消费级应用。在谷歌趋势中以"ChatGPT"为关键词进行搜索，会发现在2022年11月30日之前，有关"ChatGPT"的搜索基本为0。但从12月1日开始，搜索趋势锯齿状攀升，直到3月20日达到峰值后依然居高不下。

大量观察认为人工智能技术已经成为"多种行业游戏规则的改变者"（game-changer），内容生成式人工智能（AIGC）适用的业务范围涵盖多模态

的文本、图像、视频、音频和代码。与此同时，以ChatGPT为代表的类GPT应用（GPTs）正逐渐走向通用人工智能（AGI），相关技术迭代并未放缓：2023年1月，微软宣布对OpenAI追加数十亿美元的投资，计划将其整合进微软所有的产品线中，使它们都拥有生成式人工智能的功能。3月1日，OpenAI官方博客宣布，公司将开放ChatGPT和Whisper模型的API接口，所有用户都可自行将其集成到应用软件中进行自动化邮件写作、代码编程、应用开发等，此举大规模推动了ChatGPT使用的个人化。3月9日，微软集成了ChatGPT的必应聊天人工智能（Bing Chat AI）搜索引擎日活用户首次突破1亿人；3月14日，OpenAI发布了GPT-4多模态预训练大模型，对之前ChatGPT的单模态模型又进行了飞跃式提升：文字输入限制提升到2.5万字，增加了识图功能，回答的准确性显著提高，可以自动生成摘要、税单、代码、创意文本等，并实现多种风格变化。微软随后发布了集成GPT-4的Microsoft 365 Copilot办公软件，帮助用户进行文字、图片、表格、PPT等一站式自动化写作、编辑、总结、创作与演示。而这一切，仅仅在短短的几个月内实现，用"深度学习之父"杰弗里·辛顿（Geoffrey Hinton）的话来说："GPT-4已经破茧成蝶。"

众多领域都在寻求利用AI模型获得飞跃性和突破性的机会窗口，高德纳预测到2025年，AIGC将生成所有在线数据的10%，而在2022年这一比例仅为1%。[1]传媒业同样也是如此，自2017年以来，世界范围内人工智能做新闻的案例如雨后春笋，根据伦敦政治经济学院（LSE）媒体与传播系"Journalism AI"项目组统计，截至2022年11月，广泛收集到的在世界范围内较能得到公认的AI

---

[1] Gartner: Gartner Identifies the Top Strategic Technology Trends for 2022，2021 年 10 月，https://www.gartner.com/en/newsroom/press-releases/2021-10-18-gartner-identifies-the-top-strategic-technology-trends-for-2022.

做新闻的案例有112例，主要分布在欧美地区。①无论是否倾向于认为现在是传媒业的"ChatGPT时刻"，ChatGPT以及应用更为广泛的大语言模型未来都将深度参与重塑传播格局。

二、ChatGPT在全球传媒业中的创新使用

在《ChatGPT百万富翁：在线赚钱从未如此简单》（*The ChatGPT Millionaire: Making Money Online has never been this EASY*）一书中，作者内尔·达格尔（Neil Dagger）总结了使用ChatGPT可能会带来的"坐享其成"的效果：毫不费力创建让观众喜欢的引人入胜的内容；源源不断地被动产出，享受完全自动化的"睡后收入"；快速轻松提前交付高标准产品，让客户惊叹不已；大量适用场景，让任何你想做的事情都变得轻而易举。②

之前有研究认为，传媒业虽然对人工智能技术普遍态度积极，但在具体的使用中基本都停留在较浅的层面。③但这没有影响ChatGPT一经发布，世界各地的新闻编辑室就开始思考与之开展相应的新闻创新：英国的《每日镜报》（*Daily Mirror*）和《每日快报》（*The Daily Express*）正在摸索如何使用ChatGPT帮助记者写短消息。④美国数字新闻媒体Buzz Feed在2023年1月宣布将与OpenAI合作进行个性化的内容生产和推送，包括生成"排行榜"类的文章

---

① Department of Media and Communication, LSE, About JournalismAI, https://www.lse.ac.uk/media-and-communications/polis/JournalismAI/About-JournalismAI, Nov 3, 2022.
② Dagger, N., The ChatGPT Millionaire: Making Money Online has never been this EASY，2023，Independently published，Amazon Online. de-Lima-Santos, M. F., &Ceron, W.（2021）., Artificial Intelligence in News.
③ Media: Current Perceptions and Future Outlook. Journalism and Media, 3（1），pp.13-26.
④ FT, Daily Mirror publisher explores using ChatGPT to help write local news, https://www.ft.com/content/4fae2380-d7a7-410c-9eed-91fd1411f977, Feb 3, 2023.

等。①美联社计划部署5项人工智能设施，自动化实现多种公共新闻信息服务功能，如自动提取会议摘要，自动翻译预警新闻，自动制作视频脚本，新闻提要自动排序等。这些功能将为地方媒体的商业模式提供长期支持。②

但这样的尝试并不代表传媒业对AIGC就放心大胆起来。现实是将AIGC应用到更为高级的媒体产品中并非易事。比如CNET网站近期试用人工智能生成财经新闻，发现错误太多以致根本无法使用。③在国内，虽然对AIGC的应用和服务关注度极高，但在具体实践上，各级各类媒体依旧普遍抱持谨慎观望的态度。中央广播电视总台之前表示，考虑到ChatGPT目前不开源，模型参数不可知，当大语言模型落到媒体行业的中模型、商业平台转换到主流媒体平台时会涉及多种不可控、不确定风险，因此目前还处于观察和评估阶段。新华社则表示正在考虑自建平台，相关的方案和规划还在研判中，具体的实施和施行需要大量摸索。

三、《中国日报》对ChatGPT的"双重内嵌"式新闻生产

从另一个角度来看，ChatGPT为提升我国对外传播效能、"通过精准传播的方式提升战略传播能力"提供了一些解决方案。精准传播的前提是要"丰富"，包括被大规模使用的社交网络、高度活跃的用户群体以及规模化的数

---

① WSJ, Buzz Feed to Use ChatGPT Creat or OpenAI to Help Create Quizzes and Other Content, https://www.wsj.com/articles/buzzfeed-to-use-chatgpt-creator-openai-to-help-create-some-of-its-content-11674752660, Jan 26, 2023.

② AP, AP to develop 5 AI projects with local news rooms, https://blog.ap.org/ap-to-develop-5-ai-projects-with-local-newsrooms, Feb 16, 2023.

③ Gizmodo, CNET Is Reviewing the Accuracy of All Its AI-Written Articles after Multiple Major Corrections, https://gizmodo.com/cnet-ai-chatgpt-news-robot-1849996151, Jan 17, 2023.

据量增长。①只有具备了这些先期条件，多种促进国际传播的政策、策略、方式、手段、理念才能落地。之前就我国官方媒体全球文化传播网络议程设置的研究发现，虽然在海外社交媒体平台，我国已经形成了较为稳定的中国文化话语体系，但中国官方媒体的议程尚未能影响海外公众议程，同时亦没有基于海外受众特征建立起的有效传播策略。②虽然ChatGPT在国内媒体中的大规模应用可能会"水土不服"，但如将其纳入对外传播的新闻常规，则可能成为我国媒体对外传播的利器。

作为中国走向世界、世界了解中国的重要窗口，《中国日报》通过报纸深度解读、网络实时发布、移动媒体滚动追踪、社交平台深度互动等组合，已经搭建起全媒体、立体化的传播矩阵，成为国家对外宣传的重要舆论阵地，也是境外媒体转引率最高的中国信源之一，全球客户端下载量超过3750万人次，脸书账号粉丝数超1亿人。为了全面提升国际传播生产力和传播力，强化竞争力，《中国日报》自2023年1月底便开始积极行动、主动布局，在全报社范围内推广、鼓励采编人员使用ChatGPT等人工智能工具，通过研讨会和演示会，发布使用指南，组织内部培训，制定流程规范等，号召采编部门积极把ChatGPT作为辅助工具，提高采编生产效率。

整体而言，基于《中国日报》对外传播的需求和优势，报社不仅先行一步拥抱了ChatGPT可能给新闻生产带来的便利，同时将其与自身的体制机制有机融合，以一种"双重内嵌式"的形态将ChatGPT整合进自身业务流程中，调试摸索出一套较为完整、高效且安全的新闻生产常规。所谓新闻常规，是指新闻组织为开展生产活动、实践新闻理念而摸索、推行的一套周期节律，以及在

---

① 方师师、贾梓晗：《精准还要更丰富：探索对外传播算法驱动的对内价值》，《对外传播》，2022年第10期，第30-33页。
② 邓依林、张伦、吴晔：《中国官方媒体的全球文化传播网络议程设置研究》，《新闻大学》，2022年第9期，第14-28+117-118页。

组织层面进行的架构安排。[①]机构媒体在以往的新闻生产中,基本上都已形成一套较为完整稳定的新闻常规,但移动互联网时代的对外传播,新闻常规通常需要对标"网络时间"与"全球空间",因此在报道时效、转译编辑、策划创意、发布流程、审核机制上均需要进行调试和重组。ChatGPT作为一种生产力资源,支撑起国际媒体的日常运转,并引导媒体人调整日常工作节奏。

(一)记者内嵌ChatGPT:流程优化与时间压缩

目前,中国日报社采编系统各部门骨干和主要编辑均配备了ChatGPT账号,主要应用于日常新闻生产流程,在不增加人力成本情况下,最大化提高生产效率。报社强调对ChatGPT的工具性使用,帮助记者从机械化的文本编译和费时费力的前期资料收集中解放出来,可以把更多精力放在现场采访和获取一手信息资料上。ChatGPT被内嵌进记者的日常采写流程,在多个场景发挥功效。

ChatGPT被广泛用于新闻网稿翻译。ChatGPT拥有多语言版本,可以帮助翻译包括新闻发布会通稿等在内的大量日常新闻,极大地提高了对外发布的稿件数量与文字质量。采用模型翻译生成的外文文本,具有非常流畅的阅读体验,非常适合对较为规范的文字内容进行翻译。比一般翻译软件更进一步的是,ChatGPT不仅可以原文照翻,还可以指定风格,或简洁或浅显等。此外,它还可以翻译多种类型的文件,包括技术文档、商务合同、宣传资料、学术论文等,帮助记者编辑快速掌握多种资料。

就突发事件和突发新闻进行预编译。在进行突发事件新闻报道时,时效性是新闻常规的重要指标。由ChatGPT参与的报道可先令其对现场情况进行快速编译,由编辑审查把关,然后即可迅速在网站、社交媒体平台上发布。尤其是

[①] 周睿鸣:《锚定常规:"转型"与新闻创新的时间性》,《新闻记者》,2020年第2期,第21-31页。

一些重要发布会快讯、政府公告等，ChatGPT与编辑的合作可以做到准确及时甚至是同步发布。

协助编辑做好稿件的打磨润色工作。《中国日报》的新闻采写业务中有一道重要的工序，就是稿件需要请外语专家对内容进行打磨和润色。这不仅涉及稿件本身的事实和质量，同时也要考虑到国外受众的阅读习惯和语言环境。这道工序现在也可以交给ChatGPT来协助完成，由于其预训练数据库中包含大量来自网页、书籍、维基百科、社交媒体等方面的语料，因此比较合适用来打磨和润色媒体稿件，可以节省大量等待时间，同时文字的可读性也较强。

为选题策划和资料查询提供辅助。除了协助提升稿件质量，ChatGPT还可以帮助编辑进行选题策划，为记者搜索资料，提供创意方案等。在报社进行的多个选题策划中，ChatGPT出人意料地给出了很多之前报道中未曾关注到的新闻点，有些虽不按常理出牌但也新鲜有趣。不过在这个方面，需要记者编辑和ChatGPT进行深度互动，提问的技巧，以及对ChatGPT的回答把关非常重要。

（二）数字人内嵌ChatGPT：智能技术的叠加组合

2023年2月初，《中国日报》在各大社交平台（包括微视频、抖音账号等）推出了一款短视频作品，视频中《中国日报》数字员工"元曦"与ChatGPT展开交互，让ChatGPT给出有关中国传统文化的内容选题策划建议，自动创作一则介绍中国茶文化的视频脚本，并将脚本进行英文翻译等。这个视频也从另一个角度反映出《中国日报》记者平时是如何利用ChatGPT辅助开展工作，而数字员工"元曦"本身也是当前虚拟数字人的一项创新应用，与ChatGPT的交互有一种"未来已来"的科幻感。虽然这只是比较初步的尝试，但该短视频作品在各个投放平台收获了大量的关注，虚拟数字人与ChatGPT的互动让人工智能自动化内容生成的操作与实践再次向前迈出一步。

（三）ChatGPT风险把控：人工把关与审核制度

虽然目前ChatGPT已被常规化地纳入《中国日报》采编记者们的日常工作流程中，但由于ChatGPT本身在内容生成上存在大量不确定性，尤其是被称为人工智能"幻觉"（hallucination）的情况，"一本正经胡说八道"和"自信满满言之凿凿"输出错误内容的情况并不罕见。因此，使用ChatGPT辅助的新闻生产，人工把关、内容审查、代码审查的流程与规范甚至更为重要。中国日报社为采编部门制定了详细的ChatGPT使用规范和流程指引，为规避风险做好防范，尤其强调要注意对比ChatGPT的中英翻译，加强事实核查与倾向审核，严格落实"三审三查"制度，并要求记者编辑对事实和版权负责。

四、ChatGPT赋能地方与自媒体对外传播的想象空间

《中国日报》将人工智能内容生成技术纳入自身对外传播的实践中，虽然目前也仅是初步试用，但新闻常规由于技术驱动已经出现了变化，时间节奏被压缩，生产流程得到优化，多种智能技术的叠加组合催生出更多新闻创新。此外，ChatGPT模型的开源在一定程度上也为地方媒体、自媒体个人进行对外传播提供了可能的想象空间，尤其是能体现在地性、日常性、本真性和创意性的内容，ChatGPT可以更好地助力讲好中国故事。

相关研究认为，对外传播在传播理念上要立足对话，避免单向性的说服；出发点和归宿则应是尊重多元、寻求有限共识，并以此超越地方性分歧；在话语表达上应聚焦人文，在政治实践上要将中国故事的在地性经验转化为国际借鉴。这是一种人类命运共同体视野下以对话为核心的国际传播新范式。[①]不难发现，这一新范式的起点就是对话，突出本地性与在地性的特征，关注交流过

[①] 白贵、邱敬存：《国际战略传播：如何超越"地方性"话语局限》，《现代传播（中国传媒大学学报）》，2022年第11期，第57-63页。

程中的分享与共情，并对议题和观点求同存异。在这些环节上，ChatGPT可以有效帮助媒体打开本地报道资源，提供如文字翻译、视频脚本自动化生成等便捷功能，方便地方媒体将富有价值和特色的优质内容大量、快速、带有创意性地传播出去，并及时就反馈持续输出，形成有效传播的回环。

对基于社交媒体平台的自媒体对外传播而言，自媒体的多元化和多样性有助于建构国家丰富、立体的综合形象。由于自媒体参与建构的国家形象基点是"自塑"和"内构"，因此在多种心理图式与文化图式影响下，难免会在局部圈层形成对国家的刻板印象。[①]而在开放了API之后，ChatGPT辅助的自媒体内容生成，将极大地便捷个体的主动参与性，其海量快速、智能互动的特征可以改变之前对外传播中"千篇一律""自说自话"与"机械沉默"的问题，提供可供交流互动的语境和条件。而与搜索引擎、算法推荐等传播工具结合后，也将促推相关创意内容的传播。可以预见，包括ChatGPT在内的人工智能内容生成技术将会引发又一次的自媒体传播范式转型，当内容生产与传播能力不再短缺后，有价值的思想将弥足珍贵。

随着GPT-4和国内如百度"文心一言"、阿里"通义千问"等模型的发布，后续就AIGC作为一种内容生成机制，是否会进一步影响数字时代对外传播的内容生态与信息秩序，背后的控制机制与社会图景如何，以及怎样通过法律规范、机制协调、多方参与、伦理道德、技术嵌入等方式回应复杂系统的治理难题等，依然需要更多观察和思考，以便更好地理解人与技术、技术与技术之间的相互建构。

（本文发表于2023年5月，略有删改。）

[①] 贾璐：《自媒体国家形象自我建构图式的多元性》，《国外社会科学前沿》，2023年第3期，第39-48页。

人工智能塑造对外传播新范式
——以抖音在海外的现象级传播为例

匡文波　中国人民大学新闻学院教授、博士生导师
杨　正　中国人民大学新闻学院博士研究生

国际关系中的多元主体——政府组织、跨国公司、非营利机构甚至普通用户等，在世界舞台上都有传达自己价值主张并使其话语得到国际认同的意愿。理论上，借助人工智能可以更深层次地提升对外传播效果，加快传播内容的生产、传播速度。

一、人工智能本身即是一次全球传播

人机围棋大战是一次以高技术为基础的、精心策划的国际传播案例。2016年3月，谷歌公司的人工智能程序"阿尔法围棋"（AlphaGo）战胜人类顶级棋手李世石，AI在围棋领域的胜利不仅仅是机器学习算法的进步，更以公众易于理解的通俗性、震撼力，成为美国展示其人工智能等高科技成就的国家公关活动。

因此，人机围棋大战可以视为国际传播和企业公关的成功案例。在此之前，谷歌已经多次面临投资人指责，认为谷歌固守为一个传统互联网信息搜索公司，相对于脸书等公司，在人工智能技术、社交网络、云计算等新技术应用效率低下，且缺乏结构化。

谷歌以技术积累作为回应，以人机围棋大战进行事件营销，将议程设置超然定位在产业技术而非商业竞争层面，以高水平的公关传播塑造起自己在人工智能领域全新领先的企业形象，有力回击了竞争对手进攻态势。

人工智能自此从科研小圈子的专业内容一跃成为社会关注的热点话题，无论"人工"还是"智能"的定义分歧对于公众都不重要了，人工智能已经成为这个时代符号化的标志。

二、媒体实践人工智能之困

近年来，国内外媒体运用人工智能的领域主要集中在写稿机器人的消息写作和智能推荐两方面，即内容生产和信息通路的进化，并有成为传播产品标准配置的趋势，人工智能已经在生产和通路催生深刻变革。[①]信息通路有速度和精度两个层面：在速度层面，在互联网时代已有答案，对谷歌"不作恶"（Don't be evil）的浅层理解是道德信条，更深刻的是作为让信息加速自由流动的技术和商业逻辑，信息流动速度越快，带来的价值如社会影响力或互联网广告收入就越大；在精度层面，随着人工智能的引入，智能推荐做到了信息流动方向的精准，形成网络信息的再一次跨越。在当前个性化、碎片化消费的时代，如果产品还停留在广播式撒网不问对象、目标不明晰的水平上，则该产品的价值实现就会比较低，逐渐被边缘化甚至为用户选择所淘汰。

通讯社是位于新闻生产链前端的"批发商"和龙头，较好地适应了市场经济环境与大规模生产的组织形式和运行模式。新媒体时代，各大通讯社纷纷进行数字化转型。美联社的机器新闻利用了Automated Insights公司开发的Wordsmith平台，在新闻内容采集、制作、投送均有实践创新，其中季度财报稿件数量从300篇增长到4400篇，能精准匹配用户语言风格形成不同版本新闻

---

① 匡文波、韩廷宾：《消息写作有可能被人工智能取代》，《新闻论坛》，2017年第4期。

的规模化生产。①

在移动新媒体时代，从用户的角度看，传统主流媒体已经被边缘化，在传播效果方面亦差强人意，而且很难再进一步。新加坡前资深外交官马凯硕（Kishore Mahbubani）直言美国媒体需要"改革开放"，他去过许多国家，但到了美国，打开电视就仿佛与世隔绝，自说自话，令人不寒而栗，西方200年的兴起并非人类历史主线，美国媒体需要打开心扉努力认识外部世界。马凯硕的善意批评表明美国传媒深陷自身的强大效果论，惯性思维很难改变。中国的国内生产总值已经成为世界第二，但在国家治理、社会发展、人权改善和制度建设的成功故事还没有流畅自洽地嵌入中国叙事之中；中国故事与中国现实之间的差距成了中国软实力建设的一大瓶颈。②

传统媒体扮演着信息过滤器的角色，这也是法兰克福学派所批判的"景观社会"——媒体只对社会做有选择性的呈现，最终受众得到的是一个扭曲的景观。尽管主流传统媒体不乏诸多拥抱时代的努力，但在多彩的世界以相对乏味的镜像争夺用户，前景并不乐观。今天，学者在审视人工智能的影响时，有理由质疑：这到底是呈现了一个更加客观还是更加扭曲的社会镜像？人工智能对新闻的影响，是正向还是负向，是技术性的还是根本性的，是短期的还是长期的？

三、抖音国际版塑造对外传播新范式

2015年8月，今日头条海外版极速大风车（TopBuzz）在北美地区上线，随后今日头条又以"自有产品出海+密集收购"的方式将旗下产品快速蔓延到了北美、日本、印度、巴西、东南亚等多个国家和地区。在探索了两年后，整个

---

① 喻国明、郭超凯、王美莹，等：《人工智能驱动下的智能传媒运作范式的考察——兼介美联社的智媒实践》，《江淮论坛》，2017年第3期。
② 范永鹏：《讲好中国故事需要"多元主体"》，《人民日报》，2014年12月18日，第5版。

海外市场才迎来了突飞猛进的进展,而这则归功于抖音。

2016年9月,字节跳动旗下抖音上线,当时短视频正处于高热度,在移动化、碎片化消费日益盛行的今天,短视频以低门槛、低成本、分享生活信息最便捷等特点成为最有前途的影像消费类应用软件。

2017年8月,抖音国际版悄然登陆日本市场,开启了抖音的海外征程,3个月后抖音成为日本苹果应用商店(App Store)免费下载排行榜第一。2017年11月,今日头条以10亿美元收购北美音乐短视频社交平台musical.ly,将其与抖音合并。

2018年6月,抖音宣布日活跃用户突破1.5亿,月活跃用户超3亿,其中海外月活跃用户已经超1亿;抖音和musical.ly全球覆盖超过150个国家和地区,先后在日本、泰国、越南、印尼、印度、德国等国家成为当地最受欢迎的短视频app。Sensor Tower数据显示,2018年第一季度,抖音国际版的苹果应用商店全球下载量达4580万次,超越脸书、照片墙、优兔等成为全球下载量最高的苹果应用。美国移动应用软件调查公司App Annie数据显示,抖音在日本、泰国、印尼和越南等国多次登顶当地苹果应用商店或谷歌市场(Google Play)总榜,其中在泰国这个6900万人口的国家里,抖音的下载量超过1000万次。

过去几年,中国互联网公司出海的很多,做出成绩的也不少,但主要集中在纯工具产品层面。在内容产品或社交产品层面,因用户文化地域属性很强,全球化时代一直是美国为主导的文化输出,所以才会有脸书类的产品横扫世界。以月活跃用户衡量,目前全球互联网最受欢迎的社交app是脸书、即时通信应用程序(Whats App Messenger)、微信、照片墙,脸书旗下的软件占据其中大多数;腾讯旗下的微信和QQ主要活跃在华人世界,在全球的普及率仍未能达到脸书的水平。

（一）抖音对外传播第一步：种子用户打通跨文化隔阂

抖音缘何能在短视频类app中短时间内脱颖而出，成为对外传播的超级平台？抖音的特征是内容生产中心化，信息通路去中心化。一方面，内容生产"中心化"，抖音通过签约网红和明星保证优质内容的持续产出，且成立了专门的经纪团队为其服务，通过广告等变现手段进行激励；另一方面，信息通路即内容分发相对"去中心化"的机制，以算法持续挖掘普通用户的爆款内容，保护了用户原创内容（UGC）创造热情，维持用户活跃度。

在对外传播中，抖音就以这种方式跨越了文化语境、当地用户习惯的鸿沟，撬动第一批用户。网红和明星代表着当地的文化标签，而且拥有优质的内容和粉丝。与在国内的运营类似，抖音的员工每个人都背负着"拉人"的任务。在日本，经过六七次恳谈交流，反复了解产品和展现合作诚意，拥有400万推特粉丝的艺人木下优树菜（Kinoshita Yukina）成为抖音在日本的第一位入驻明星；随着在推特粉丝超过500万的日本歌手竹村桐子（彭薇薇，Kyary Pamyu Pamyu）、女子偶像团体E-Girls、拥有450万粉丝的优兔博主Ficher's等都成为抖音用户，内容的启动就快速完成了。东南亚市场的开拓也是遵循同样的商业逻辑：抖音在印尼上线当天，邀请到100多位明星和博主举行线下聚会，以此来取得一批重要的内容生产者的认同；泰国的运营团队则从照片墙上陆续找来了一批优质的创作者，成为抖音的种子用户。[①]

日本、韩国、东南亚玩抖音的用户很多，多数人都在看中国抖音，而且因为里面养眼、有趣的画面内容增加了对中国的好感度。以往中国没有能够向韩国娱乐、日本ACG（Animation，Comic，Game，即动画、漫画、游戏）、美国好莱坞这些能够影响全球普通用户的娱乐文化看齐，而今抖音作为第一个传播

[①] 张雨忻：《抖音的海外战事》，36氪，2018年6月16日，http://www.36kr.com/coop/yidian/post/5138988.html。

的现象级产品终于出现。一个族群的科技和经济实力再强，如果娱乐文化无法输出，则在对外传播中，一般国外民众就缺少直观感受中国的影响力，而只能惯性接受海外媒体提供的负面报道或保留刻板成见。

（二）谜米（meme）：抖音的"文因"设置和动员方式

虽然距离挑战脸书系软件还有巨大的差距，但突然崛起的抖音缘何能在一年多的时间红遍全球多个跨种族、跨文化、跨语言的地区，是智能和数据在国际传播的实践胜利，还是昙花一现的短暂耦合？本文尝试以"抖音登顶"事件为案例，剖析此事件的谜米式传播与共意动员[①]的策略与效果，尝试为人工智能的用户互动模式提供一种新的分析框架。

"meme"，又被译为文化基因、谜米、米姆等，意指被模仿的东西。1976年，英国生物学家道金斯（Richard Dawkins）在《自私的基因》（*The Extended Selfish Gene*）一书中，把希腊语"mimema"（仿效）简化为"meme"，以便与生物基因"gene"对应，正式提出了文化基因（简称"文因"）的概念。他把谜米定义为文化传播的小单位，传播过程是语言、观念、信仰、行为方式等的传递过程。布莱克摩尔（Susan Blackmore）在《谜米机器》（*The Meme Machine*）一书中从谜米的角度来审视文化的传播与进化，总结了谜米传播的文化模仿与自主创造特征。[②]

谜米并不是文化单位的简单复制，而是加工、创造并赋予意义的过程：与病毒式传播相比，谜米式传播更多地体现了用户主动性、创造性和参与性。传播学所言的"病毒"是指通过大量复制拷贝来传播的单独文化单位，如微信朋

[①] 根据克兰德尔曼斯的观点，共意动员是指，"一个社会行动者有意识地在一个总体人群的某个亚群中创造共意的努力"。来自：肖灵，《网络公益的共意动员》，《光明日报》，2016年3月20日理论版。

[②] [英]苏珊·布莱克摩尔：《谜米机器》，高甲春、吴友军、许波译，长春：吉林人民出版社，2011年版，第110页。

友圈中大量转发的视频或图片。但谜米通常只提供加工素材，而抖音提供模板给网民，由其进行个性化创造，网民在创作中往往融入了大量的生活、文化和社会热点元素，从而达到了信息传播、价值传递、教育、娱乐以及情感交流的目的。

病毒传播与谜米传播的区别还可概括为"作为传输的交际和作为仪式的交际"，仪式传播的功能不是复制信息，而是建构和体现某种共有的信念，强调了人们对价值观、象征符号和文化敏感的共享，在此过程中，身份认同、归属感、价值共识在不断建立和强化。可见，谜米是情感沟通和情感表达的重要形式，包含着用户的选择倾向与意义赋予，是社会心态的投射。[1]

（三）人工智能是抖音成功的技术基础

抖音大热的背后，今日头条的人工智能技术功不可没。抖音原本是"半死不活"的产品，2017年春节时仅有几十万日活跃用户。后经引入机器学习和强力运营，技术细节如将用户分成100份，其中90份客户端显示"头条视频"字样，其他10份更换不同的品牌名称、字体、字号、颜色，等等，通过试验决定用户更接受哪个名字。以抖音的"尬舞机"为例，原本是其公司内部新推出的功能玩法。2017年12月在新版本上线了名为"尬舞机"的功能，上线的第二天抖音就成功登顶。"尬舞机"研发上的技术支持来自今日头条人工智能实验室（Toutiao AI Lab），是人体关键点检测技术的应用，能够检测到图像中所包含人体的各个关键点的位置，从而实现从用户姿态到目标姿态的准确匹配。笔者对这项技术非常熟悉，作为人工智能的重要分支机器视觉（Machine Vision），已经应用在平安城市的视频系统中，用于识别犯罪嫌疑人。而抖音将其应用于娱乐，普通用户也能随时随地通过手机体验体感类游戏。机器视觉，是不同于

---

[1] 小安、杨绍婷：《网络民族主义运动中的米姆式传播与共意动员》，《国际新闻界》，2016年第11期。

消息写作和智能推荐的传播学新领域，为涂尔干（Emile Durkheim）的仪式观又增加了新的注解。

（四）抖音类app在对外传播中存在的问题

人工智能取悦人性的行为近年来日渐引发争议。不少用户天生抵触文字，这种人类的惰性使得报纸都需要大量增加图片以吸引阅读兴趣，但是报纸不可能放视频。短视频的流行，又一次印证了人类内心深处的惰性，这种惰性使人们甚至不愿意花更多时间观看一个15秒以上的视频。因此，商业公司在使用人工智能和运营时不遗余力地取悦和煽动用户，比如，UGC短视频捕捉到印度每天数场的板球联赛，系统在每场比赛生成一个"PK模式"，让两边的球迷尬舞PK。把现场的两方对骂之类的场景搬到网上，变成音乐短视频，球迷PK尬歌尬舞，外国公司还没有这样接地气同时也极富争议的玩法，在市场进入成熟阶段后也容易招致道德谴责或与软件相关的危机事件。

内容同质化挑战和当地政策风险。在短内容快速迭代领域，由于内容生产的壁垒较低，容易产生同质化内容，这是抖音需要面对的重大挑战。不同于照片墙面向高端摄影爱好者的强工具性初始定位，抖音目前采用了强运营的策略——通过"挑战话题"等不断制造热点主题，逐步走向"去中心化"，但由于其潮流娱乐定位，始终面临新兴娱乐潮流争夺用户的潜在威胁。音乐短视频面向年轻人的娱乐需求，多数内容由普通用户产生，其中包括了很多我们已然熟悉的内容呈现方式，比如：年轻女孩们跳舞、化妆初级入门等。这些视频最初在美拍、秒拍等平台出现，如今再次被挖掘，通过不同的人进行同关型的演绎，久看之后难免会产生视觉疲劳。因而，抖音本身具备相当程度的可替代性，在具备人口红利的大国，比如印度等，其政府如果希望振兴本国互联网产业，会以政策优惠的方式扶植本土相似的软件企业。在拥有大量的用户和人气之后，抖音如何使其活跃用户实现变现并获得收益，从而使抖音成为一个各方共赢的有生命力的平台，是抖音需要解决的关键问题。

总之，人工智能技术在媒体的应用，将突破消息自动写作的层面，将进一步解放记者的脑力，使其能投入到更具有创造力的领域。抖音意味着"机进人退"的幕布在徐徐拉开，对外传播亦将树立突破性的新范式。

（本文发表于2018年10月，略有删改。）

人工智能在对外报道中的应用

马晨光　中国日报社经济部

随着智能手机的普及，人工智能进入大众视野，无论在学界还是在业界都被广泛讨论。移动互联网的兴起几乎让人工智能惠及每一位手机用户，其中最重要的影响之一便是大众获取信息的方式改变了。换言之，就是人工智能重塑了信息传播形态，最显著的特征就是社交媒体以及自媒体的兴起。人工智能在国内传播生态中的成功不言而喻，其成功经验能否移植到国际传播领域，继而影响"西强我弱"的传播格局呢？答案是肯定的。

一、机器人写稿提升新闻产量

美国《全球主义者》（*The Globalist*）在线杂志2017年12月31日刊登题为《使用最广泛的语言》的报道称，全世界有110个国家将英语作为母语、官方语言或普遍的第二语言。其他任何一种语言在世界各国都没有得到如此广泛的使用。国际互联网上80%以上的网页用英语制作，50%的科技杂志用英文出版。在计算机领域，80%的信息是靠英语储存的。这是"西强我弱"的基本现实。

其实，中文信息也有对外传播的问题。但由于语言壁垒，中文信息的输出对"西强我弱"格局的影响甚微，只有加大英文信息的输出才有可能对西方舆论场造成影响。然而，由于英文采编能力的限制，新华社、中国日报社等中国主要"外宣国家队"每日更新的英文信息量总和只有千条左右,这在浩如烟海的英文信息世界里犹如沧海一粟。这种由语言差异造成的信息鸿沟如何填补?人工智能是否有办法扩大我国英文信息的输出带宽?机器人写手也许能帮上忙。

2017年8月8日21时19分,四川九寨沟发生7级地震,机器人仅用25秒就写出新闻稿,实现全球首发。此后,"机器人写稿将取代记者工作"的言论被广为传播。所谓机器人写手其实是拟人化的说法,确切地说,是指运用算法对输入或搜集的数据自动进行加工处理,从而自动生成完整新闻报道的一整套计算机程序。与以往人工智能在传媒业的应用不同,机器人写手最大的特征就是新闻生产的完全自动化。除前期的技术开发外,在具体新闻写作过程中,人工的参与并不是新闻产品产出的关键和决定性环节,新闻生产的主体实现了由人向机器的转变。

从现状来分析,机器人写稿的题材主要是灾难新闻、财经新闻、体育报道以及一些资讯。在新闻稿件的写作过程中,机器人重构了媒体的部分生产环节,通过算法对大数据进行过滤、分类、排序和关联,再把经过处理的数据进行适配并组合文章模块,从而形成"机器人新闻"。目前,由于技术限制,机器人写作的稿件多为资讯类新闻,但其产量十分惊人。美联社使用Wordsmith编写财经和体育方面资讯,每季度可以产出3000家公司财报。据报道,Wordsmith一分钟最多可生成2000篇报道。①

阿里巴巴与第一财经联合推出的"DT稿王"主要报道股市异动,平均每天可发布1900篇公告,这是一位资深证券编辑100个小时才能完成的任务。在里约奥运会期间,今日头条研发的"xiaomingbot"通过对接奥组委的数据库信

---

① 彭茜:《2016年普利策奖揭晓引发"危机"话题"还好,摘获奖项的仍是人类"》,《文汇报》,2016年4月20日。

息，实时撰写新闻稿件。奥运会开幕后的13天内，共撰写457篇报道，涉及羽毛球、乒乓球、网球等大小赛事，平均每天30篇以上，发稿速度几乎与电视直播同步。①

鉴于机器写作模板已经成熟，我国外宣媒体完全可以在经济类、体育类报道中积极探索机器人写稿。在无疆界的互联网信息流动中，增加外宣媒体英文网站信息量具有重大意义，有利于提升外宣媒体英文网站在谷歌等搜索引擎中的排名权重，从而在对用户搜索需求做出反馈时靠前展示。

二、智能算法提升传播效果

在海量信息流动时代，受众不是被动的靶子，外宣媒体新闻量产的提升并不能保证传播效果的一定提升。传播效果最终通过用户浏览、点击、阅读、评论、收藏、转发等具体的指上操作来落实。用户的指尖行为会留下网络痕迹，形成个人数据。这些性别、年龄、所在地址、行为习惯等多维用户数据就构成了基本用户画像。人工智能在信息传播中的重要应用之一，便是根据用户画像向用户推荐他们需要或者感兴趣的内容。支撑这一套智能推荐的是机器算法。

传统媒体、互联网早期新闻门户采取的是编辑推荐内容模式，即由编辑们决定给用户看什么。编辑推荐的优势在于，借助专业素养筛选的内容平均质量相对较高，但劣势也很明显。一方面，人工能干预的内容数目受限，往往集中于最热门的头部内容，无法满足跟用户生活、工作相关的，甚至更长尾的内容；另一方面，以编辑经验主导的各大门户的首页呈现"千人一面"的特征，无法提供个性化阅读体验。

而机器算法反其道行之，它通过数据挖掘，逐步掌握用户兴趣。数据挖掘手段包括：根据用户主动定制频道行为，获取用户感兴趣的分类；信息流右

---

① 敬慧：《机器新闻写作热潮下的传统新闻生产冷思考》，《科技传播》，2017年第20期。

下方的"取消"按钮,对用户不感兴趣内容进行精准屏蔽;根据用户停留在某一页面的时间来反映内容是否贴近用户需求;收集用户评论、转发、分享、收藏、赞踩等行为记录掌握用户兴趣。

算法为用户推荐内容的依据有两点:一是当前社会的热点话题,因为关注者众,即使用户没有兴趣也会因为好奇而去关注;二是用户的自身选择,用户个人经常会关注的话题就会多推荐,不常看或点击"不感兴趣"的话题自然少推荐或者不推荐。其作用就是让用户能及时获取自己所感兴趣内容的最新消息。通过推荐算法,内容平台能够根据用户的喜好筛选内容,并推荐给喜好类似的用户。

机器算法的优势在于提高了用户获取信息的效率,让用户更快地获取自己想要的内容。在个性化推荐机制下,用户在使用过程中慢慢地把自己的行为和偏好都自愿提供给内容平台,以获取更加精准的符合自己兴趣和爱好的信息推荐,这会让用户对平台的好感度越来越高,形成个人与平台双赢局面。

机器算法尽管有神奇"读心术",但归根到底仍是一种电脑程序。外宣媒体不必自惭于自身技术研发能力的不足,因为算法是可以购买的。算法商店(Algorithmia)就是国外知名的算法交易市场,一个类似亚马逊的平台,不过它卖的是算法,开发者在这里上传自己的成果并明码标价。类似的交易平台还有DataXu、Quantiacs、PrecisionHawk等,目前这些平台越来越成为成熟的细分交易平台。

算法只是技术问题,要实现"千人千面"的个性推荐,需要基于海量用户数据。机器学习的规律是数据量越大,算法越聪明。数据收集也有成熟套路可循。以中国日报App为例,用户初次安装中国日报App并打开时,App会记住用户手机的操作系统、版本、屏幕、用户安装的其他app、浏览器的Cookie、收藏夹、客户端网络、用户所在位置等信息,这样在用户未注册中国日报账号的情况下,就能完成用户的基础画像。如果用户使用脸书、推特、微信等社交平台账号登录，中国日报App会获取用户在这些社交平台的好友关系、所发内容、粉丝性质、评论等信息，从而可以进行更详细的用户画像。接着，App能根据用户阅读文章的类别、喜好兴趣、阅读时长、发表评论等维度进行更清晰的画像，然后推荐内容给用户。

三、人工智能加速跨媒介融合

视频化是移动互联网主要特征，尤其是移动流量资费下降后，音视频媒体迎来大爆发。在对外传播的主战场，以优兔和脸书为代表的视频平台和社交平台纷纷依靠视频资讯吸引用户。2017年8月，脸书创建视频频道"观看"，该频道对标优兔，与视频制作公司联合进行内容创作。与此同时，脸书利用信息流向用户推送他们可能感兴趣的视频，打造基于社交属性的视频推送机制。其首席执行官扎克伯格声称，视频已经成为脸书上表现最好的内容类型，视频产生的流量将在未来三年持续增长。

为了满足读者对视频新闻的阅读需求，传统媒体也在不断扩大自己的视频新闻团队。自2014年以来，《纽约时报》已经裁撤了100名文字编辑，组建了60人的视频新闻团队。2017年，美国有超过60家媒体对传统的文字编辑进行裁员，转而增加对视频新闻的资源投入。例如，《华盛顿邮报》的视频团队规模由年初的40人增加至70人。[①]

我国外宣媒体也在积极布局视频业务。中国国际电视台便是其中翘楚。依托央视的强大视频资源，中国国际电视台网站以及移动媒体均主打视频报道，但由于视频生产投入大，视频制作周期长，中国国际电视台每日生产的视频量，尤其是那些便于在移动端传播的短视频数量不足百条。这样的生产能力与

---

① 微信公众号"全媒派"：《AI将为2018新闻业提供新视野：趋势预测&案例打法高能集锦》，2018年1月30日。

国外用户对视频新闻的需求构成较大矛盾。拥有国内最强视频生产能力的中国国际电视台尚且如此,更遑论其他外宣媒体了。

好消息是,在人工智能时代,文本、音频和视频将不再仅仅是不同的新闻类型。随着三者之间的转化技术日趋成熟,在内容相关的前提下,任何文本都可以转化为视频,任何音频或视频也可以转化为文本。也就是说,人工智能将使媒介融合进一步加强。

总部设在以色列的文字视频平台Wibbitz就致力于推动此类媒介融合;它能够将彭博社、路透社、美联社、福布斯等超过500家媒体的文本新闻,根据用户的偏好转化为不同内容的视频。它的工作原理是:内容发布方只需执行一行代码,Wibbitz会自动从文章中抽取摘要并从网上获取相关的图片等信息,然后将这些信息瞬时整理转变成一个交互视频,同时还会添加相关图片和朗读配音。转化出的视频可以分享到脸书、推特或其他任何地方。视频可以在任何电脑、平板和智能手机上播放。

诸如新华社、中国日报社这类传统上以文本为主要传播手段的外宣媒体,正好可以抓住这个跨文本转化的机会,和国外成熟的人工智能技术公司广泛合作,扩大文字内容的视频化呈现,从而适应移动互联网时代视频化阅读需求。

四、人工智能高阶应用:人机交互

无论是机器写稿还是跨文本转化,它们本质上是机器智能地"做事";但人类对人工智能的预期不止于此,因为人工智能的最终目的是模拟、延伸和扩展人的智能,简而言之是"做人"。目前还不能期待人工智能拥有人类的心智与情感,但机器与人类的交互模式日益智能化也是不争的事实。人民日报英文客户端引入的微软"小冰"机器人就是人工智能在对外传播中的探索型应用。

"小冰"位于人民日报英文客户端底部工具条正中间，点击中间按钮即开启与小机器人"小冰"的交互界面，用户马上就能收到"小冰"的问候语或者聊天搭讪语句，每次开启都可能不同。这既是一个闲聊界面，也是一个提供文本和语音双重选择的智能搜索界面。其中的语音搜索功能与当前市面上常见的智能音箱工作原理相同。虽然语音搜索结果的准确性有待提升，但利用人工智能完善用户体验的大方向是正确的。最近的一份报告显示，2017年使用声控设备的人数增加了129%，五分之一的智能手机用户每个月至少使用语音助手一次，用户也越来越多地采用聊天机器人作为与媒体互动的手段。

"环球编辑网络"首席执行官伯特兰预测，到2020年，新闻编辑部将引入类似苹果手机的智能语音助手（Siri）的新闻助理。这些新闻助理将由聊天机器人和探测器组合而成，帮助记者简化日常工作流程，促进人机交互协作。

五、对采编流程引入人工智能的三点建议

2018年10月31日，中共中央总书记习近平在主持中共中央政治局第九次集体学习时强调，在移动互联网、大数据、超级计算、传感网、脑科学等新理论新技术的驱动下，人工智能加速发展，呈现出深度学习、跨界融合、人机协同、群智开放、自主操控等新特征，正在对经济发展、社会进步、国际政治经济格局等方面产生重大而深远的影响。[①]从事国际传播的媒体工作者需要从战略高度领会总书记的讲话精神，从战术层面自觉同人工智能深度融合。

（一）增强技术敏感性，拥抱人工智能

要摒弃机器只是工具的成见，深刻理解机器深度学习可能达到的智能水平及其将对国际传播秩序造成的影响；积极捕捉人工智能前沿动态，不断迭代移

---

① 《习近平：推动我国新一代人工智能健康发展》，新华网，http://www.xinhuanet.com/2018-10/31/c_1123643321.htm，2018年10月31日。

动新媒体的智能水平；加强对编辑记者的培训，学习如何利用人工智能进行新闻报道，提升工作效率。

（二）编务会引入智能辅助系统

各式各样的编务策划会是新闻工作者的日常程序，传统的做法是编辑报选题，主编定版面。引入智能辅助系统后，电脑会首先反馈前一天选题的浏览量、评论量、转发量等多维度传播效果，并报告实时国际传播热点，编辑可以根据这些策划新闻选题，也可以提出独立新闻线索。即便是不在实时热点榜单上的独立新闻线索，通过与智能辅助系统的语音交互（类似与Siri对话），编辑部也能实时掌握该线索的动态舆情。该系统可有效提升对外传播的精准度与可预测度。

（三）人机协同，各尽所长

从人工智能出发，对外报道的新闻种类大体可以分为两种：第一种是数据密集、有固定结构、可模块化的信息，例如，财经新闻与体育新闻；第二种是非结构化、需要承担价值输出责任的新闻，例如，时政类与观点类新闻。与人类编辑相比，机器编辑擅长处理批量数据，根据人类预制的各类模板输出新闻，它们可以自动化生产第一种资讯。对外传播的价值输出责任需由专业新闻人承担。在实际工作中，一条新闻可能既包含可模块化信息，也有非结构性内容。这时候，新闻人就需要掌握人机协同技能：使用人工智能处理数据，发挥专业特长解释数据。此外，虽然机器比人类反应快，但它没有办法决定哪些信息是最重要的，没有办法识别和处理意外情况。这个时候，就需要专业的新闻人，帮助读者筛选信息、解剖重点。

（本文发表于2019年2月，略有删改。）

论人工智能在赋能数字文化产业对外传播中的应用

匡文波　中国人民大学新闻学院教授、博士生导师，
中国人民大学新闻与社会发展研究中心研究员
王舒琦　中国人民大学新闻学院硕士研究生

一、引言

近年来，我国大力推动数字文化产业化的发展。习近平总书记指出："要顺应数字产业化和产业数字化发展趋势，加快发展新型文化业态，改造提升传统文化业态，提高质量效益和核心竞争力。"[①]党的二十大报告对"实施国家文化数字化战略"做出战略部署，把实施国家文化数字化战略作为繁荣发展文化事业和文化产业的重要举措。在国家文化数字化战略全面实施的背景下，人工智能技术蓬勃发展，为推进文化产业数字化提供了重要机遇。习近平总书记在全国宣传思想工作会议上的重要讲话中指出，要推进国际传播能力建设，讲好中国故事、传播好中国声音，向世界展现真实、立体、全面的中国，提高国家文化软实力和中华文化影响力。人工智能技术的赋能不仅能帮助提取具有传承价值的中华文化元素、符号和标识，助力转化优秀中华传统文化资源；同时

---

① 《习近平在教育文化卫生体育领域专家代表座谈会上的讲话》，人民网，http://jhsjk.people.cn/article/31871323，2020 年 9 月 23 日。

还能推动中国数字文化产业的"出海"，提升文化产品的国际竞争力。本文将探讨人工智能技术在数字文化产业国际传播中的应用，并展望未来的发展趋势，重点探讨以下问题：当下数字文化产业国际传播的现状如何？人工智能技术为数字文化产业国际传播带来的机遇和挑战是什么？未来如何利用人工智能技术更好赋能数字文化产业国际传播？

二、传播现状

数字文化产业以文化创意为核心，通过数字技术进行创作、生产、传播和服务。数字文化产业同时包括文化产业的数字化和数字产业的文化化[①]，二者共同重塑了数字文化产业格局，帮助中国数字文化产业对外传播。下文将重点介绍影视艺术领域、游戏动漫领域、视频直播领域的数字文化产业对外传播实践，分析人工智能技术在赋能数字文化产业传播中的应用现状。

（一）影视艺术领域

人工智能技术提升影视内容生产效率，给予用户沉浸式体验。在内容制作方面，人工智能技术赋能媒体内容制作，优化内容产出效率。例如，在2023年两会期间，新华社联合百度文心一格技术团队发布首支国风人工智能生成的音乐短片（AIGC MV）《驶向春天》。该作品视频画面由人工智能技术自动生成，利用AIGC技术作画展现祖国大好河山。除此之外，人工智能技术同样可以参与影视场景的视觉设计。人工智能平台拥有强大的自我学习能力，能够自主学习电影风格并积累电影构图经验，再结合用户的个性化意图和审美偏好，有效提高视觉场景设计的效率和质量。除了以上应用场景，人工智能技术在大数据综合分析的基础上，为内容创造者推荐合适的策划、文案、剧本、配乐，

[①] 张伟、吴晶琦：《数字文化产业新业态及发展趋势》，《深圳大学学报（人文社会科学版）》，2022年第1期，第60-68页。

一定程度节省创作时间，帮助数字文化产业更加高效、便捷。而在用户体验方面，虚拟现实（VR）、增强现实（AR）技术和其他网络技术打造的赛博空间缓释了身体的脆弱和消亡，人工智能生成的虚拟数字空间给予用户沉浸式的体验和对未来科技世界的幻想。近年来，AI数字艺术展在国内外流行，用户不仅可以近距离欣赏观看艺术作品，同时能够通过数字科技手段沉浸式体验作者的创作意图，感知作品的创作意境。

（二）游戏动漫领域

人工智能技术的赋能促使游戏动漫产业链全面升级。人工智能技术开发者以已有内容作为训练数据集，利用强化学习、主动学习、迁移学习等模型训练算法，为游戏动漫开发提供创意和灵感来源。在游戏中，人工智能技术除了辅助生成文本、插画、剧情，还能帮助训练游戏机器人和社交机器人以提高用户的交互体验。在游戏中，人工智能技术除了辅助生成文本、插画、剧情，还能帮助训练游戏机器人和社交机器人以提高玩家的交互体验。在电子游戏时代，游戏公司通过设计由计算机操纵的"非玩家角色"丰富用户的游戏体验。目前已有玩家将ChatGPT的API接入高自由度游戏的非玩家角色，致力于创造真实生动的游戏场景。在动漫领域，脑玩家Mindplayer在腾讯漫画平台发布漫画作品《ARES觉醒》，自称"或许是中文世界第一部人工智能自动生成的连载漫画"。AIGC漫画作品正在全世界范围内迅速传播，除了对作品著作权的争议，一部分观点认为AIGC技术的滥用催生更多的"垃圾内容"，并导致漫画内容的机器化与模板化，失去了动漫作品的灵感与趣味。

（三）视频直播领域

根据2023年5月中国演出行业协会发布《中国网络表演（直播与短视频）行业发展报告(2022-2023)》，我国网络表演（直播与短视频）行业已有超1.5

亿网络直播账号、超10亿内容创作者账号、近2000亿元市场营收①。在文化产业数字化的趋势下，国家鼓励支持直播经济及相关新业态新技术的发展，各级政府扶持直播、短视频行业，最大限度发挥视频直播的经济、社会、文化价值，人工智能技术的发展则为视频直播领域带来了新的机遇。京东近期推出"言犀虚拟主播"产品，通过多模态交互技术智能输出带货文案、语音播报和形象动作，目前已开始用于直播带货，规避真人主播带货的风险。互联网平台的技术迭代为用户创造沉浸式的数字文化消费体验，同时我国的视频直播业务正快速渗透海外市场，成为中华文化交流传播的新阵地。

在"出海"政策和平台自身发展需求的推动下，视频平台正成为数字文化产业国际传播的重要渠道。在长视频平台方面。腾讯、爱奇艺海外版通过销售节目版权的方式进入东南亚、非洲、拉美等网络视听快速发展的市场并实现业务突破，推动平台国际化运营；哔哩哔哩主要面对东南亚市场青年用户，推广游戏和动漫等优势产品；芒果TV发挥自制剧和爆款综艺优势，与东南亚国家签署合作协议，共建东南亚区域国际传播中心②。在短视频平台方面，尽管抖音国际版多次遭遇围剿，但不可否认其是目前出海最成功的视频平台，并成功传播短视频这一媒介形态。

三、新机遇与新挑战

人工智能技术的发展深刻影响数字文化产业实践，改变原有的对外传播边界，塑造了新的国际传播业态。一方面，人工智能技术为数字文化产业对外传播创造了新的机遇。人工智能技术的应用帮助提高内容制作效率、增加数字

---

① 《2022—2023年直播与短视频行业发展报告》，中国演出协会，https://finance.sina.com.cn/tech/roll/2023-05-27/doc-imyvczvp6124649.shtml，2023年5月27日。

② 《我国长视频平台"内容＋平台"联合出海路径日益清晰》，国家广电智库，https://baijiahao.baidu.com/s?id=1757924751686240129&wfr=spider&for=pc，2023年2月16日。

作品的产出，同时降低了从事数字文化传播实践的门槛，帮助更多的人参与到中华优秀文化的对外传播实践中，丰富了数字文化对外传播的内容和形式；另一方面，人工智能技术为数字文化产业对外传播带来了新挑战。人工智能技术的大规模使用加速了社会焦虑的蔓延，引发数字文化传播者的就业危机。大规模的人工智能作品生产可能导致内容模版化，并带来新的数字文化产品著作权争议。

（一）传播边界

人工智能技术的发展重塑国际传播的权力结构和传播关系。一方面，人工智能技术强化原有的传播边界，尤其是在涉及国家政治安全、军事主权、信息安全、文化安全方面。ChatGPT通过海量语料库积累已成为强大的人工智能产品，但由于其回答的不可控性，例如，在围绕敏感问题的政治讨论中，ChatGPT的回答对国家安全和地缘政治存在潜在威胁，目前在多国被禁用；另一方面，以社交媒体为代表的数字平台让国际传播的边界被重塑。数字文化产品本身具有多样性，不同类型的社交媒体平台使跨越国家的文化交流更加频繁。传播边界的重塑为国家间的文化交流搭建了新的舞台，同时也为文化互动带来了新机遇。例如，抖音的"出海"拓宽了新技术的传播边界，有助于短视频形式在全球范围内的推广和传播，通过短视频记录生活已然成为全世界人民共同选择的方式。

（二）传播者

传统的交流完全以人类为中心，技术在传播中充当媒介的作用，但是人工智能技术的蓬勃发展让计算机逐渐拥有类人，甚至超人的能力[①]。1997年，麻省理工学院罗萨琳德·皮卡德(Rosalind Picard)提出了情感计算（Affective

---

[①] 师文、陈昌凤：《信息个人化与作为传播者的智能实体——2020年智能传播研究综述》，《新闻记者》，2021年第1期，第90-96页。

Computing）的概念，旨在研究和开发能够感知、识别、理解和模拟人类情感的理论和计算系统。情感计算为计算机理解人类情感提供了可能性，让人工智能更加具有温度和人情味，同时技术发展带来的传播模式的改变使传统意义上的新闻传播领域数字文化生产面临着严峻挑战，加速社会焦虑的蔓延。数字文化产业的传播者不仅要掌握基本的新闻传播知识，同时需要学习计算机技术和人工智能原理方面的知识。现如今越来越多的新闻传播院校在培养方案的设置中，要求学生学习与人工智能原理、计算机算法、编程等相关的课程以培养复合型人才并帮助学生扩展就业面。

但从另一个角度看，人工智能技术的发展在一定程度上降低了传播者的参与门槛，为国际传播提供更多的叙事方式。以剪映App为例，其上面有丰富的模板可供传播者选择，并拥有自动配乐、自动生成封面、自动生成配乐等智能配套服务。顺应数字平台个体化、生活化、草根化的趋势，通过个人的视角讲述中国故事成为国际传播的重要范式。

（三）传播内容

在传播内容生产中，人工智能技术提高了内容制作的效率，帮助生产出更多的数字文化产品，增加数字文化产品的丰富度，并通过算法技术将数字文化作品个性化地推荐给用户，增加用户内容接收信息的丰富度。但人工智能技术降低了内容生产的成本，使内容创造趋于模板化，并引发著作权归属的争议。一部分观点认为，人工智能生成作品的程序由自然人选择和设置，人工智能只是间接参与了生产创作，生成作品应受到《著作权法》保护；另一部分观点认为，作品应由自然人直接创作完成，自然人直接创作是构成《著作权法》保护的作品的要件之一，因此人工智能生成的作品不受到《著作权法》保护。此外，人工智能生成的作品著作权是应归属于用户还是人工智能开发者、管理者、人工智能平台同样面临争议。而在数字文化传播中，由于涉及影视艺术、游戏动漫、视频直播等不同领域，针对新兴传播业态的司法保护路径有待进一步明晰。

四、如何传播

面对复杂的国际形势，数字文化产业的对外传播作为向世界展示中国形象的重要窗口，变得愈发重要。人工智能技术将同时赋能数字文化作品的生产实践和传播实践。在生产维度，人工智能技术使得更多优秀的中国文化资源转化为优质文化IP，增强国家文化软实力；在传播维度，人工智能技术帮助研究和分析国际传播受众的新特点，助力多渠道传播矩阵共建。

（一）生产维度：提升原创优质文化IP数字化开发能力

1.增强数字文化产品的内容原创性和可读性

中华文化源远流长，博大精深。人工智能通过机器自我学习，挖掘中华文化传播内容生产的可能性，发展情感计算，逐步走向以人为中心的智能交互，试图与人类进行心理交互与体感连接。但一味依赖于人工智能的数字文化创造会失去人的主体性。基于此，数字文化传播者可以借助人工智能技术挖掘和转化中华优秀文化资源，但最终还是应该从人出发，以人为本，探索用户内心的真正需求，从而生产出符合中国语境的数字文化产品，发展优质IP，保持数字文化内容的原创性。

此外，在数字文化产业对外传播中，还要考虑不同国家语境和历史文化的差异。中国属于高语境文化国家，由于国际社会缺乏对中国文化的充分了解，长期以来我国的国际传播信息流处于逆差地位。中国数字文化作品内涵丰富，通常不局限于表面，需要信息接收者结合具体情境和语境，解读数字文化内容背后的真正内涵。因此，可以考虑根据不同国家语境的差别，生产不同类型的原创数字文化产品，同时借助人工智能技术，通过语音助手、实时翻译、同步讲解等手段助力数字文化产业的跨文化传播。

2.丰富数字文化产品的内容和类型

丰富数字文化产品的内容和类型能帮助开发不同类型的文化IP，并通过官方媒体和自媒体的共同努力，向世界展现真实、立体、全面的中国。以自媒体古筝博主彭静旋为例，其自媒体账号"碰碰彭碰彭Jingxuan"在抖音平台拥有近千万粉丝，该博主常年在欧洲街头身着汉服演奏古筝经典曲目，成功吸引外国人群对古筝的关注，随后登上央视节目并受邀在联合国世界母语日活动中表演，成为文化对外传播的成功案例。这一对外传播实践突破了常见的音乐主题表演场景，通过线上和线下的联合共创成功实现了汉服文化和古筝文化的对外传播。

随着人工智能技术的发展和5G技术的普及，交互体验再次升级。在智能技术的加持下，利用虚拟现实和增强现实技术为用户提供全新的数字文化体验。例如，在北京冬奥会期间，奥运村设置了"10秒"中医药体验馆，利用8K、5G等高科技手段，设置秒懂中医、功夫打卡、经络探秘等多个场景，通过冬奥、科技、中国文化的紧密结合，为参观者营造沉浸式体验，向世界展示中医之美。

（二）传播维度：把握国际传播受众新特点

1. 挖掘"共情"与"认同"的情感价值

党的十八大报告强调，各国共处一个世界，要倡导人类命运共同体意识。尽管现阶段存在国际利益冲突、历史冲突、意识形态冲突等现实因素，但人类命运共同体的愿景同样存在于互联网与数字时代，"共情传播"是国际传播的本色和应有追求[1]。当今社会是一个你中有我、我中有你的命运共同体，人类拥有共同的福祉和追求。对和平、发展、公平、正义的向往是不同国家、不同文化受众的共同情感价值和情感倾向[2]。面对西强东弱的国际传播格局，在人类命运共同体框架上寻求"共情"与"认同"是一个长期的过程。

---

[1] 常江、张毓强：《从边界重构到理念重建：数字文化视野下的国际传播》，《对外传播》，2022年第1期，第54-58页。

[2] 匡文波、秦瀚杰：《算法：我国国际传播的助力器》，《对外传播》，2022年第10期，第12-15页。

在数字文化产业对外传播中，既要看到不同受众的差异特征，更应该去挖掘受众共通的情感价值内涵，创造全人类共同的文化财富。例如，北京冬奥会闭幕式利用增强现实技术，吸取了景泰蓝、青花瓷、丝绸、红丝带、雪淞和雾淞等多个元素的中国结让雪花火炬在主场馆精彩呈现，用中国结把全世界的观众联合在一起，充分体现了人类命运共同体的理念。

2.多渠道传播矩阵共建

形成以认同为目标的国际传播需要依靠多传播主体的共同努力，包括官方媒体平台、个人自媒体账号和互联网平台的多渠道传播矩阵共建。官方渠道多从宏大叙事的角度，针对政治议题、经济议题和重要事件发声，从而为数字文化对外传播的态度立场指明方向。个人自媒体账号为对外传播提供了多元、草根、生活化的表达，通过微观叙事展现真实的中国数字文化产业画卷。互联网平台的优势在于精准定位和算法推荐。目前，我国的互联网平台正通过数据分析系统和用户画像系统为用户推送个性化内容，提高内容分发效率，增强用户黏性。而伴随着数字文化产业的蓬勃发展和用户个性化需求的增加，未来可利用人工智能技术增强对于用户需求特别是用户情感的理解，顺应互联网平台"出海"趋势，增加数字文化作品与用户喜好的适配度，助力数字文化产业在国际舞台的传播。

（本文发表于2023年7月，略有删改。）

技术幻象与现实传递之间：
中外虚拟现实新闻实践比较与伦理审视

李卫东　华中科技大学教育部大数据与国家传播战略实验室执行主任、教授

覃亚林　华中科技大学新闻与信息传播学院博士研究生

作为一种实现新闻业孜孜追求的"在场"体验的新闻报道方式，虚拟现实新闻（VR News或VR Journalism）一出现便引发关注。自2012年第一部虚拟现实纪录片《饥饿洛杉矶》（*Hunger in Los Angeles*）出现以后，国内外媒体都相继开展虚拟现实新闻报道实验，尤其到2015年之后呈爆发之势，至今已完成不少虚拟现实新闻作品。随之而来的是学界的讨论与研究热潮。学者们关注虚拟现实技术在新闻业的应用现状、虚拟现实新闻的优势，以及虚拟现实新闻面临的伦理风险与挑战。研究热潮背后，我们有必要静思，虚拟现实新闻在经历了一段时间的实验后，国内外的虚拟现实新闻实践呈现何种状况？其有何不同？虚拟现实新闻的发展前景如何？这些问题都值得且急需讨论和解决。

一、中外虚拟现实新闻实践的不同表现

现在意义上最早的虚拟现实新闻作品是2012年德拉佩纳（Nonny de la Peña）和帕尔默·拉基（Palmer Luckey）在圣丹斯电影节上展出的虚拟现实纪录片《饥饿洛杉矶》，纪录片根据德拉佩纳及其助手长期在洛杉矶一处食物赈济处采集的图片、音频和视频素材，运用虚拟现实技术通过虚拟人物形象还原

了一名在排队等待领取食品的糖尿病人因未能及时得到食物而晕倒的事件；随后虚拟现实新闻逐步发展并渐成规模。自2015年以来，国内也有不少媒体开始运用虚拟现实技术制作传播新闻作品，但目前与国外实践状况存在一定的差异。本文以国内外虚拟现实新闻作品与实践为考察对象，从新闻选题、内容呈现、参与程度等方面，对中外虚拟现实新闻实践的差异性进行比较分析。

（一）新闻选题：硬新闻与软新闻

就其本质而言，新闻信息也是一种消费品，受众的需求是新闻业发展的基本前提，这也使得软新闻成为国内媒体虚拟现实新闻报道的首选。国内的相关实践以体验式报道为主，如新华网的"VR频道"，其报道集中在节日节庆和休闲游玩等强体验类的新闻选题之上，在2017年6月7日至12月7日期间，新华网共发布"旅游景观类""园会展览类""比赛现场类""节日庆典类"虚拟现实新闻共52条。[①]虽然新华网有时也发布政治经济类虚拟现实新闻，但其标题和内容都具有较强的娱乐性，如常用"全景体验""感受""触摸""带你进入"等词汇，比如《零距离触摸真实的贫困——全国人大代表带虚拟现实上两会》《六一儿童节新华网虚拟现实频道带你体验上海迪士尼》《全景体验：鸟瞰成都金融城》等。国内虚拟现实新闻报道的先行者财新网也存在类似情况，在第二届亚洲深度报道大会"VR工作坊"现场，财新视频总监邱嘉秋在分享时指出虚拟现实新闻报道的选题之一是"涉及受众难以到达的环境和难以亲身体验的故事，如偏远地区人民的生活"，[②]如财新与联合国以及中国发展研究基金会共同制作的财新首部虚拟现实纪录片《山村里的幼儿园》。此外，国内的虚拟现实直播也集中在娱乐性较强的新闻事件上，如

---

① 章超萍：《VR新闻的特征与思考——以新华网VR频道为例》，《东南传播》，2018年第2期，第20页。
② 《探索VR新闻的未来：谷歌、财新的VR制作神器与技巧分享》，全球深度报道网，https://www.thepaper.cn/tag/4122423，2016年10月18日。

2015年腾讯对某韩国流行团体演唱会、央视网对2017年鸡年春晚均尝试了虚拟现实直播等。

国外的虚拟现实新闻也有不少软新闻报道，但其在硬新闻报道方面做出了不少成果，并在尝试进行硬新闻实时报道。除体育赛事等娱乐新闻之外，国外虚拟现实新闻还关注战争和全球突发性事件、政治选举类新闻和历史类事件再现等议题。比如，虚拟现实新闻领域的先驱德拉佩纳的实践，自2012年发布《饥饿洛杉矶》以后，德拉佩纳还与南加州大学电影艺术学院合作制作了短片《叙利亚项目》（Project Syria），该项目让受众体验难民营的条件，并模拟在阿勒颇街道（Aleppo street）进行的一场火箭爆炸；在2015年，德拉佩纳的公司Emblematic Group推出了一款名为"黑暗之夜"（One Dark Night）的应用程序，使用警方的音频、社区建筑图纸和目击者证词重现了2012年特雷沃恩·马丁（Trayvon Martin）被枪杀的场景。此外，德拉佩纳在其虚拟现实新闻影片《武力使用》（Use of Force）中还关注了35岁的移民阿纳斯塔西奥·埃尔南德斯·罗贾斯（Anastasio Hernandez Rojas）在美国和墨西哥边境被巡警殴打致死的事件。美国传统主流媒体《纽约时报》的第一部虚拟现实新闻作品《流离失所》（The Displaced）关注的是3名分别因为黎巴嫩、南苏丹和乌克兰危机而被迫离开家园的儿童的故事；其后的虚拟现实新闻作品《巴黎不眠夜》（Vigils of Paris）则关注2015年的巴黎恐怖袭击事件。到2016年，《纽约时报》还发布了有关总统竞选的短片《竞争者》（The Contender）；美国有线电视新闻网在涉足虚拟现实新闻后，于2015年10月在CNN直播流（CNN live-streams）上用虚拟现实技术播出首个2016年民主党总统候选人辩论；而自2017年3月，美国有线电视新闻网正式推出"CNNVR"平台以来，目前已发布99条虚拟现实新闻作品，其中有关政治、军事等议题的"硬新闻"报道超过三分之一。

时效性是"硬新闻"与"软新闻"的重要区别之一，更是新闻的重要特性。时效性要求记者要及时深入新闻现场，尽最大可能缩短新闻事实发生与新闻报道的间隔时间，让新闻信息第一时间到达受众。不管是硬新闻抑或软新闻的虚拟现实报道，国内外媒体在虚拟现实新闻的时效性上都有待加强，尤其是国内的虚拟现实新闻报道，如财新关于深圳垮塌事故的虚拟现实新闻报道，事故发生在2015年12月20日，财新关于这一事故的6条虚拟现实新闻发布于2016年5月4日，虚拟现实新闻发布的时间与事故发生时间间隔近6个月，存在极强的滞后性。虽然目前的虚拟现实新闻仍受制于虚拟现实技术及拍摄设备的发展情况，但是，国内外媒体若真想在虚拟现实新闻领域做出优秀成果，还需考虑新闻人才培养等现实问题。

（二）内容呈现：仿真模拟与全景视频

虚拟现实的"在场感"基于其能生成逼真的内容。目前虚拟现实技术生成的内容主要包括两类：基于计算机开发的虚拟现实三维环境和基于全景相机拍摄的真实全景视频。[①]虚拟现实新闻是虚拟现实技术生成的虚拟现实内容之一，当前国内外虚拟现实新闻涵括虚拟现实技术生成内容的两种形式，其中虚拟现实全景视频新闻是主流。国内虚拟现实新闻基本属于虚拟现实全景图片和全景视频，国外虚拟现实新闻除全景视频之外，也有不少虚拟现实三维环境开发作品，并开始融入游戏元素进行虚拟现实体验新闻报道。

虚拟现实三维环境是指利用三维建模技术和软件构建三维模型，再将三维模型在虚拟空间重构建成的一个能够表现真实世界的虚拟现实系统。其最常见的形式应属虚拟现实游戏，如2015年三星公司展览出《精英：危机四伏》（Elite：Dangerous）三十多部虚拟现实配套游戏。国外虚拟现实新闻对三维建模技术的首次运用依旧是德拉佩纳的虚拟现实纪录片《饥饿洛杉矶》，其利用三维建模技术构建了虚拟人物角色和场景，在此后的《叙利亚项目》和应用程

---

① 徐兆吉、马君、何仲、刘晓宇：《虚拟现实——开启现实与梦想之门》，北京：人民邮电出版社，2016年版，第77页。

序"黑暗之夜"中，三维建模技术也得到广泛运用，其主要表现在通过建模来构建人物角色、人物（动物）行为、物体运动等，进一步达到仿真效果，南加州大学电影艺术学院在优兔平台上传的《叙利亚项目》的小样（Demo）[①]就对其三维建模情况进行了演示。此外，游戏元素的运用也是国外虚拟现实新闻报道的特色，通过加入游戏元素，引导受众根据其所扮演的角色来体验虚拟场景，进而达到新闻信息传播的目的。比如传媒巨头甘尼特报团（Gannett Company）旗下的报纸《得梅因纪事报》（*The Des Moines Register*）在2014年制作的虚拟现实新闻纪录片《丰收的变化》（*Harvest of Change*），可谓是业内的典范，其主体部分的12个视频报道均是360度全景视频，在后期的处理中，"为了构建3D体验，甘尼特数字团队先使用报纸自己拍摄的照片和视频，之后再使用优美缔（Unity）公司的游戏引擎来渲染农场的地形、建筑物和植物"，[②]最终将全景视频、三维建模和游戏元素运用集于一身，给受众营造了"走在达曼家农场"的虚拟体验。

全景视频是目前虚拟现实新闻最主要的内容形式之一。全景视频因其在拍摄时是以摄像机所在位置为中心，将上下左右360度全方位的景物纳入拍摄范围，因而又被称为360度视频。目前国内外虚拟现实新闻基本是利用全景相机拍摄全景视频，再将全景视频进行全景缝合而成。如2016年美联社运用全景视频制作虚拟现实新闻短片对法国恐怖袭击、里约奥运会等议题进行报道，《今日美国》（*US Today*）的"VR视觉冒险系列视频"和新华网VR频道关于2016年高考的新闻作品《全景直击高考现场》等都是这一类型。但目前国内的虚拟现实全景视频报道都属于固定机位拍摄的报道，而国外媒体已经开始尝

[①] USC School of Cinematic Arts.Project Syria Demo,https://www.youtube.com/watch?v=HtZrSb84JPE，January 31, 2014.

[②] 俞哲旻、姜日鑫、彭兰：《〈丰收的变化〉：新闻报道中虚拟现实的新运用》，《新闻界》，2015年第9期，第61-65页。

试移动全景视频拍摄,如2017年《纽约时报》在报道热带风暴"哈维"在休斯敦和阿瑟港周边地区造成的洪水和灾难性破坏的新闻时,报道团队开始尝试直升机搭载全景相机进行拍摄报道,形成了虚拟现实新闻报道作品《从直升机视角360度观察飓风哈维路径》(*See Harvey's Path From a Helicopter in 360*)。与固定机位拍摄的全景视频相比,移动全景视频拍摄制作的新闻作品最大的特点在于观看视角的动态性,它让受众产生自身也在运动而不是站在原地观看的体验。但全景拍摄时的相机运动与传统电影或电视的机位运动并不一样,全景相机的移动速度要低于传统相机,否则将会使用户在体验虚拟现实新闻时产生恶心和眩晕感,这也是媒体在制作虚拟现实新闻时需要注意的问题。

(三)参与程度:深度沉浸与视觉体验

虚拟现实新闻的生产分为三个阶段:第一是用相机和声音设备捕捉内容,第二是后期制作,包括运用三维动画技术和3D建模软件进行图像处理,第三是存储了相关内容的头戴设备的分发。[①]前两个阶段是指虚拟现实新闻的制作,后一个阶段则是虚拟现实新闻内容的传播及消费。在第三阶段,受众通过头戴设备和操控设备体验虚拟现实新闻产品,受众的虚拟体验也成为衡量虚拟现实新闻产品质量的标准之一。

"沉浸"最早用于描述人们的注意力集中程度,在虚拟现实新闻领域,"沉浸"的目的是为受众营造身临其境般的感觉。最理想状态下,虚拟现实新闻营造的沉浸感是视觉、听觉、触觉的综合感知,分别对应着三种不同的技术要求,即全景视频拍摄、缝合技术,声音采集、回放技术以及感官反馈技术。就虚拟现实新闻而言,其营造的沉浸感具有强制性,在体验虚拟现实新闻时最

---

① Sirkkunen E, Uskali T, Rezaei P P., Journalism in virtual reality: opportunities and future research challenges, International Academic Mindtrek Conference, ACM, 2016, pp.297-303.

低要求是使用虚拟现实眼镜，这种封闭式的设备避免了受众精力分散，而虚拟现实新闻的空间叙事方式也需要受众注意力高度集中，这些都是影响受众参与度的因素。就目前已有的虚拟现实新闻作品而言，国外的部分虚拟现实新闻作品在制作时充分考虑了受众需求，受众在体验虚拟现实新闻时除了可以操控数据和虚拟对象外，甚至受众的移动能引起虚拟环境产生变化。相对而言，国内虚拟现实新闻尚处于实验阶段，参与的媒体及其他机构不多，目前已制作传播的虚拟现实新闻作品数量有限，且虚拟现实新闻带给受众更多的视觉体验，就如新华网VR频道，其新闻作品的口号就是"请转动您的视角，开启新华全景感官体验"；央视网2016年的《两会新视角》也只是360度全景图片和全景视频；而中山大学传播与设计学院"VR报道工作坊"推出了国内高校首部虚拟现实纪录片《舞狮》，但严格意义上来看，该纪录片只是"一段360度全景视频"，"只能看作VR的一种弱应用"。[①]

当然，虚拟现实新闻发展中存在的技术局限、设备成本高等现实问题也不可忽视。如新闻时效性与虚拟现实新闻报道滞后性的冲突，这使得部分媒体走上了为追求及时报道而牺牲画质的道路。虚拟现实新闻设备成本则体现在拍摄器材成本和输出设备成本两个方面。制作方面，从民用级别到小型工作室级别，再到专业的影视级别拍摄设备，价格从数千至数百万元不等；输出方面，虽然小型VR眼镜价格已降到很低，但能实现深度沉浸的VR一体机价格仍然不菲。这些都迫使媒体及虚拟现实新闻产品创作团队与VR企业开展合作，如《纽约时报》与谷歌公司合作先后两次向受众免费发放"谷歌纸板"（Google Cardboard）用来在其虚拟现实新闻客户端"NYTVR"体验虚拟现实新闻报道，其他媒体也与三星、脸书、超威半导体（AMD）等企业合作，共

[①] 杜江、杜伟庭：《"VR+新闻"：虚拟现实报道的尝试》，《青年记者》，2016年第6期，第23—24页。

同制作虚拟现实新闻作品；国内中山大学拍摄的虚拟现实纪录片《舞狮》也是由合作方提供全景相机作为拍摄设备。值得欣慰的是，国内媒体也开始重视使用体验，如在2017海南国际高新技术产业及创新创业博览会新华网虚拟现实体验展区，新华网研发团队提供了《飞夺泸定桥》《海洋次元》等虚拟现实产品供参展代表体验，该研发团队还提出"通过光学和惯性混合的动作追踪定位系统的精确定位追踪"，并"将身体的运动带入其中，感受更加精确的位置跟踪，以及交互中的真实触觉"[①]，进而实现深度沉浸的虚拟现实完整解决方案。

二、对虚拟现实新闻的反思

美国得克萨斯大学达拉斯分校的学者加里·哈迪（Gary M. Hardee）在2016年指出虚拟现实新闻叙事设计框架的四个理论领域分别为：虚拟现实在场（VR, presence）、叙事（narrative）、认知（cognition）和新闻伦理（journalistic ethics）。他认为虚拟现实在场是虚拟现实技术的核心美学，也是媒体叙事的主要动力；专注于具体化和情境认知的认知理论则强调虚拟现实作为一种潜在的比其他媒体更强大的沟通渠道的可能性和局限性；而最后要用专业的新闻标准和职业道德对虚拟现实新闻进行审查，避免过分强调幻想；准确性、公平性、透彻性和透明度可能必须被重新定义来适应虚拟现实新闻的发展与应用。[②]确实，虚拟现实技术给社会带来的变化正在逐渐显现，原本想从互联网虚拟空间的线上生活回归线下的人类又被拉入了虚拟现实营造的虚拟场景

---

① 《虚拟现实带来可见历史 新华网 VR 产品亮相海创会》，新华网海南频道，http://www.hq.xinhuanet.com，2018 年 4 月 3 日。

② Hardee G M., Immersive Journalism in VR: Four Theoretical Domains for Researching a Narrative Design Framework, Virtual, Augmented and Mixed Reality, Springer International Publishing, 2016. pp.679–690.

之中。目前，国内外虚拟现实新闻都还处在探索发展期，当前存在的伦理困境、内容规范与技术局限性等问题都值得学界反思。

（一）虚拟现实新闻滋生"虚拟现实人"

"虚拟现实人"原本是一个技术概念，1997年宾夕法尼亚大学成功通过计算机生成人的模型，并命名为"杰克"。这是当时世界上最先进的人的模拟和仿真系统之一。[①]在虚拟现实技术高速发展和广泛运用的今天，这一技术概念衍生出新的社会意义。虚拟现实技术赋予了媒体超强的模拟和再现能力，媒体在制作虚拟现实新闻时，能够通过技术手段还原新闻事件，其逼真的呈现效果足以让受众分不清自己处于虚拟场景抑或现实生活之中，即使受众知道这些并不真实，但在沉浸式虚拟环境中，人们倾向于真实地回应虚拟情况和事件。[②]日本学者林雄二郎在研究电视媒介对青少年的影响时提出了"电视人"的概念，他研究发现伴随着电视的诞生和普及而成长起来的一代人，他们在电视画面和音响的感官刺激环境中长大，更注重感觉。基于"电视人"的分析，随着虚拟现实技术的不断发展与普及，人们在了解外部世界时更多通过虚拟现实新闻等途径，这必然会导致虚拟场景与现实生活的边界模糊，受众在深度沉浸中容易对信息全盘接收，甚至丧失自身的理性判断，对技术及虚拟空间产生依赖，而沉醉于感官感受和虚拟体验的这一代人也终将成为"虚拟现实人"。

"虚拟现实是最后的媒介。"[③]这是克里斯·米尔克（Chris Milk）于2016

[①] 刘晓民：《GMS公司推出虚拟现实人——杰克》，《机器人技术与应用》，1997年第3期，第14页。

[②] Weil P, Llobera J, Spanlang B,et al., Immersive journalism: Immersive virtual reality for the first-person experience of news, Presence Teleoperators & Virtual Environments,Vol.19, No.4, August 2010, pp.291-301.

[③] 引自电影制作人克里斯·米尔克（Chris Milk）在于2016年在TED的演讲《虚拟现实的诞生：一种新的艺术形式》（The Birth of Virtual Reality as an Art Form）。

年提出的一个论断。他认为虚拟现实将在媒介历史上扮演非常重要的角色，"虚拟现实让我们感觉自己就好像是某些东西中的一部分"，"它使用我们用来感受世界的感官，从而可以自由地去体验所有可能的故事"，"它是第一种将观众解读作者的体验跳到我们自己直观体验的媒介。在所有其他的媒介下，你的意识解释媒介；而在虚拟现实中，你的意识就是媒介。"①正如科幻电影《头号玩家》（*Ready Player One*）中描绘的未来场景一样，在虚拟现实设备普及之后，人们沉浸在虚拟空间之中，尤其沉浸在虚拟现实游戏《绿洲》之中，玩家在游戏中获得的快感比在现实生活中的更加让人愉悦。抛开电影中的夸张方式，随着虚拟现实技术的发展，在将来这或许也会成为人类的生活常态。

（二）虚拟现实新闻的内容规范与伦理困境

作为"技术+内容"的新形式，虚拟现实新闻有其自身的内容生产逻辑，首要考虑的便是技术与内容呈现是否适合。虚拟现实新闻的生产制作依旧以新闻价值为准绳，但除考虑新闻故事的价值之外，还得考虑新闻故事可能对目标受众群体的影响及技术的可操作性。在虚拟现实新闻中，360度拍摄的新闻故事所带来的现实性和移情作用可以改变参与故事的记者和受众的角色与责任，这给创作团队提出了新的要求，即哪些内容适合虚拟现实的报道模式。因此，把关人的作用显得更加重要，在虚拟现实新闻中，把关人除了考虑新闻作品是否符合群体规范和价值标准之外，还应当考虑观众的脆弱性，如虚拟现实新闻报道中出现过于血腥、暴力、色情的画面，或者虚拟现实新闻设计中出现过于刺激的体验环节，如一位饱受战争创伤的退伍军人体验虚拟现实新闻中的爆炸场景，可能造成的心理影响将不可估量。因此，媒体有义务提醒潜在受众虚拟

---

① 引自电影制作人克里斯·米尔克（Chris Milk）在于2016年在TED的演讲《虚拟现实的诞生：一种新的艺术形式》（*The Birth of Virtual Reality as an Art Form*）。

现实新闻中存在可能令人不适甚至恐惧的画面及内容。

新闻业与技术的每一次融合都会引起伦理讨论。虚拟现实技术公司虚拟现实SE负责人丹·科普林（Dan Coplon）坦言："我们所做项目涉及的人、地方和事件都是极度敏感的。尽管我们是新闻的呈现者，我们精通于使用虚拟现实技术，我们要求自己捍卫神圣的新闻真实性原则。但虚拟现实涉及的伦理问题不可忽视。"[①] 如在360度全景视频的覆盖范围内，个人隐私如何保护？知情同意原则是否适应全景视频拍摄？这些问题都亟待解决。虚拟现实新闻伦理的另一个关照是对新闻游戏化的批判。2015年，世界编辑论坛（World Editors Forum）在全球新闻媒体代表大会发布《新闻编辑室趋势2015》报告，报告指出游戏、虚拟现实、可穿戴技术与新闻将进一步融合，并且在新兴可穿戴技术和更便宜虚拟现实设备的刺激下，游戏和虚拟现实技术正在改变新闻媒体生产故事的方式。从早期的《刺杀肯尼迪》（*JFK Reloaded*）、《杀手资本主义》（*Cutthroat Capitalism*）、《偷渔》（*Pirate Fishing*）到利用数据开发的新闻游戏《心脏守护者》（*Patient Monitor Needs Help*），再到交互新闻游戏《叙利亚之行》（*Syrian Journey*），以及运用游戏框架和元素的虚拟现实新闻作品《丰收的变化》（*Harvest of Change*），每当新闻与游戏结合都会招致批评。新闻的本质在于传递信息，游戏则是为了娱乐，纵然新闻与游戏结合是为了增强新闻的互动性和趣味性，但利用战争难民等严肃新闻题材制作新闻游戏是有悖于人道的，甚至有批评认为这是把"人类的苦难变成了一场儿戏"。这就需要媒体把握尺度，游戏只是载体，切勿本末倒置。

新闻业每一次技术革新都引发讨论，虚拟现实技术在新闻业的运用也不例外。在现有的中外虚拟现实新闻实践中，仍然存在过度依赖技术带来的视觉

---

① P Doyle, M Gelman, S Gill., Viewing the Future? Virtual Reality in Journalism, Knight Foundation, 2016.

冲击力与虚拟体验而忽视新闻内容及叙事品质。需要注意的是，纵使技术千变万化，新闻业的发展始终基于新闻与受众之间的关系。未来技术发展必将带来新闻载体的改进与更新，但任何技术与新闻的融合都必须避免走上形式重于内容，技术超越报道的老路，同时，新技术的运用要考虑人类自身的能力，避免技术滥用给人类自身带来伤害。

（本文发表于2023年7月，略有删改。）

人工智能技术在国际传播中的共情应用探析

朱鸿军　中国社会科学院大学新闻传播学院教授、博士生导师，
中国社会科学院新闻与传播研究所研究员
汪　文　中国社会科学院大学新闻传播学院学生

随着科技的发展与应用，人工智能技术从传播渠道、内容、主体等方面重构着当今国际传播格局。[1]随着2022年OpenAI发布的聊天型机器人模型ChatGPT成为人工智能发展历史里程碑事件，技术逻辑正在有力重塑传统国际传播格局：国际传播实践中的主体已经从主权国家及其代理机构扩展至人机协同参与、国家和各种社会机构交错影响的新形态，在新技术的支持下逐渐呈现出较为模糊的边界和更为微观和日常的人际交流领域的场景。[2]基于可利用传感器采集用户的心理和情感反馈信息的特性，人工智能能够有效地抓取、捕捉用户的情感[3]，进而将情感融入传播过程中。例如，在数字音乐生成与传播中，人工智能便可以创作智能音乐，通过生成情感元数据、合理运用注意力机制

---

[1] 相德宝、崔宸硕：《人工智能驱动下的国际传播范式创新》，《对外传播》，2023年第4期，第32-36页。

[2] 常江、罗雅琴：《人工智能时代的国际传播：应用、趋势与反思》，《对外传播》，2023年第4期，第27-31+53页。

[3] 刘德寰、王妍、孟艳芳：《国内新闻传播领域人工智能技术研究综述》，《中国记者》，2020年第3期，第76-82页。

（Relative Attention）的方式，实现用户对音乐的共情。①

可以预见，从弱人工智能到强人工智能，人工智能的发展将更加个性化。通过应用人工智能技术深入了解国际传播目标用户，可以实现个性化传播，使不同的用户建立独特的情感联系和个性化的情感依赖，驱动并引领国与国之间的信息交流和情感交流。因此，通过人工智能技术发展共情传播具有一定的必要性，而这也将为国际传播发展提供新的思路。本文将介绍人工智能技术为共情传播带来的挑战，并创新性地从人工智能技术影响共情的"情感—认知—行为"传播层次和具体技术路径出发回应这一研究议题，从而能更好地理解人工智能在国际传播中实现用户情感共鸣方面所发挥的作用。

一、人工智能对共情传播的挑战

当下，人工智能已经全面参与到国际传播的各个领域，转变了跨国信息交流方式，有力推动了国际传播体系的嬗变。而人工智能技术也将打破情感交流的常规边界，为共情传播带来更多挑战。

人工智能技术的介入，将共情传播从人类行动者共情转向了人机共情，使其面临多元化主体的挑战。主体通常指具备自我意识和行动能力的个体，能够进行思考和实践。在弱人工智能阶段，机器主要模拟人脑决策，依赖预先嵌入的指令、规则解决现实问题。②换言之，机器尚无自主思考感知与实践能力，仅为人类的使用工具和手段，共情传播主体仍为人类。然而，随着未来技术逐渐迭代成为强人工智能，人工智能将愈发接近人类心智特征，拥有自主思想、

---

① 萧萍:《具身、想象与共情：人工智能音乐生成与传播的技术现象学研究》,《现代传播（中国传媒大学学报）》，2022年第9期，第155-161页。

② Sriram K. A., & Kumar S. S. (2021)., Artificial Intelligence: A Revolution for Smarter Systems, Proceedings of the Second International Conference on Information Management and Machine Intelligence,pp.385-393.

意识感受和行动能力。这或将使得强人工智能成为新的共情传播主体——拥有人类外观、思想感知、行动能力等特征的完全拟人化的数字机器人作为独立个体与人类在不同情境下进行互动交流，进而产生情感反应，建立同伴般的亲密关系。人工智能不再是工具，而是具有人情味的伙伴。技术赋予的强大计算能力和海量信息数据使人工智能得以更好地理解人类个体的想法、情感和行为，更快与人类建立连接，填补"自我"和"他者"之间的认知沟壑，探寻情感上的共同话语，实现情感共鸣。

同时，基于其在处理个人数据和个性化推荐领域的强大能力，人工智能技术也使得共情传播场景范围发生了变化，由公共场景共情扩展至私人领域共情。在过去，电视、广播、报纸等传统媒体以及公共社交网络等互联网媒体的发展让共情传播的主要场所局限在公共场景中，情感在大众群体间广泛传播与流动，但个人化的情感却难以得到释放。而人工智能技术通过对个人情感数据的分析和挖掘，能够实现对用户个人情感需求的深度理解，并为其提供更加个性化的内容筛选和定制。这种基于个人情感需求的传播服务，将超越国别、地域、文化，使个体层面上实现共情传播成为可能，个人可以更加容易地产生情感共鸣，从而提高用户的情感参与度和传播效果。

二、人工智能在国际传播中的共情传播层次

情感、认知和行为是人类在形成共情过程中经历的三个层系。人们通过感知他人的情感来做出情感上的反应，进而对他人的情感进行认知上的理解和解释，最后采取语言、肢体动作等实际行动来与他人产生共鸣，建立更深层次的联系和信任。跨文化群体在社交平台上的共情传播从情绪感染、态度认同、行为支持方面展开[①]，人工智能技术同样在"情感—认知—行为"三个层面影响

[①] 许向东、林秋彤：《社交媒体平台中的共情传播：提升国际传播效能的新路径》，《对外传播》，2023年第2期，第13-16页。

国际传播中的共情水平。

（一）情感层面：提高国际传播中的情绪感染效果

国别、地域、文化会影响群体对信息的理解和反应，同样的信息可能会在不同国家和地区引起不同的情绪。国际传播中的共情首先是情绪的感染，为此需要了解和尊重不同文化背景的人们的想法和情感，采用恰当的传播策略，并在传播过程中保持敏感和尊重。而以ChatGPT为代表的新一代人工智能，可以从情感的层面对不同文化的文字、图片、视频、音频进行深度理解并考虑到文化差异和用户情感状态等因素，通过支持多语言、应用情感智能技术，以及学习和模仿语音和表情等方式，更好地进行跨文化传播。

人工智能的跨语言性使其可以支持多语言传播，使用最适合特定文化和地区的群体的语言提高其情绪感染效果。再者，人工智能还可以应用情感智能技术来提高国际传播中的情绪感染效果，通过情感智能技术能够检测用户的情感状态，并对其做出相应的回应。当用户表达负面情绪时，人工智能可以使用积极的语言和情感回应，以帮助他们改善情绪状态。此外，人工智能还可以学习和模仿人类的语音、表情、行为，通过三维渲染、增强现实（AR）、虚拟现实（VR）技术，实时生成虚拟人类的形体、面庞以及表情。其强大的模仿能力将使人工智能更好地应对用户的情绪。

（二）认知层面：增强国际传播中的态度认同程度

相左的态度会影响人们的思考方式和行为，并对国际交流和沟通产生挑战。使用人工智能技术可以减少信息传播中的误解和沟通障碍，增强国际传播中的态度认同程度，使用户的共情由微观情绪转向认知上的理解与认同。

人工智能技术可以通过个性化推荐、分发内容，[1]为用户推荐更符合其文

---

[1] 喻国明：《人工智能与算法推荐下的网络治理之道》，《新闻与写作》，2019年第1期，第61—64页。

化背景和价值观的内容。通过分析用户的兴趣和偏好，推荐与用户感兴趣的主题相关的内容，提高用户的认同感，并让他们更容易接受来自不同文化背景的信息。此外，人工智能技术还可以通过自动翻译和本地化，使信息更易于理解和接受。在将信息传达到其他国家时，人工智能技术不仅将信息翻译成目标语言，而且根据目标文化的需求进行本地化调整，以提高信息的可访问性和可理解性。这样可以增强用户的认同感和接受度，从而更好地传递信息和推广产品和服务。例如，IBM公司推出的人工智能沃森（Watson）和联合国儿童基金会（UNICEF）曾合作利用自然语言处理技术分析社交媒体上关于难民问题的大量信息，了解公众对难民的态度和情感，从而有针对性地制定传播战略，增进民众对难民的理解与同情。

（三）行为层面：预测调整国际传播中的行为反应

个人行为往往会反映整个社会的态度和认知，传播的最终目的在于引发行动[①]，相较于情感、认知层面，行为层面往往更具有力量。在国际传播中，通过人工智能技术，将情感传播的理念和实践运用到社交媒体平台上，分析和理解人们的行为反应，识别潜在的信息和意图，预测并改变国际传播中的行为，促使用户采取行动。

当人工智能使用户产生共情时，人们会在行为上产生反应，并做出下一步的实际举动。在社交媒体平台，人工智能技术的个性化推荐可以增加不同文化群体用户的参与度，有针对性地推广社会项目并鼓励更多人加入其中。此外，人工智能技术还可以促进不同文化之间的沟通和交流的实现。例如，北京2022年冬奥会便基于云计算、5G、大数据、人工智能等技术实现"云上转播"，全景呈现奥运现场画面。更清晰、细腻的画面极大增加了国外用户对

---

① 胡正荣、李润泽：《2022年中国国际传播领域理论创新与实践回归》，《对外传播》，2023年第1期，第7—10页。

奥运会的关注程度和点击率，使其能够更好地与现场观众一起感受冰雪运动的激情与荣耀。①

三、人工智能在国际传播中的共情技术路径

人工智能在数据制造、分发、收集等方面具有独特的优势。通过具体技术手段，人工智能可以更好地了解人们的偏好，知道哪类媒介话语可以引发共情，知道何种传播方式可以引导人们的想法，以及哪种情境可以激发人们的行动，从而为国际传播增添更多的情感和情绪色彩。

（一）社交媒体大数据分析和情感倾向识别技术

随着社交媒体的普及和广泛使用，大量的数据被生成和共享，成为分析人们情感和情绪的宝贵资源，而在国际传播和国际话语权的竞争中，快速识别分析用户情感、获取用户情感感知状态便成为赢得主动权的关键。②

社交媒体大数据分析和情感倾向识别技术可以分析用户在社交媒体上发布的内容，挖掘出其中的情感信息，识别人们在特定事件或话题下的情感倾向和情绪状态。③该技术主要通过文本分析和机器学习算法实现。文本分析通过自然语言处理技术，将用户发布的文本内容转化为可供机器学习算法处理的形式。机器学习算法则通过对已有数据的学习和训练，建立情感分类模型，并应用该模型对新的文本内容进行情感分类，包括对文本内容的情感极性判断和

---

① 史小今、吴金希：《智能传播时代如何塑造中国国际形象——以2022年北京冬奥会国际传播为视角》，《中共中央党校（国家行政学院）学报》，2022年第4期，第95-101页。
② 栾轶玫：《计算与情感：人工智能时代的国际传播》，《视听界》，2018年1期，第126页。
③ Shayaa, S. Jaafar, N.L, Bahri, S., Sulaiman, A. Wai, P.S. Chung, Y.W, Piprani, A.Z. &Al-Garadi, M.A.(2018), Sentiment analysis of big data: methods, applications, and open challenges, Ieee Access, 6, pp.37807−37827.

情感维度的分析,从而实现情感分类。①该技术的运用,可以高效、高精度地识别出人们在特定事件或话题下的情感倾向和情绪状态,从而更好地了解不同文化和背景的人们的情感和情绪,进而有针对性地采取措施调动受众情绪,让传播内容对用户进行情绪感染。2020年,美国约翰斯·霍普金斯大学开发了一个名为新冠疫情实时数字监控面板的在线平台,挖掘社交媒体数据和其他数据源,从而实时跟踪新冠疫情的传播情况,了解不同文化背景下公众对新冠疫情的情感倾向和态度。

(二)自然语言处理和语音识别技术

在国际传播中,由于人类语言和文化的多义性与复杂性,国际交流经常会因为翻译的不准确而造成误读、误解等一系列传播障碍。②不同国家、种族之间的情感共享联结也会因为语言和文化的差异产生隔阂。而自然语言处理和语音识别技术的应用可以有效地打破隔阂,助力不同语言和文化的群体交流,基于共同话语实现情感的流动,加深彼此的理解。

自然语言处理技术可以自动地将人类语言转化为计算机能够理解和处理的形式。语音识别技术则将人类语音转换为计算机能够识别和处理的形式。③在国际传播中,自然语言处理技术和语音识别技术可以用于识别并翻译、转录不同语言、语音的交流内容。基于海量的语言、语义资料数据库,自然语言处理和语音识别技术能够做到结合多语境、多语种的流畅高效翻译,尤其是在俚语、专业词汇等方面能够灵活地给出最为贴切的翻译,提升翻译的文化自洽

---

① Basiri, M.E., Abdar, M, Cifci, M.A., Nemati, S., & Acharya, U.R. (2020), A novel method for sentiment classification of drug review susing fusion of deep and machine learning techniques. Knowledge-Based Systems, 198, pp.1-19.

② 刘军平:《元宇宙翻译范式:跨文化传播的可能世界》,《新闻与传播评论》,2023年第1期,第16-29页。

③ 周晟颐:《深度学习技术综述》,《科技传播》,2018年第10期,第116-118页。

度。人工智能灵活的翻译能够帮助解读不同文化规范、话语体系中的文化符号，这有利于共情性文化符号的构建。譬如北京2022年冬奥会的吉祥物"冰墩墩"，其英文名有时会根据汉语拼音被不准确地翻译为"BingDunDun"，实际上，根据自然语言处理技术加工过的名字"BingDwenDwen"则更加规范。其根据欧美多国语言的发音规则，更好保留了"墩"字在汉语中的发音，进而传达出了"墩"字的可爱感觉以及中国熊猫的憨态可掬。这赢得了海外受众一片"可爱"称赞，也让"冰墩墩"成为中外共情性的文化符号之一。[①]

（三）虚拟现实技术

随着媒介技术的发展，感官刺激性更强的媒介形态得以催生，多感官的媒介刺激在激发共情方面有着更为突出的优势，从而得以生发出更多的促进人机交互、人际共情的可能性。[②]虚拟现实技术（VR）作为一种可以通过计算机生成的数字化环境来模拟现实环境的技术，可以让用户在虚拟环境中进行身临其境般的体验，增强用户对特定情境的认知和感受，从而更好地理解其他文化和背景的人们的情感和情绪。[③]

沉浸性是虚拟现实技术的最大特点之一，用户可以沉浸在一个逼真的三维立体虚拟环境中，模拟出现实世界的各种情境和体验，从而产生更加真实的感受。例如美国广播公司在2015年推出的新闻作品《亲临叙利亚》便采用了虚拟现实技术，让用户通过虚拟现实技术来感受到因叙利亚战争而导致诸多文物古迹被损毁的状况。这种虚拟现实技术创造的体验可以更加直观地展示出国际局

[①] 薛可、古家谕、陈炳霖：《共情·创新·融合：文化符号与国家话语体系构建——基于"冰墩墩"的社交媒体平台内容分析》，《新闻与写作》，2022年第5期，第35-45页。

[②] 蒋俏蕾、陈宗海、张雅迪：《当我们谈论媒介共情时，我们在谈论什么——基于可供性视角的探索与思考》，《新闻与写作》，2022年第6期，第71-85页。

[③] Hassan R. (2020), Digitality, virtual reality and the "empathymachine", Digital Journalism, 8(02), pp.195-212.

势的现状，使得用户可以深切感受到当地人民的艰难生活境况和当地文化被损坏的遭遇，从而加深对国际局势的理解和共情。[①]通过虚拟现实技术创造出更加直观、沉浸式的体验，可以使用户更加深入地感受到其他文化和背景的人们的情感和情绪，促进跨文化交流和共情。

四、结论和讨论

本文对人工智能技术在国际传播中的共情方面的应用进行了探索和分析。人工智能从主体、场景两个维度扩展了共情传播的研究视域，体现出"情感—态度—行动"的共情传播层次。人工智能技术在共情传播中的实践应用则依托社交媒体大数据分析和情感倾向识别技术、自然语言处理和语音识别技术和虚拟现实技术三项技术路径。人类深植于复杂的物质世界中。从传播技术方面看，正如麦克卢汉所说，媒介是人的延伸。而人工智能技术的发展意味着传播的意涵将进一步丰富，人依托技术进行具身实践，人与人工智能技术得以互补、协同与共生，人与外部世界对应关系的边界也被进一步扩展。

当下人工智能技术的发展为今后国际传播实践创设了多种机遇。媒介超出原本传播信息的功能，开始参与改变人的情绪认知、内隐态度以及行为决策，重塑人的知觉、听觉等多通道加工过程，[②]实现用户关系的多维交织与情感共鸣。对于人工智能技术在国际传播中的共情应用而言，可进一步思考的命题还有许多。当前人工智能技术仍面临数据隐私和安全、技术局限性和误差、技术可解释性等诸多挑战，后续研究应当继续关切人工智能技术在国际传播中个体

---

① 常江、杨奇光：《试析虚拟现实技术对国际传播模式及效果的影响》，《国际传播》，2016年第1期，第54-62页。
② 杨雅、陈雪娇、杨嘉仪、喻国明：《类脑、具身与共情：如何研究人工智能对于传播学与后人类的影响——基于国际三大刊 Science、Nature 和 PNAS 人工智能相关议题的分析》，《学术界》，2021年第8期，第108-117页。

共情的微观心理层面，审慎辨析人工智能技术可能带来的多方面影响，不断加深对国际传播中人类与技术新的意涵的思考。

（本文发表于2023年6月，略有删改。）

第三编

数字技术和算法重构国际传播生态

给算法以文明：算法治理赋能国际传播效能测定

胡正荣　中国社会科学院新闻传播研究所所长，
　　　　中国社会科学院大学新闻传播学院院长
孟丁炜　中国社会科学院大学新闻传播学院博士研究生

由OpenAI推出的ChatGPT于2022年年底一夜走红，内容生成式人工智能的出现，代表着人机共生时代即将来临。算法是人工智能的底层逻辑，算法的过人之处，在于能够把复杂问题简化，通过数据复刻现实世界并解释三维存在。如今，智能技术已经嵌入新闻传播的各个环节中，比如智能采集、写作、分发、事实核查，以及社交机器人与用户的互动等。而算法自身没有感情、立场和价值观，是人类的交往实践赋予了算法社会意义，让它不仅仅是数据排列，而是规则、权力、价值的承载物。因此，在智能技术全程运用于新闻传播的背后，人类仍是实际的主导者。[①]

当前，世界政治经济格局正在发生剧烈震荡，各方权利主体在多平台、多维度上进行博弈，全球化浪潮从中心化到去中心化，极化政治与民粹主义抬头，贫富差距与数字鸿沟不断扩大等现象逐渐出现。同时，随着中国式现代化的推进，中国故事、中国声音与中国经验急需让世界听见。党的二十大报告中

---

① 陈昌凤、石泽：《价值嵌入与算法思维：智能时代如何做新闻》，《新闻与写作》，2021年第1期，第54-59页。

指出:"加快构建中国话语和中国叙事体系,讲好中国故事、传播好中国声音,展现可信、可爱、可敬的中国形象。加强国际传播能力建设,全面提升国际传播效能,形成同我国综合国力和国际地位相匹配的国际话语权。"①而中国的国际传播不仅借鉴西方经典的传播学体系,还植根于中华优秀传统文化的深厚土壤,历练于新时代中国特色社会主义的生动实践当中,受到了中外理论源流与时代烙印的双重滋养。②由此,如何测算与评定以中国实践为基石、以中华文明为底色的国际传播效能便成为一大课题。算法恰恰能够凭借其强大的运算和分析能力,赋能中华文明传播效能测算。为算法注入中华文明之魂,建构全面客观立体的效能评价体系,将接收到的评价、反馈与预测重新投入新一轮传播过程,如此循环往复,不断提升中华文明的传播力和影响力。

一、从效果到效能,智能传播与国际传播不断融合

(一)效能的延伸

党的二十大报告着重强调国际传播"效能"的概念。"效果"一词偏重劳动成果,而"效能"则侧重支出与成果的比较,关注的是以更少的代价获得更多有益的结果,其关键在于资源优化配置和制度优化设计。人类传播是一个系统,必须用系统的观点才能全面地、准确地把握传播效果,才能真正发挥传播的作用。③互联网与人工智能的发展,打破了传播者与受众之间的屏障,话语

---

① 新华社:《习近平:高举中国特色社会主义伟大旗帜为全面建设社会主义现代化国家而团结奋斗——在中国共产党第二十次全国代表大会上的报告》,中国政府网,https://www.gov.cn/xinwen/2022-10/25/content_5721685.htm,2022年10月22日。
② 胡正荣、景嘉伊:《以问题为锚,与实践共进——2022年中国国际传播研究考评》,《全球传媒学刊》,2023年第1期,第33-55页。
③ 周鸿铎:《传播效果研究的两种基本方法及其相互关系(上)》,《现代传播》,2004年第3期,第12-18页。

平台在网络空间极大展开并与现实交织，传播者的主体性也不再局限于大众传媒，甚至不再局限于人类，单向度的传播效果研究不再能够解释现实纷繁复杂的传播关系。因此，全面提升国际传播效能的要求是形成一种与当前国家发展需求相匹配的国际传播效能测定机制，通过宏观战略与微观效果相结合，形成以多元主体参与、智能算力算法为支撑的评估体系，进而推动国际传播能力建设，最终服务于我国综合国力建设与国际话语权提升。

（二）国际格局的演变与智能技术的变革相互作用

全面提升国际传播效能，固然依靠自身能力的增强，但更应立足于中国实践，以中国叙事的当代性与世界性为观照，依国际局势的变化而动，随时调整战略对策。社交媒体的去中心化和平台化冲击着现存地缘政治经济秩序，保守主义与民粹主义抬头刺激了地区冲突矛盾不断，而更深层次的矛盾是观念冲突导致的群体分化与极化，分裂的民意与社会侵蚀着多元价值观的存在领域。美国政治学家亨廷顿（Samuel Phillips Huntington）将冷战后的国际冲突根源归结为"文明冲突"，将世界上其他文明视为与西方文明的"异己"存在，反映出不同民族、国家之间文化平等交流对话的困境。[①]而我国在国际舆论场仍处于被动地位，由此可见，作为提升我国国际地位和话语权的抓手，国际传播面临着"卡脖子"问题的挑战。

但是我们应该看到，危机中其实蕴含着转机。实际上，国家间对立、世界战争或区域战争对国际传播研究的诞生和不断进化起到了重要推动作用。[②]两次世界大战不仅催化了技术革命，同时出于跨国信息传递与观念说服的需求，推动了新闻学与传播学的知识体系构建与国际传播的起步。在当代，以人工智

---

① 张明新、何沁蕊：《作为国际传播新理念的文明互鉴：形成背景、主要内涵与实践启示》，《中国出版》，2023年第13期，第19—24页。
② 张迪：《文明交流互鉴下的中国国际传播研究：范式创新与路径重构》，《新闻与写作》，2022年第12期，第29—36页。

能为代表的新技术打破了西方独占国际传播霸权的格局，智能传播技术无须受限于资源集中配置，且其信息分发逻辑不同于真人逻辑，这两者打破了传统媒体时代以政治、经济、文化为依托的传播中心生态，促成国际传播高地扁平化态势。[①]目前，智能分发技术、社交机器人等被广泛应用于俄乌冲突等国际重大事件的舆论战中。

因此，国际舆论场上的比拼正在转化为智能技术的博弈。机器以数百千倍于人的计算能力、效率和精力正在发挥着巨大的作用。国际传播若不凭借技术之翼，将寸步难行。所以，运用算法、大数据等智能技术来提升国际传播效能测定是大势所趋。

（三）给算法以文明

一直以来，科技水平越高，文明程度越高，我们认为理当如此。但是，如果把科技等同于文明，那就会掉入社会达尔文主义的陷阱之中，科技也会沦为霸凌和掠夺的工具。技术本身没有对错是非，但当被滥用时，越先进的技术带来的危害越大。因此，要给算法以文明，而不是给文明以算法，从而避免技术被滥用的风险。

经中华文明探源工程根据丰富考古材料证实，中华文明传承五千载[②]，是世界上迄今唯一没有中断的文明。习近平总书记在文化传承发展座谈会上深刻阐述和概括了中华文明所具有的五个突出特性，即连续性、创新性、统一性、包容性与和平性。[③]推动中华优秀传统文化创造性转化、创新性发展，增强中

---

① 张洪忠、任吴炯、斗维红：《人工智能技术视角下的国际传播新特征分析》，《江西师范大学学报（哲学社会科学版）》，2022年第2期，第111—118页。

② 温小娟：《中国考古学会理事长王巍：考古实证中华文明五千年》，《河南日报》，2022年9月4日，第2版。

③ 新华社：《习近平出席文化传承发展座谈会并发表重要讲话》，中国政府网，https://www.gov.cn/yaowen/liebiao/202306/content_6884316.htm?device=app，2023年6月2日。

华文明影响力,讲好中国故事,建设文化强国,是时代赋予我们的新的文化使命。

文明因多样而交流,因交流而互鉴,因互鉴而发展。中华文明正是在数千年间与世界各文明的不断交流互鉴中得以发展壮大。因此,提升国际传播效能是中华文明传播的需要。应该打开格局、放开眼界,让国际传播以中华文明传播为圆心,回归中华文明的主体性,并以中华文明的价值观引领技术手段,以术载道,以文化人,从中华优秀传统文化中汲取养分,从人类命运共同体的宏大视角出发,不断提升中华文明在全球的传播力和影响力。

二、中华文明传播效能的智能测定前瞻

(一)泛在、聚合、预测与算法赋能

智能技术实现了"人与人""人与物""物与物"的泛在连接,身体和感官依靠媒介得到更多延展的空间。而在无限无界连接的底层,是物与生命的数据映射。普遍的档案化与数据化,是数字政治和算法治理的基石。因此,数据无疑是智能时代国际传播最重要的资源。数据本是散落的石子,是算法赋予其运算和建造逻辑,构建起人类认知与决策的大厦。算无遗策,我们的任何行为偏离,都不会真正摆脱算法预计的全部结果。算法治理将可能的因素都变成了算法上可以控制的元素,并将各种可预知的风险降到了最低。[①]

传统的国际传播效果测量受制于技术条件,用实验测量等简单方法关注某个对象,偏重即时传播反馈,单一、线性、静止的测量已不能够适应现实需求。当前,智能技术颠覆了国际传播格局,传播主体多元化,媒介渠道扁平化,信息量爆炸式增长,传受关系瞬息万变,现实与虚拟的界限渐渐模糊,数

---

① 蓝江:《生命档案化、算法治理和流众——数字时代的生命政治》,《探索与争鸣》,2020年第9期,第105-114+159页。

字孪生与万物皆媒的时代已拉开帷幕。因此，符合当前需要的是一个能够在巨量信息动态交互中，精准追踪多元化传播主体、全面覆盖各媒介渠道的国际传播效能测定体系。

基于目前的算法技术，算法可以为国际传播效能测定中的效果预测、舆论与谣言分析预测等方面的评估与决策提供较为综合与精确的测量、分析、避险的工具。

首先，依托算法，建立更全面更精准的国际传播效能评估体系。国际传播效能评估应该不仅注重客观指标的高低，更应该构建主观评价综合标准。在新闻实践中，国际传播效能在对采用量、落地率、收视率、浏览量、粉丝量等量化指标评测的基础上，引入其他评估标准，比如内容对受众认知与情感转向的影响、受众对中国议题的偏见与改观、意见领袖的转发情况、高质量反馈与评论、粉丝群画像与分析、国外主流媒体的转载情况、内容采用的语境和情感态度等。此外，智能传播可以用来测评非传统的传播内容。例如，非虚构写作与新闻故事化是新媒介环境下的新闻写作趋势之一，算法能够用来分析新闻的叙事弧线，深度解析文本叙事规律与传播效果的关系。

其次，算法可以实现国际传播效能预测、洞悉传播规律的功能。一方面，根据平台报告、用户行为和用户反馈等数据，使用文本挖掘、情感计算和社会网络分析等方法，我们就可以度量受众对传播内容的认知状况、情感倾向、点赞转发评论情况等，从而总结出影响国际传播效能的关键因素；另一方面，在精确测量当下的基础上，搭载深度学习算法，AI大模型可以通过学习数据中的特征和规律，进行不断地训练和优化，然后将新数据输入到已经训练好的模型中，对新数据进行分类或者回归，从而得到预测结果。大模型预测将极大提升国际传播效能，避免无效或式微的传播模式、渠道和内容，把现有资源更合理充分地分发至更具影响力的主体、话语、叙事、平台、研究与技术等。此外，受到跨文化传播的桎梏，不同地区与国家对中国故事的解读因文化差异的影响而得到截然不同的传播效果。为了掌握传播规律、解析背后的文化交流互鉴机制，算法可以通过大模型来揭晓藏于无序中的法则，进而预测跨文化传播效果。

最后，算法可用于舆情与谣言的分析和预测，辅助决策。算法不仅可以紧跟监测国际舆情的重点关注与热点话题，还可以依据用户洞察，通过分析社交媒体平台上各圈层群体对中国议题的态度和情感，梳理、监测、预警国际传播公共事件中的潜在风险，从而不断修改完善国际传播效能评估体系。对于西方国家妖魔化中国的言论和重大公共事件的谣言，算法能够提取谣言来源、谣言文本特征、谣言传播链等要素，形成谣言预测模型。这有助于及时研判国际舆论场上的情势，拉开时间差做好应对预案，为重大事件上争取话语权创造有利时机。对国际传播舆情和谣言的整体把控，是提升国际传播效能的必经之路，也为国际传播顶层设计与战略规划提供了有力支持。

（二）共同体的发现与建构

传播活动背后的根基与主体是人，以及由人构成的群体。因此，国际传播效能研究不能跳过对人的范畴的研究。只有把握住对人的深层理解与分析，才能从根本上提升国际传播效能测定。

共同体是社会治理的基石。作为一种社会性生物，人类生存、繁衍、发展都要在共同体中才能完成。从家庭、氏族、城邦，到王国、帝国和民族国家，共同体在历史的长河中历经演化与变革。[①]算法改造着个体间的交往方式，重新联结个体间、社会资源间的关系网络，对社会关系进行重置和构建。[②]算法对共同体的重构，将从由社区、圈层等子共同体逐级扩张到更宽广的共同体，

[①] 王湘穗：《三居其一：未来世界的中国定位》，武汉：长江文艺出版社，2017年版，第76—80页。

[②] 喻国明、耿晓梦：《算法即媒介：算法范式对媒介逻辑的重构》，《编辑之友》，2020年第7期，第45—51页。

最终波及整个社会，从而形成算法治理新模式。算法对共同体的作用力，主要体现在对共同体的发现与建构两方面。

在智能治理时代，卷入网络与大数据的个体行为与数据被评估、被分类、被标签化。通过标签归类、情感与认知状况分析等手段，算法能够探测到分享着共同的血缘、地缘、志趣、目标、情感、道德、价值和认同的群体，并且能够不断维护增强共同体的连接。此外，网络社区共同体是由内部紧密、外部疏松式结构搭建的节点集合，通过算法研究网络社区的构成、边界及其结构，对发现包含于显性大集合下面的隐性子社区有巨大作用，而隐性社区往往能够反映出社会网络中隐含的真实关系。①

算法在建构个体的数字虚拟映射的同时，也在建构着网络共同体。算法追踪、分析和反馈用户的行为模式、兴趣、消费习惯、交友关系等有价值的数据，对用户行为进行预测和控制，然后动用所有类型资源，推送给用户可能分配注意力在上面的内容，通过测试的垂类内容将源源不断地到达用户并且最终影响用户认知、观念、情感与行动，从而形成新的共识与新的用户圈层。内容与用户类型不断细分，话题与标签越来越多，各类"同温层"间的关系将错综复杂，算法将重新定义共同体的场域、准入与核心原则。

对目标受众共同体深刻而透彻的理解对于提升国际传播效能是至关重要的。在算法助力下，国际传播不再"盲人摸象"，而是能够在尊重不同地域和文化背景差异基础上，利用网络关键节点分析、跨国社区舆情分析、影响力分析等，深度研判国际传播效能水平，因地制宜，精准推送，以全人类共同价值观为锚，与海外受众产生共鸣，结合当地传播场域的具体情况与受众的特点，讲好中国故事，传播好中国声音。

---

① 彭兰：《生存、认知、关系：算法将如何改变我们》，《新闻界》，2021年第3期，第45—53页。

（三）结构性体系建设

国际传播效能测定不应只注重片面的指标高低或是用户认知转向，而应该把传播语境与宏观环境的影响纳入考量，不能孤立地看待国际传播单独个案的效能，而应该把国际传播放入国际政治、经济、文化整体环境中进行综合化结构化分析，从宏观视野出发客观真实地衡量国际传播效能水平，从而完善国际传播效能体系的构建。

"数字化意味着我们将用新的方式测量自己以及我们的社会。我们的身体、我们的社会关系、自然界，以及政治和经济———一切都将以比前更加精细、精确、透彻的方式被获取、分析和评价。我们正在经历的，是一场新型的'解析—解体'。"[1]算法带来了权力结构变迁和政治赋权，推动了更精准的智能传播，因此相应的，也需要建立更全面系统的国际传播效能测算和评价体系。

测定国际传播效能的根本目的在于资源高效配置和制度体系优化。因此，国际传播效能测算和评价体系需加强顶层设计和底层逻辑创新，不仅观照到微观个体层面，同时兼顾国家与文化圈层面、外界政治与经济层面、时间与空间层面，更精准地透视主体、用户、渠道与资源，重建具有前瞻性的效能测定的价值观与方法论；通过制度和体系，结构性推进国际传播效能测定手段的优化与升级，进而提出国际传播效能提升的长远策略与破局诀窍，最终形成数据与信息智能采集、处理、分析、成果、反馈、预测、调整与再投入的"数字神经系统"，打造智慧治理的国际传播体系。

（本文发表于2023年10月，略有删改。）

---

[1] [德]克里斯多夫·库克里克：《微粒社会：数字化时代的社会模式》，黄昆、夏柯译，北京：中信出版社，2017年版，第6—7页。

内容、算法与知识权力：国际传播视角下 ChatGPT的风险与应对

王沛楠　清华大学人文学院讲师，
清华大学伊斯雷尔·爱泼斯坦对外传播研究中心研究员
邓诗晴　清华大学新闻与传播学院硕士研究生

2022年11月，美国人工智能研究公司OpenAI推出了基于大模型数据训练的聊天内容生成预训练程序（ChatGPT）。它一经上线便在一周内达到全球注册用户数量超过100万人次的成就，成为全球最快拥有100万人次用户的数字应用。[1]与传统的聊天机器人不同的是，ChatGPT基于大模型具有初步的逻辑思维能力，使得它能够实现信息检索、内容生产甚至情感陪伴等多种复杂语境下的人机互动和对话。[2]

迅猛的用户增长和强大的互动能力，使得ChatGPT迅速引发了国际社会和全球传媒业的高度关注。曾经为OpenAI提供风投的微软则进一步强化了与OpenAI的合作，共同推出了ChatGPT嵌入的新型搜索引擎新必应，带来搜索引擎领域的

---

[1] ChatGPT sets record for fastest-growing user base-analyst note, By Krystal Hu, https://www.reuters.com/technology/chatgpt-sets-record-fastest-growing-user-base-analyst-note-2023-02-01.

[2] 何天平、蒋贤成：《国际传播视野下的ChatGPT：多元场景与多维交互》，《对外传播》，2023年第3期，第64-67页。

革命性进步。OpenAI则在不久前开放了ChatGPT的API接口，使得全球数字开发者都可以将ChatGPT接入自己开发的数字应用中。

这一系列举措，推动ChatGPT开始深度嵌入全球互联网和数字媒介的环境中，成为人工智能生成内容（AIGC）领域具有垄断性的数字基础设施，在国际传播和跨境信息流动的过程中开始扮演日益重要的角色。当ChatGPT通过信息筛选和内容生产影响用户认知，并作为一种新兴且带有霸权色彩的知识权力崛起时，如何在技术驱动的知识和话语权力结构层面理解ChatGPT的出现，对于人工智能语境下的国际传播和中国国际传播能力建设具有重要而迫切的现实意义。

一、作为知识权力的国际传播内容生产

从传媒业的角度来看，无论是新闻报道文本还是影视娱乐内容都包含了知识和观念话语生产的过程。在国际传播中，这种知识和观念话语生产则呈现为议题叙事、国家叙事或者国际体系叙事的建构过程。[①]从福柯对于话语和权力分析的视角来看，知识生产是一种话语实践行为，（话语）隶属或来自同一构成系统的一套陈述，或从属于不同领域但遵循相同功能规则的一揽子陈述，这些规则不仅是语言的或形式的，而且还产生一定数量的具有背景决定性的区分，如理性/非理性、科学/非科学。[②]

由此可见，国际传播中的价值判断和意识形态并非抽象的概念，而是具体体现在媒体和公众生产的话语结构中。在不同的话语博弈和冲突的过程中，特定的话语逐渐将自己塑造成为罗兰·巴特（Roland Barthes）所说的"神话"，

[①] 史安斌、廖鲽尔：《国际传播能力提升的路径重构研究》，《现代传播（中国传媒大学学报）》，2016年第10期，第25-30页。

[②] 朱振明：《福柯的"话语与权力"及其传播学意义》，《现代传播（中国传媒大学学报）》，2018年第9期，第32-37+55页。

成为一套被普遍认知和接受的共识性知识。在传统媒体时代，少数西方媒体对于新闻事件的阐释建构了全球受众对议题的普遍认知，而在ChatGPT作为一种"技术神话"出现之后，它所产生的陈述逐渐被视作一种具有影响力和权威性的话语，进入了国际传播的话语体系生产结构中。

特别是ChatGPT连接搜索引擎并开放API接口之后，它能够隐蔽地嵌入不同类型的数字应用中，以不可见的方式输出文本和话语。这一过程为全球用户在无形中构建了一套由人工智能生成和输出的知识体系，为公众提供知识的概念和定义从而构建了一种由技术驱动的话语权力。更为关键的是，技术的遮蔽使得用户倾向于认为ChatGPT生成的是客观的现实阐述而非带有价值偏向的主观判断，进而更倾向于认同和接纳其内容，推动ChatGPT所生成的内容演变成一套全球性的公共知识。

当ChatGPT在全球数字平台上得到广泛运用，它就由一个人工智能自然语言处理应用演变成为具有基础设施性质的话语和内容平台。但在"公共知识"的外表下，ChatGPT内容生产的算法黑箱存在巨大的不确定性，其内容的稳定性和可靠性也备受质疑。当技术权力与知识权力在ChatGPT中形成合谋，需要引发我们对人工智能生成内容技术带来的国际传播话语和知识权力层面的风险给予更多的关注。

二、ChatGPT在国际传播中的多重风险

虽然ChatGPT的出现引发了国际传媒业在信息检索和内容生产领域的革命性变化，[①]但它在技术和内容层面都存在明显的不确定性。当它开放API接口并为搜索引擎和其他内容生产引用提供支持时，ChatGPT所蕴含的算法歧视风

[①] 王沛楠、史安斌：《"持久危机"下的全球新闻传播新趋势——基于2023年六大热点议题的分析》，《新闻记者》，2023年第1期，第89-96页。

险、内容操纵风险和话语权力风险将会逐渐浮现,通过影响用户的信息环境和知识认知冲击既有的国际传播话语体系。因此,需要对ChatGPT催生的不同层面的风险进行密切的关注与深入的剖析。

(一)算法歧视风险

由于人工智能本身并不具有认知和判断,它们对所有问题的理解和判断都源于历史训练数据。因此,基于机器学习算法训练的人工智能存在着由于历史训练数据的偏向引发的歧视问题。[1]这一现象被概括为"算法歧视"(Algorithmic Bias)。在此前的研究中,学者发现算法歧视会造成刑事司法中风险评估工具的种族偏见、性别歧视,以及社会援助资格审查中倾向于惩罚穷人等歧视偏见的存在。特别是在人工智能开始被广泛运用于参与社会决策的背景下,这种技术驱动的歧视会更为隐蔽而普遍地存在。

ChatGPT在本质上也是通过学习算法和数据获取信息并形成判断的自然语言处理模型。因此,ChatGPT同样存在着容易受到训练数据暗含的偏见和歧视的风险。例如,ChatGPT所使用的算法模型GPT-3在回答有关穆斯林的议题时,倾向于将穆斯林群体更多与"暴力"相关议题联系在一起,而涉及犹太人群体时,算法则更多倾向于将其与"金钱"相关议题联系。[2]虽然这些刻板印象在国际社会中广泛存在,但人类社会通常能够给予伦理判断减少此类刻板印象的影响,但对于ChatGPT这样的自然语言处理系统,它们则会略去价值判断,直接照搬自己所学习到的语义。由此产生的歧视与偏见可能会在缺乏算法理解能力的群体眼中被视作刻板印象的合法化和正当化。

基于对ChatGPT进行"政治罗盘"(Political Compass)的意识形态光谱考

---

[1] Barocas, S., & Selbst, A. D.(2016),Big Data's Disparate Impact., California Law Review, 104(3), pp.671-732.

[2] Abid, A., Farooqi, M., &Zou, J.(2021), Large language models associate Muslims with violence., Nature Machine Intelligence, 3(6), pp.461-463.

察，ChatGPT在政治、经济和社会伦理等议题中普遍带有鲜明的左翼自由主义立场，并且在跨文化的议题中倾向于站在"西方中心"的视角思考和回应。[①]由此可见，ChatGPT在未进行人工干预和标记的前提下会显著受到预训练的数据集的影响，在国际议题的内容呈现中则演变为以其核心训练集——西方主流媒体和舆论的话语和态度——作为答案的主题构成。这种算法歧视机制一旦被嵌入搜索引擎和数字应用中并演变为具有公共性的知识，将在很大程度上重构和强化了"西方中心"的观念和视角，对于建立国际传播话语结构的新秩序构成威胁。

（二）内容操纵风险

ChatGPT在推出前更多接受的是无监督学习，即没有人工干预的自主学习过程。但《时代》杂志记者比利·培瑞克（Billy Perrigo）在调查后发现，ChatGPT正在肯尼亚雇用一批外包数据标注工人，以每小时不到2美元的时薪要求他们参与ChatGPT生产内容准确性和伦理合法性的标注。[②]这意味着ChatGPT所输出的内容事实上是可以被操控和影响的，通过赋予特定内容优先级和显著性的差别，ChatGPT能够控制对于特定问题的回答。一旦ChatGPT被用于进行内容层面的操纵，可能会在隐蔽的情境下实现对用户观念和态度的操纵。

此外，ChatGPT的人机协同性和不能判断对错的特性，可能会导致认知固化和态度极化的风险。ChatGPT相对其他语言模型的显著优势在于ChatGPT可以实现连续性的人机协同，用户可以在个人账号中保存人机对话记录，并基于该

[①] 《人类"3.0"意识形态战场——ChatGPT 的政治化终局 ChatGPT 的价值观及立场（四）》，腾讯网，https://mp.weixin.qq.com/s/kx8HyZ1NWzuaibm7P3f0wQ0，2023 年 3 月 8 日。
[②] Exclusive: OpenAI Used Kenyan Workerson Less Than $2 Per Hour to Make ChatGPT Less Toxic, By Billy Perrigo, https://time.com/6247678/openai-chatgpt-kenya-workers.

记录达成长期连续性对话，从而提升人机协同的效能。[①]但是ChatGPT高度依赖文本和用户的指令（prompt），因此容易受到用户影响。在对ChatGPT进行政治倾向测试时，即使最初得到了相对中性和客观的回答，但只要用户对结果进行质疑和引导，ChatGPT就会放弃原有答案提供符合用户引导价值观方向的答案。当用户开始对ChatGPT进行人工干预训练之后，与技术的互动可能会强化具有偏见性的认知，进而加深态度极化的趋势。

最后，作为具有公共性质的知识和内容生产工具，ChatGPT的私人所有的特性可能在传播中带来内容操纵的风险。在商业利益层面，ChatGPT的所有者始终是OpenAI而非全球用户。即使长期以来标榜非营利和社群共识协商驱动的维基百科都不可避免地陷入对于词条解释权的意识形态的争论中，ChatGPT无法避免在触及私人利益的时候陷入价值困境。[②]特别是当ChatGPT作为搜索引擎和API接口进入全球互联网空间中，带有公共知识属性的基础设施与技术和产品私人所有之间必然会产生直接的矛盾。[③]

（三）话语权力风险

从预训练模型中衍生出的算法歧视风险和从人工干预中衍生出的内容操纵风险共同构成了ChatGPT在国际传播层面最为关键和直接的风险：改变国际传播内容生产和知识传播的话语权力结构。传统的国际传播格局中，国际媒体和社交媒体平台主导了国际传播的话语和叙事生成。但ChatGPT作为以内容输出为核心目标的人工智能算法，其出现以及对全球互联网的深度嵌入，将会引发

---

① 史安斌、刘勇亮：《聊天机器人与新闻传播的全链条再造》，《青年记者》，2023年第3期，第98—102页。

② 甘莅豪：《规约与博弈：维基百科自组织知识编纂中的命名政治》，《新闻与传播研究》，2022年第12期，第53—69页。

③ 王沛楠：《跨国数字平台的基础设施化：结构转型与规制》，《青年记者》，2022年第21期，第96—98页。

算法权力驱动话语权力转变的挑战。

ChatGPT通过预训练、人工监督标记数据、专家调整模型、用户互动等一系列程序生成内容并构建知识，在不受政府和市场完全控制的制度之下，向全球的用户输出内容和知识。这种知识在多数认同的情况下成为公共知识。根据福柯对于权力的阐释，这种公共知识和权力结构同样密不可分。在ChatGPT迭代演进的过程中，种族歧视、性别歧视等歧视或偏向性内容不断在既有的预训练内容与用户生产的对话文本之间博弈，可能会对原有的偏见歧视内容产生一定的修正，但它从整体上来看仍然是全球互联网的主导意识形态——"西方中心主义"的投射。

ChatGPT的内容生成是一种重要的话语实践行为，通过文本和话语的生产影响着人们看待世界的行为方式。因此，作为知识生产者的ChatGPT具有话语建构的权力，其内容生产的行为既是政治性也是社会性的知识建构行为。在国际传播中，对于关键概念的界定和意识形态的偏向会影响到个体对他国的认知和判断，从而影响他国的形象，ChatGPT所具有的话语权力将成为国际传播中的风险来源，然而这种偏向在技术的华美包装下，隐匿在日常的使用中。依赖ChatGPT的用户，可能会在无意识的情境下受到ChatGPT的影响，形成技术驱动的价值渗透。

三、ChatGPT与国际传播新格局的风险应对

面对ChatGPT带来技术驱动下国际传播话语权和传播机制的转型，我们需要在国际传播层面进行有针对性的关注和应对。首先应提高人工智能媒介素养，避免路径依赖，警惕意识形态渗透。ChatGPT在其人工智能的技术包装背后，存在着算法歧视和内容操纵的风险，同时这种风险伴随着意识形态的偏见。若全球互联网用户在未来对此应用形成资料收集与处理的路径依赖时，"西方中心主义"的意识形态必将在中文学习规模扩大后或缺乏监督的情况下

形成渗透。因此，需要对ChatGPT为代表的西方人工智能应用保持警惕，避免陷入技术包装的意识形态渗透的陷阱中。

其次，在解构西方话语权力陷阱，掌握在国际传播中的"麦克风"方面，应积极引导中国互联网企业主动纳入国际视野，开发本土全语种智能语言模型应用。目前，中国主要互联网企业都接连宣布未来将测试并推出人工智能驱动的聊天机器人应用。但大多旨在构建面向本土受众的中文服务，忽视了更大规模的国际用户。应当引导和鼓励本土互联网企业在绘制产品服务蓝图时主动纳入全球视野长线布局，在全球多语言舆论场中构建中国自主技术体系，纠正"西方中心主义"的偏颇话语生态。

最后，作为新兴的媒介传播形态，ChatGPT为代表的人工智能生成内容（AIGC）尚处于混沌未开的状态中。全球范围内围绕技术标准、技术伦理等问题的讨论则方兴未艾。作为国际传播话语权的重要组成部分，技术规则层面的话语权亦具有相当分量。政府和互联网企业应当积极参与人工智能生成内容领域的国际对话，创新发展内容人工智能生成内容的技术能力，提高内容生成的准确性和速度。同时尽快开放API接口，引导国内外数字平台接入使用。一方面在技术能力上实现与西方国家的接近与并轨，另一方面注重参与相关技术规则和伦理标准的建立，为我国相关技术的发展和未来技术在全球范围内的广泛应用提供良好的制度和政策环境。

四、重思作为知识权力的ChatGPT

2023年3月15日，OpenAI发布了最近一版的预训练大模型——GPT-4。相比于ChatGPT所依赖的GPT-3，GPT-4超越了单纯文字层面的人机对话，实现了图片、视频、音频等多模态内容的识别和互动。这使得OpenAI在人工智能生成内容领域又向前迈进了一大步。本文从知识生产的角度探讨ChatGPT作为知识生产工具，在国际传播中的可能存在的风险，具体表现为非监督训练模式下的算法歧视风险和监督训练模式下的内容操纵风险。在算法歧视和内容操纵的语境下，ChatGPT作为一种公共的知识生产工具可能带来一套有技术操纵和驱动的话语权力转型，进而对当前的国际传播内容生产和知识生产结构形成冲击。

除此之外，ChatGPT与必应的结合及其API接口的开放，虽然在信息检索和生成的效率上带来了革命性发展，大大提高了内容搜集和整理的便捷性和效率，但技术的双刃剑效应使得我们不得不警惕ChatGPT在嵌入到搜索引擎和数字应用之后可能带来的、被技术遮蔽和掩盖的"西方中心主义"式不平等话语的再生产。当它被冠以"人工智能生成"或"系统自动输出"的名号后，会隐蔽地影响到缺乏算法素养的受众的认知，进而冲击和影响国际传播中本就处在不利地位的全球南方国家的地位。

因此，需要从技术祛魅的视角理解重新审视ChatGPT的兴起，理解ChatGPT的内容生产和信息检索实质是嵌入到一套由算法技术和既有国际传播偏见性话语整合而成的知识权力体系内，并充分理解ChatGPT的普及可能对于国际传播中的内容、知识和话语形态的直接影响。基于此，一方面应当密切关注ChatGPT可能对既有国际传播格局带来的挑战和对于全球南方国家带来的风险，另一方面则需要大力推动国内人工智能生成内容技术的发展与产品的革新，在数字化、智能化语境下推动国际传播新格局的有效建立。

（本文发表于2023年4月，略有删改。）

生成式人工智能的国际传播能力及潜在治理风险

周　亭　中国传媒大学政府与公共事务学院院长、教授、博士生导师
蒲　成　中国传媒大学国际传播白杨班博士研究生

近期，OpenAI推出的聊天机器人聊天生成预训练转换器（ChatGPT）备受关注。该程序基于大型语言模型，具有较强的内容生产与学习强化能力，可以承担多轮文本对话问答。随着GPT-4的发布迭代，其对复杂语言的理解和多模态内容生产能力有显著提升，不仅能解答更复杂的问题，还新增了辨识图像的功能，可以为一些扩展应用程序提供支持，具有更广泛的常识和解决问题的能力，未来或将延伸出更加智能的图片、视频等多模态功能。专家预测其具有强大的潜力，可以升级互联网基础性应用，如更迭搜索引擎；可以改变互联网内容运营模式如社交媒体账号运营；还可以影响互联网智能化决策，如电商购物决策。从信息传播角度来看，以ChatGPT为代表的人工智能自动生成内容技术正在重构信息生产、流通、消费流程。它揭开了智能传播大规模应用的序幕，同时也引发了国际社会对隐蔽于技术之后的偏见歧视、违规滥用、有意欺诈、政治造谣、伪造身份等问题的担忧。从国际传播角度来看，生成式人工智能所拥有的传播能力将改变国际传播生态：一方面将带来内容生产的潜在机遇，另一方面也将引致认知重塑、价值固化的风险。从全球治理角度来看，它还对国际冲突、网络安全、数字平等等提出了挑战。

一、生成式人工智能的国际传播能力

从互联网信息生产和传播关系的历史演进看，无论是专业生产内容PGC、用户生产内容UGC，还是二者的混合模式PUGC，信息生产主体都是人。但在以ChatGPT为代表的AIGC时代，网络信息的生产主体、内容文本和传播渠道实现了深度一体化，标志着以人工智能为底层支撑的网络传播进入一个智能融合新阶段。ChatGPT已超越单一的渠道和平台角色，成为独立的传播者。它已经展现出并正逐渐发展出信息生产能力、接近用户能力、固化倾向能力和塑造认知能力，这将对国际传播生态产生深刻影响。

（一）无所不能的智能生产

生成式人工智能拥有人工书写难以匹敌的信息生产能效。在国际新闻供给方面，可以有效减小国际资讯检索难度和语际转换压力，大规模应用后能够以较低的成本、极高的效率面向全球多语种受众群体开展一对一传播。在新闻形式创新方面，能有机整合数据、图表、交互程序等，进一步加快数据新闻、新闻游戏等新闻范式兴起，增强新闻产品的新颖性与吸引力。在亲密情感互动方面，能够展现出人格化特征，如积极主动、有责任心、可沟通性等，不仅能满足用户的信息使用需求，还能培养情感依赖。通过上述高效率、多模态、人格化的信息供给，使得生成式人工智能看上去无所不能。

（二）不假思索的使用习惯

与过往的智能语言助手等产品形态相比，ChatGPT拥有更为拟人化的互动感，可以通过实时对话精准、动态地对接用户信息需求，其多语种沟通技术也能为用户的跨国信息交往提供便利，天然具备接近用户的能力。以ChatGPT为代表的生成式人工智能的传播，不同于从"传者本位"出发强调因国而异、因时而异和因事而异，注重分众化和适用性的精准传播，而是直接进入到"受众本位"的一对一服务模式，介入性更强，控制力也更强，更容易培养用户的信息接触路径依赖。其未来有望成为人机交互的第一入口,导致用户不假思索地使用。长此以往,其或将形成新的渠道垄断与智能鸿沟,引致新的数字霸权。

(三)不由自主的态度认可

在信息呈现方面,ChatGPT能够多角度、多维度回答提问,能为具有初步信息需求的用户提供充足内容,也能为具有深度信息需求的用户提供具有启发性的架构。一旦形成用户使用依赖,极有可能通过提供看似不带情感、纯粹基于技术的信息整合和阐释架构,隐蔽其预设立场、固化倾向的能力。事实上,ChatGPT生成的内容基于对大量互联网语料的汲取学习。据统计,在全球访问量前100万的互联网网站中,有将近60%的内容是英文的,中文内容还不到1.5%,[①]其中简体中文内容更少。不难推测,ChatGPT在自主训练过程中使用的语料大部分是英语。另一方面,互联网简体中文内容存在的洗稿以及广告泛滥等问题,非常不利于ChatGPT学习和运用。尽管ChatGPT有意回避自我表态,在被问及需要阐释个人意见、预测未来事件走向时,往往答道:"ChatGPT作为一个语言模型,无法表达意见或情绪,也没有能力预测未来。"但其学习的对象决定了它的信息检索和整合不可避免带有来源信息的预设立场和价值观,回答本身就是对某些价值立场的传达和固化,会令忠实用户的认知和态度不由自主受其影响。

(四)不容置疑的认知依赖

算法推荐是在对用户行为数据收集分析后进行的个性化、定制化信息推送,而这在本质上是一种被动的"个性化"。用户只能被动地接受算法推荐,被动地让算法收集自己的数据,被动地让算法告诉自己什么是、自己需要的、

---

① 互联网使用语言,维基百科,https://zh. wikipedia. org/wiki/%E4%BA%92%E8%81%94% E7%BD%91%E4%BD%BF%E7%94%A8%E8%AF%AD%E8%A8%80,2022年8月14日。

喜欢的服务与信息，①这致使公众对隐私泄露的担忧与日俱增。"大数据杀熟"、信息茧房等次生问题，也引发了舆论关注。360公司大安全情报局发布的算法推荐调研数据报告《感觉被算法算计了》显示，近半数的参与调查者对算法推荐十分疲惫，甚至有些反感，也有部分网友感觉自己被算法"算计"了，57.07%表示自己渴望逃脱算法束缚。②与之形成鲜明对比的是，人们对ChatGPT的使用是在用户自我需求驱使下的主动行为。主动获取的信息会被用户认为是"我想要的""我认可的"，而不是"让我看的""我质疑的"，长期接收包含价值偏向的信息，可能令用户形成对ChatGPT生成内容不容置疑的认知依赖。

二、生成式人工智能对国际传播的潜在风险

瑞银集团的研究报告显示，ChatGPT在2022年11月底推出后，到2023年1月的月活跃用户数预计已达1亿人，成为历史上用户增长最快的消费应用。③在如此短的时间积聚起庞大活跃的全球用户群体，使生成式人工智能有可能成为"灰犀牛"，引发虚假信息泛滥、干扰舆论导向、危害网络安全、挑动价值对立、制造新的不平等等风险。

（一）成为舆论认知战工具

科技追求向善，但对技术的运用可能会让ChatGPT有武器化的风险。结合前文所述，ChatGPT具有先进的深度神经网络技术架构和智能化、拟人化的互

---

① 罗广彦：《算法关闭键上线，我们需要怎样的"个性化服务"》，《中国青年报》，http://zqb.cyol.com/html/2022-03/18/nw.D110000zgqnb_20220318_5-08.htm，2022年3月18日。
② 魏蔚：《360大安全情报局：近半数人反感算法推荐 7成人感到审美疲劳》，《北京商报》，https://www.bbtnews.com.cn/2021/1210/422239.shtml，2021年12月10日。
③ 田忠方、孙燕：《掘金ChatGPT概念股：上下游谁更受益，谁是核心标的》，澎湃新闻，https://www.thepaper.cn/newsDetail_forward_21821892，2023年2月7日。

动真实感，存在被用作国际信息战、舆论战、认知战新工具的隐忧。首先，ChatGPT具备强大的信息生产和结构文本的能力，能源源不断地生产各类真假难辨的信息，影响国际舆论。美国新闻可信度评估与研究机构新闻卫士发现，如果对ChatGPT提出充斥阴谋论和误导性叙述的问题，它能在几秒钟内改编信息，产生大量具有逻辑、令人信服却无明确信源的内容。① 其次，ChatGPT的回答基于对国际互联网已有语料的学习，来自欧美发达国家的英语信息占据主导地位，因此ChatGPT的回答不可避免是对某些价值观的强化，无法提供价值观的竞争。如有网友询问ChatGPT，中国的民用气球飘到美国时，美国可不可以将其击落？回答是"可以"，而当询问美国的民用气球飘到中国时，中国能否将其击落时，回答则变成了"不可以"，② 表现出典型的"双标"立场。

（二）延宕国际冲突

国际互联网中充斥着海量未经过滤、包含偏见的信息，其中以种族歧视和性别歧视居多。ChatGPT的回答基于对互联网信息和受众反馈的学习，不但影响认知，而且强化用户的偏见。例如，英国内幕公司（Insider）报道称"ChatGPT曾告诉用户可以折磨某些少数民族人士"。③ 由于目前没有办法对ChatGPT的回答进行前置性审核，在海量回答中，包含有严重错误的答案很容易逃逸。偏见性信息如果通过生成式人工智能在世界范围内大量生产和流动，将会加剧分裂主义、种族偏见等国际冲突。尽管AI界已经意识到这一产品弊端，但当前的不良信息过滤技术还无法实现绝对可靠。过滤模型的迭代更新仍

---

① 新闻可信度评估机构：ChatGPT或成传播网络谣言最强工具》，钛媒体，https://www.tmtpost.com/nictation/6405731.html，2023年2月9日。

② 《ChatGPT回复网友：中国不可以击落美国气球而美国可以击落中国的》，网易，https://www.163.com/dy/article/HTG3D7MH0552RR09.html，2023年2月13日。

③ Hannah Getahun, ChatGPT could be used for good, but like many other AI models, it's rife with racist and discriminatory bias, Insider, https://www.insider.com/chatgpt-is-like-many-other-ai-models-rife-with-bias-2023-1，2023-1-17.

然依靠旧有数据,随着更多数据被投喂至ChatGPT,制造偏见和遏制偏见将成为一场持久的追赶游戏。

(三)成为极端言论新管道

ChatGPT在输出端所展现的内容生产能力和人机互动能力,都要基于输入端源源不断的数据投喂和学习训练,在汲取海量网络语料过程中,给极端主义者、宗教原教旨主义者、恐怖分子等制造极端信息,通过人为"数据投毒"来训练AI模型留下了可乘之机,最终可能让ChatGPT演变为输出极端言论的新渠道。此前环球网曾报道,在谷歌翻译的英文对话框输入"艾滋病毒"等相关词汇,对应的中文翻译会出现恶毒攻击中国的词汇。[①]究其原因,是由于谷歌翻译数据池被恶意污染,训练模型被人为干扰。尽管相关方进行了及时补救,但不法之徒制造影响的目的已然达到。如何摆脱事后补救的被动式应对,探索建立相匹配的前端数据识别监察机制,从源头上加强对极端仇恨言论、虚假不实信息的筛选过滤,是人工智能自动生成内容技术亟待解决的一个重要问题。

(四)危害网络与数据安全

ChatGPT兼具强大的数据汲取能力和文本写作能力,可能会成为加剧黑客攻击和危害网络安全的推手。首先是窃取用户信息。ChatGPT的底层工作逻辑是对海量互联网数据的搜集分析。随着语料库的持续扩大,更多用户信息将被窃取并倾注其中。私营公司垄断消费者数据客观存在用户信息泄露的风险,从2022年底脸书被曝泄露5亿用户数据事件中就可见一斑。[②]其次是助推黑客犯罪。ChatGPT能够迅速编写钓鱼邮件和恶意代码,极易沦为黑客的武器化工具。据美国网络安全新闻网站Dark Reading报道,黑客正在借ChatGPT窃取大

---

① 丁洁芸:《谷歌翻译系统出现恶毒攻击中国词汇,网友怒斥"真恶心!"谷歌回应》,环球网,https://m.huanqiu.com/article/45kM1mkchMV?browser=ie,2021年11月26日。
② 杨阳:《泄露5亿用户数据,脸书被欧洲监管机构罚款2.65亿欧元》,澎湃新闻,https://www.thepaper.cn/newsDetail_forward_20935794,2022年11月29日。

型公司数据，微软、贝宝、谷歌和奈飞等著名跨国企业已经成为其目标。[①]然而，当前网络监管工具未能实时跟上AI技术的发展步伐，让黑客有了侥幸之机。再次，数据已成为各国维系国家安全和发展的战略性资源，也是研发新一代人工智能技术的支撑基础。ChatGPT及其背后的利益相关方有可能通过大数据汲取技术或人机交互等手段，有针对性地收集中文互联网的核心数据信息，导致优质中文网络数据资源外泄，形成赢家通吃、强者愈强的马太效应，对我国数据安全构成威胁。

（五）加剧全球数字不平等

ChatGPT的普及在巩固欧美跨国巨头市场主导地位的同时，极可能进一步拉大南北国家间的数字鸿沟差距，并造成新的国际信息传播不平等和数字剥削。一方面，ChatGPT作为西方科技与资本的混合产物，其发展有利于巩固并扩大西方的国际话语权。其创造者人工智能企业OpenAI位于美国旧金山，该公司联合创始人中包括特斯拉创始人马斯克。此外，据澎湃新闻报道，微软正在洽谈向OpenAI投资100亿美元，打造在搜索领域的新增长点。[②]另一方面，ChatGPT也正在制造新的数字剥削现象。据美国《时代周刊》（*Time*）报道，为了训练ChatGPT，OpenAI雇用了时薪不到2美元的肯尼亚外包劳工对庞大的数据库进行手动标注，他们平均每小时最多要阅读和标注超2万个单词。[③]

另外，伴随ChatGPT的持续升级迭代和大规模应用，还可能带来双重的

---

① Elizabeth Montalbano, Phishing Surges Ahead, as ChatGPT&AI Loom, Dark Reading, https://www.darkreading.com/vulnerabilities-threats/bolstered-chatgpt-tools-phishing-surged-ahead，2023-2-10.

② 邵文：《ChatGPT幕后：微软与OpenAI"复杂的交易"谁是赢家谁是傻瓜？》，澎湃新闻，https://www.thepaper.cn/newsDetail_forward_21892224，2023年2月12日。

③ 蔡鼎：《外媒曝光ChatGPT背后的"血汗工厂"：最低时薪仅1.32美元，9小时至多标注20万个单词，有员工遭受持久心理创伤》，每日经济新闻，http://www.nbd.com.cn/articles/2023-02-12/2665209.html，2023年2月12日。

"可能霸权"。首先是模型的训练升级需要呈指数级增长的巨额资金、人才、算力和能源等的长期投入,这是绝大部分新兴市场所不能负担的,其技术发展天然地倾向于本就实力雄厚的发达国家和跨国科技巨头。据报道,微软前后三次投资ChatGPT,总投资额近900亿人民币。[1]OpenAI预计人工智能科学研究要想取得突破,所需要消耗的计算资源每3~4个月就要翻一倍,资金也需要通过指数级增长获得匹配。在算力方面,GPT-3.5的总算力消耗约3640PF-days(即每秒一千万亿次计算,运行3640天),[2]这背后所需要的能源更是天文数字。其次是对ChatGPT类人工智能产品的市场追捧已传导到上游科研领域,越来越多的人力物力开始集中到以ChatGPT为代表的AI技术发展路线上来,成为无限量吞噬资金、人才、算力等科研资源的黑洞,这就容易形成一家独大的技术霸权地位。在总体科研资源有限的情况下,这将极大地挤占其他前瞻性、替代性技术方案的生存和发展空间,不利于对未来技术的全面探索。

(六)削弱人类文化多样性

从跨文化传播角度看,ChatGPT为文化产品提供了高速快捷的产出通道,文化创作将不再依赖于人本身。一旦掌握了通用人工智能,技术驱动下的文化产出或将成为未来趋势。然而,ChatGPT的文化创造是以现有文化资源为蓝本,这也使得在高速输出中,原本传播声量更高的文化产品将被继续加强,为强势文化同化弱势文化提供了一条异常便捷的道路。在国际社会中,文化产品的市场份额及市场规模是国家竞争力和国际地位的体现。拥有强势文化的国家利用数字化技术和数字平台大量倾销文化产品成为可以预见的未来。因此,掌

---

[1] 肖瘦人:《微软投资900亿搞ChatGPT,元宇宙率先被抛弃,百人团队成立仅四个月》,中关村在线,https://news.zol.com.cn/811/8118199.html,2023年2月10日。
[2] 雷俊成、王子源、徐涛,等:《ChatGPT对GPU算力的需求测算与相关分析》,中信证券研究部,https://baijiahao.baidu.com/sid=1758039233447090863&wfr=spider&for=pc,2023年2月16日。

握人工智能技术的国家或组织机构在高效率的文化创作中将不断加强文化影响力，与技术弱国和文化弱国相比具有压倒性优势。长此以往，全球文化或将面临文化多样性、丰富性、复杂性降低的风险，这对保持文化多样性和文化创新活力都极为不利。

三、对生成式人工智能潜在国际传播风险的应对

约瑟夫·熊彼特（Joseph Alois Schumpeter）认为，每一次巨大的创新都会对旧的技术和生产体系产生巨大的冲击，即"创造性破坏"。[①]基于上文的预判不难发现，面对以ChatGPT为代表的生成式人工智能的挑战，一方面需防范自动生成内容与虚假信息的泛滥，密切关注国际传播格局的趋势走向，号召全球共同应对认知塑造的风险挑战；另一方面应扶持本土企业开发人工智能内容生成平台，借助新科技打开言说中国和认知争夺的突破口，同时加强对国内民众的引导，预防技术冲击带来的舆论危机。

（一）持续追踪，加强技术安全风险预判能力

麦克卢汉（Marshall McLuhan）指出，"任何媒介的'内容'都是另一种媒介"。[②]他认为"媒介的影响之所以非常强烈，恰恰是另一种媒介变成了它的'内容'"。[③]从媒介关系的角度来看，新旧技术之间不是"你死我活"的替代关系，而是彼此间的相互联系。因此，既往技术如大数据、云计算、虚拟现实技术、推荐算法在应用和发展的过程中，都伴随着对其内在风险讨论和防范措施的制定，这些经验同样可以运用在分析ChatGPT和相关人工智能技术驱

---

① 古月：《算力战争》，《中外企业文化》，2022年第8期，第18—21页。
② [加拿大]马歇尔·麦克卢汉：《理解媒介：论人的延伸》，何道宽译，北京：商务印书馆，2000年版，第34页。
③ [加拿大]马歇尔·麦克卢汉：《理解媒介：论人的延伸》，何道宽译，北京：商务印书馆，2000年版，第46页。

动的自然语言处理工具上。首先，需要对相关技术及其应用的发展进行持续追踪，研判模拟ChatGPT的下一步发展趋势，对其在国际传播领域的潜在负面影响和发展机遇进行战略性分析。其次，要强化对技术安全风险的预判能力，提高探查国际传播安全风险的频次，追踪ChatGPT等相关产品在全球应用的更新情况，对其引起的舆情波动进行预警，做到态势可知、威胁可察、风险可控。

（二）主动探索，提升对国际传播新平台的驾驭能力

面对智能时代的国际传播，有学者提出应当"树立'技术对等传播'的技术思维"，[1]加强对新兴技术的理解和掌握，因地制宜地提升实践应用能力。ChatGPT作为新型国际传播平台的巨大应用潜力不容忽视，在防范化解风险挑战的同时，也应当加强能力建设，主动探索新型平台如何为我所用的实践路径。一方面，如前文所述，当前国际互联网中简体中文信息数量相对稀少，存在洗稿以及广告泛滥等问题，非常不利于ChatGPT对简体中文信息的学习和运用。可以通过持续加大中央主流媒体等优质内容生产者的国际信息供给，通过提问和反馈训练调试ChatGPT的语料库，探索从源头逐步纠偏ChatGPT价值立场的可能性，将其转化为可供使用的"外脑"和提高中国对外传播内容生产效率的新渠道、新工具。另一方面，鼓励和扶持国内有实力的企业开发同类产品，打造自主传播新阵地。

（三）凝聚共识，提升社会大众信息认知素养

ChatGPT的流行和暴露出的问题，已经引发国内外不少关注讨论，其中一个主要原因在于用户理解和适应人工智能的能力迟滞于AI技术的现实发展，提升公众的AI素养已尤为迫切。一方面，应在科学研究和媒体报道中加大对技术平台的持续分析，促进人们对各类AI智能媒体的了解掌握。另一方面，还需进

---

[1] 张洪忠、任吴炯、斗维红：《人工智能技术视角下的国际传播新特征分析》，《江西师范大学学报（哲学社会科学版）》，2022年第2期，第111-118页。

一步挖掘平台公司和技术发展的政治因素、经济因素，[①]引导公众超越文本，全面理解智能传播全流程，更好把握技术、资本、国家民族、意识形态等不同要素在其中的角色作用。未来要持续对ChatGPT可能造成的风险隐忧进行深入的学理研究和调查报道，鼓励有关学者、媒体记者研究和报道其制造和传播虚假信息、侵犯版权隐私、精巧隐藏价值立场等问题，提示其存在的认知重塑、价值观固化、散播偏见等风险，进一步帮助用户理解ChatGPT文本写作的基本逻辑，这样能够在感知ChatGPT算法的基础上实现技术"祛魅"，[②]提升普通公众的信息甄别能力和AI算法素养。

（四）联合全球治理力量，谋划公平解决方案

随着人工智能、大数据、5G等新型信息技术的快速发展，智能传播面临的全球治理问题日益突出。此次ChatGPT的风险挑战已经引发国际社会的普遍担忧，已具备联合全球治理力量的坚实基础。因此，对以ChatGPT为代表的生成式人工智能风险防范不能依靠一国之力，应坚持推动构建网络空间命运共同体，聚合全球多元力量，采取协同治理方式，以顺应信息时代发展潮流和人类社会发展大势，回应网络空间风险挑战。具体来看，中国应在其中展现大国责任与担当，牵头组织国际研讨，成立多主体治理联合体，为有关人工智能平台的全球治理贡献中国方案，推动建立国际多边互联网监管机构，并将网络信息治理纳入以联合国为核心的国际体系之中。[③]同时，充分发挥新组建的国家数据局在数据管理、开发、利用方面的职能，切实保障数据安全与数据资源的

[①] 付玉：《AI素养：未来中国媒介素养教育的逻辑起点与范式重建》，《东南传播》，2022年第7期，第130-133页。

[②] 王沛楠：《人工智能写作与算法素养教育的兴起——以ChatGPT为例》，《青年记者》，2023年第5期，第94-96页。

[③] 马科斯·科尔德罗·皮雷斯：《全球互联网监管：避免信息技术成为政治武器》，白乐译，《中国社会科学报》，https://epaper.csstoday.net/epaper/read.do?m=i&iid=6513&eid=46176&sid=213685&idate=12_2023-03-07，2023年3月7日。

整合共享和开发利用。另外，也应积极推动新技术新应用向上向善，加强数字产品创新供给，为全球提供公平、开放、平等的人工智能公共产品，以实际行动弥合数字鸿沟，让更多国家和民众搭乘信息时代的快车，共享互联网发展成果，为落实《联合国2030年可持续发展议程》做出积极贡献，[①]推动国际社会在新一轮的人工智能革新中实现共赢共享。

（本文发表于2023年4月，略有删改。）

[①] 国务院新闻办公室：《携手构建网络空间命运共同体》，中国政府网，http://www.gov.cn/zhengce/2022–11/07/content_5725117.htm，2022年11月7日。

算法：我国国际传播的助力器[①]

匡文波　中国人民大学新闻学院教授、博士生导师，
中国人民大学新闻与社会发展研究中心研究员
秦瀚杰　中国人民大学新闻学院硕士研究生

2022年以来，俄乌冲突等地缘政治风险相继涌现，国际安全形势错综复杂，国际舆论环境众声喧哗，而我国媒体在国际传播体系中仍然较为边缘化。面对日益激烈的国际舆论斗争，我国亟须改变话语权弱势地位，迫切需要提升国际传播能力。习近平总书记在党的新闻舆论工作座谈会上强调："要加强国际传播能力建设，增强国际话语权，集中讲好中国故事。"[②]近年来，我国在高校加强国际新闻传播专业建设，在业界打造外宣媒体集群，在国际社会建构中国叙事话语，国际传播的投入力度和成效稳步提升。

当前国际舆论场和网络空间日趋重合，国家的信息地缘政治与人工智能技术实力日益交织。在我国国际传播领域，以人工智能为基础的算法传播已有诸多实践，新华社的"快笔小新"改造传统媒体生产链，人民号的"党媒算法"

[①] 本文为中国人民大学"双一流"建设马克思主义新闻观创新研究成果"算法环境下的新闻生产创新案例研究"（项目编号：MXG202009）的阶段性研究成果。
[②] 杜尚泽：《习近平在党的新闻舆论工作座谈会上强调：坚持正确方向创新方法手段，提高新闻舆论传播力引导力》，人民网，http://politics.people.com.cn/n1/2016/0220/c1024-28136187.html，2016年2月20日。

提高国际传播内容可见性，运用算法学习精准捕获受众，取得了一定成效。但就目前国际传播的声浪和渠道来看，西强我弱、西多我寡的局面没有根本改变，在技术手段的应用及算法问题的治理方面我们也处于劣势。习近平总书记指出："我们要增强紧迫感和使命感，推动关键核心技术自主创新不断实现突破，探索将人工智能运用在新闻采集、生产、分发、接收、反馈中，用主流价值导向驾驭'算法'，全面提高舆论引导能力。"[①]作为一种技术工具，算法对我国国际传播的影响具有双面性。要利用好算法智能技术，需要我们扬长避短、守正创新，有针对性地探讨算法诉诸国际传播的新策略，从而提升我国国际传播实效性，提高我国国际传播的质量和声量。

一、我国国际传播活动的算法应用现状

（一）实践与机遇

从传播链角度看，算法在传播主体、内容、渠道、受众等环节改变了传统媒体时代的生产、分发、接收方式。以算法为中心的算法新闻、算法推荐、算法学习等技术实践，初步实现了国际传播内容的智能化生产、渠道的精准化分发、受众的个性化满足，从而打破了国际传播的时空边界和身份隔阂，为我国国际传播带来全新机遇。

1. 算法新闻实现内容的智能化生产

算法新闻主要是指将算法或结合了机器学习的技术手段融入新闻生产流程中，通过编写的代码和程序使新闻的生产实现自动化。[②]2015年11月7日，新华社第一个机器人写稿系统"快笔小新"正式运行。在进行新闻稿件的写作

---

① 习近平：《加快推动媒体融合发展　构建全媒体传播格局》，《求是》，2019年第6期，第7页。
② 方师师：《算法如何重塑新闻业：现状、问题与规制》，《新闻与写作》，2018第9期，第12页。

时，"快笔小新"可以在极短的时间内使用内置的算法程序搜索数据库、爬取网络信息，利用机器学习和算法技术自动组稿。同时，记者负责人工对"快笔小新"的稿件进行筛选、修订与核查，确保人机结合的国际新闻有速度、有精度、有温度、有深度。在2022年北京冬奥会宣传报道中，"快笔小新"接通奥运信息成绩系统，对各项体育赛事进行实时跟踪报道，第一时间向全世界发布快讯，极大地提高了国际传播的时效性。除此之外，今日头条的"张小明"、第一财经的"DT（数据技术，Data Technology）稿王"、腾讯财经开发的自动化新闻写稿机器人梦幻写手（Dreamwriter）等，都是"快笔小新"的"伙伴"。由数据采集分析、自动组稿、智能编发等技术构成的算法新闻，实现了从技术到业务的成熟化、智能化、现代化，拓展了我国国际传播内容生产机制。

2. 算法推荐助力渠道的精准化分发

从传统媒体到社交媒体，再到大数据时代的智能媒体，国际传播的语量呈指数级增长，信息超载促进国际传播的分发渠道从编辑筛选到社交过滤，再到算法推荐的演变。利用大数据计算、处理和分析，算法为每个用户生成独一无二的用户画像。在二次过滤中，用户产生的新数据和算法推送双向反馈，从而使算法迭代的分选性不断提高，用户画像的颗粒度不断降低，最终实现传播效果的千人千面。2019年9月20日，人民日报社成立智慧媒体研究院并与第四范式签约，共同打造新媒体主流算法平台，通过质量评估系统、用户与平台双向互动的推荐系统、文本分析系统、用户画像系统等多个系统的实时、高维运转，[①]人民日报客户端为用户推送包括国际新闻在内的个性化内容，提高了内容分发效率，增强了用户黏性。

---

① 《第四范式与人民日报签约共同打造新媒体主流算法》，中国日报中文网，http://ex.chinadaily.com.cn/exchange/partners/82/rss/channel/cn/columns/snl9a7/stories/WS5d847faaa31099ab995e13ab.html，2019年9月20日。

3. 算法学习满足受众的个性化需求

国际传播的有效性不仅取决于传播渠道的精确性，更取决于传播内容的准确性和适配性。我国是高语境社会，对外传播的编码度较低，加之缺乏分众意识，缺乏对不同民族文化、思维、习惯的充分了解，长期以来在国际传播信息流中处于逆差地位。进入智媒时代以来，我国主流媒体开始引进数据团队，打造具有国际影响力的融媒体矩阵和媒体智库，利用算法技术精准识别和掌握不同平台、不同国家的受众偏好，反哺国际新闻生产。以人民日报（海外版）为例，在进一步构建"海聚"平台、"侠客岛"、"望海楼"专栏等融媒体矩阵的同时，不断完善海外平台官方账号矩阵，利用人民日报智慧媒体研究院的算法分析学习脸书、推特、优兔等不同平台受众特性和兴趣点，制作对应语境、国别的短视频和文章，吸引了境外网民关注。[①]通过饱和式传播主体、分众化数据分析，人民日报在国际传播效果和范围上有了很大突破。

（二）问题与挑战

随着算法技术的广泛应用，国际传播和信息技术的耦合样态愈发清晰。依托算法推荐和大数据的进步，我国的国际传播能力不断提高。然而技术并非绝对向善，算法把关、算法茧房、算法黑箱等问题，为我国国际传播活动带来新挑战。

1. 算法把关削弱传播公共性

从编辑筛选到算法推荐的分发模式，体现的是传播方式从"人找信息"到"信息找人"的变化，议程设置从公共性议题到个体性偏好的转化，新闻把关从社会利益到商业考量的异化。把关权的移交并不意味着新闻职业精神的传承，算法开发者、工程师和程序员们不一定像传统驻外记者、媒体编辑那样熟

[①] 卫庶：《下大气力加强国际传播能力建设——就人民日报海外版融媒矩阵报道新气象探析》，人民网，http://m.people.cn/n4/2021/0916/c23-15200460.html，2021年9月16日。

悉职业规范、新闻伦理和法规，客观公正的新闻价值理念让位于流量化的受众喜好，造成国际传播出现价值理性和工具理性的冲突。再者，国际传播是国家间、民族间、文化间的交流与互动，往往是具有重大公共性的议题，而在算法包裹的"注意力经济"中，一些泛娱乐化的新闻攫取了更多的可见性，高质量的地缘政治分析、国际专家的长尾解读和国际深度报道反而有边缘化倾向，对中国方案的叙事建构造成了挑战。

2. 算法茧房限制我国话语权提升

技术层面上，算法的用户画像带来受众偏好的固化，同质化的内容推荐带来受众意见的极化，协同过滤推荐让受众更容易联结趣味相投的用户，带来社群区隔的分化。这类由"过滤气泡""信息茧房""回音室效应"包裹而成的负面拟态环境，影响了国际传播受众对国际交往的认知、判断和参与。媒体层面上，西方媒体占据国际新闻发稿量的80%以上，且经常污名化报道中国，如2021年1月英国广播公司纪录片《重返湖北》借助灰暗的滤镜对新冠肺炎疫情之后的湖北进行丑化报道，2022年7月《纽约时报》在我国成功发射问天实验舱后渲染火箭残骸威胁等。算法增强了这类负面报道的信息茧房效应，固化了西方受众对我国的刻板成见。平台层面上，国际活跃用户数量排名最高的五大社交媒体平台全部来自美国，他们凭借算法权力、核心数据和市场影响力制造认知茧房和话语错位，阻碍了中国故事、中国声音、中国方案的传播，隔离了海外用户与我国的国际叙事。算法、媒体、平台层面的三重掣肘，使我国的话语权提升受到很大限制，对舆论斗争主动权的争取依然面临挑战。

3. 算法黑箱制造偏见和风险

算法黑箱的本质是信息和权力的不对称。对平台之外的用户而言，实然的新闻报道是可见的，背后的算法代码和技术原理是未知且不可更改的，但对于开发者和设计者而言，算法是已知的可修改的，这构成了对受众和用户单向的"算法黑箱"。算法设计端的不透明造成传播结果端的不平等和偏见，表面上用算法推荐代替编辑分发摒弃了人为干预因素，实现去意识形态化和去价值化；实际上算法依然由人开发，依然受开发者的主观偏见、算法的客观缺陷、资本与权力的影响，依然具有技术偏见。代码技术掩盖下的算法歧视更具有破坏力，使国际传播更容易产生议程操控、话语霸权、技术资本垄断等风险。例如，俄乌冲突期间推特在中国、俄罗斯、伊朗等国的官方媒体链接下进行"特别标注"，制造阵营对立，引发传播失序；美国国会众议长佩洛西窜访中国台湾地区期间，推特锁定了《环球时报》前总编辑胡锡进的推特账号，并删除他"违反推特规则"的推文，蓄意利用算法"不可见性"打压我国声音。在目前的国际传播业态中，除了抖音国际版的多数社交分发平台对我国都处于算法黑箱状态，影响了我国国际传播的可靠性和稳定性。

二、国际传播活动中的算法赋能策略

（一）共性传播塑造受众认同

国际受众是我国国际传播的目标指向，如何利用算法塑造、增强和稳固受众对我国叙事体系及话语表达的内在认同，是我们必须考量的关键问题。从另一个角度有针对性地看待算法把关现象，或许能为我们赢得用户认同提供一种独特思路。算法把关塑造了以用户偏好为核心的传播模式，但用户的喜好既有差异化的个性，也有一致的共性。对和平、发展、公平、正义的向往，是不同国家、不同文化的受众在价值取向上的最大公约数；对优秀传统文化、独特民族文化的好奇心和注意力，是不同群体的受众共通的情感倾向。精准识别全人类共同价值，利用个性化算法进行共性传播，将是我国成功赢得国际受众认同的传播密码。

1. 通过情感共振塑造价值认同

在北京冬奥会中，不同国家的观众纷纷被吉祥物冰墩墩"圈粉"，于是中国国际电视台在推特、优兔等平台的官方账号上转发各国运动员与冰墩墩的合影和视频，引导受众发现、接受冰墩墩的热点话题标签，强化冰墩墩与受众之间的情感联结。此外，中国国际电视台还推出融媒体节目《冰雪缘梦》，展示中国和北美地区的六名青年运动员的训练生活，将奥林匹克精神这一共同的情感支点融入北京冬奥会的对外传播。北京冬奥会的实践表明，情感的共鸣更能让中国故事赢得国际受众认同。在社交媒体平台中，用户发布的意见性信息、情绪性信息往往要多于事实性信息，因此运用算法对文本和话语中的情感倾向、价值理念进行提取和统计分析，具有一定的可行性。实际操作中，可先抽取具有代表性、相关性的用户样本进行统计调研，将调研数据经过筛选分类后进行量化研究，形成可供算法分析的用户情感数据，最终根据不同的数据类型生成不同的算法模型，例如量化的内容分析算法、质化的话语分析算法和文本分析算法等。重大国际性事件的传播，可利用算法模型模拟和预测用户可能的、共通的情感倾向，从而采取对应的传播策略和叙事手法。

2. 通过民族风情塑造文化认同

以中国古代名画《千里江山图》为蓝本创作的舞蹈诗剧《只此青绿》在2022年春晚亮相后，引发海内外观众热烈反响，相关视频在优兔平台获得超过百万人次的播放量；北京冬奥会开幕式倒计时将二十四节气传统文化与现代摄影相结合，让全球观众领略中华文化魅力；电视剧《父母爱情》走出国门在68个国家的电视台播放；关于西藏的央视纪录片《第三极》在美国国家地理频道首播等案例可见，相较于宏大的文化叙事，普通视角下的中国文化、小切口大特色的民族和地理风貌展示更受海外观众欢迎。对于海外用户而言，我国本土性、民族性的传播题材是具有稀缺性的注意力资源，选择何种视角、哪些传统文化和民族特色来讲述中国故事，是共性国际传播中可供算法解决的课题。一些可参考的策略包括：利用算法测量不同传统文化和民族文化在社交平台、媒体报道、用户行为中的话语权重，在对外传播叙事中有针对性地增加相应文化内涵；利用算法分析优秀传统文化与现代文化的契合度，以北京冬奥会二十四节气摄影为榜样，生成传统与现代相结合的文化产品、节目和短视频，让国外受众在欣赏传统民族文化的同时，促成对我国国际传播的理解、共享与认同。

（二）多元传播塑造媒体势能

人民时报、新华社、中央广播电视总台、中国日报等主流媒体是我国国际传播的主力军。面对"西强我弱"的国际话语权格局，面对算法、媒体、平台层面的三重信息茧房，面对自带技术偏见和传播风险的算法黑箱，我国国际传播可采用主体和渠道双拓展、技术创新突破遏制的策略，形成国际传播合力，塑造传播势能。

1. 主体渠道双拓展，增强话语声量

2022年8月佩洛西窜台期间，中国国际电视台英语主持人王冠接受英国广播公司节目采访，揭批美国政府的错误立场；中国国际电视台多语种主播和评论员连线43家国际主流媒体并发表署名文章；中央广播电视总台的2192条多语种报道得到多国超280家主流媒体转载；欧洲总站专访英国剑桥大学高级研究员马丁·雅克、英国48家集团俱乐部主席斯蒂芬·佩里等，揭批佩洛西窜台背后的政治目的以及带来的严重后果。[①]在佩洛西窜台这一重大国际事件上，中央广播电视总台让多位海外主持人、记者、评论员密集发声，团结国外相同价值观的主流媒体同频共振，邀请知名学者、普通民众进行自媒体传播，多主体、多渠道发声形成的现象级传播势能，突破了西方媒体和平台利用事实歪曲、算法茧房、平台审查等手段进行的声音封锁，把清晰的事实全面完整地展示在海外民众面前，使中国立场得到有效传播。除此之外，由于官方账号容易受到海外平台审查以及受众的刻板印象看待，还可拓展民间外交、自媒体、社会媒体力量，包括非政府组织（NGO）和非营利组织（NPO）、孔子学院、国

---

① 康琪雪：《全球3000多家媒体密集转发！总台声音持续宣示中国立场》，北晚在线，https://www.takefoto.cn/news/2022/08/06/10129969.shtml，2022年8月6日。

际拍客等,通过非官方渠道的多元化表达突破算法茧房,弥补主流媒体在算法推荐下暴露出的宣传色彩浓厚、渠道单一、资源整合不足等问题。

2. 技术创新突破遏制

目前多数主流媒体都采用"借船出海"战略,入驻脸书、推特等海外社交媒体平台发文推送,借助优兔等海外视频播放平台发布现场直播和实时报道。但是受地缘政治环境因素影响,我国主流媒体进入全球市场后受到各国政府和平台的关注和审查。为了克服算法黑箱的劣势,在数据建设方面,可借助相关研究院、高校和智库的研究成果,发挥融媒体中心、智慧研究院等媒体内部的实践优势,在全球范围内搜集、储存用户数据,建立和发展数据仓库,并通过设定不同的维度来实现数据的"参数化",以便根据传播活动的具体需要快速地调用不同的数据子集,[1]建设独立自主的算法工具集。在人才培养方面,引进相关算法科研团队,利用自建数据库构建对外传播算法治理体系,主动开展国际传播的舆情研判。例如,上海社会科学院新闻研究所的互联网治理团队多次承办乌镇互联网大会的互联网空间治理分论坛,主动与国际专家进行算法研讨、科学评估和技术共享。媒体内部的技术提升、与科研机构的外部合作、与国际社会合作进行算法治理等策略,有助于实现算法的关键核心技术的自主创新、不断突破,从而克服国际传播平台算法的技术偏见,增强我国对外传播的主动权和话语权。

（本文发表于2022年10月,略有删改。）

---

[1] 程明、奚路阳:《关于大数据技术与国际传播力建构的思考》,《新闻知识》,2017年第6期,第22页。

国际传播的算法架构：合理性、合情性与合规性[①]

常　江　深圳大学传播学院教授，深圳大学媒体融合与国际传播研究中心主任

杨惠涵　深圳大学传播学院博士研究生

一、引言

数字时代的到来为国际传播开启了新的篇章。技术的革新在很大程度上改变了大众传播时代以国家和媒体机构为中心主体的实践模式；智能分发系统以其技术可供性推动信息生产和流通的多元化、精细化、自动化；信息经验的平台化不断重构国际传播的边界，业已超越政治文化范畴而进入日常生活和社会关系领域。在这一背景下，中国国家形象的塑造、中国故事的讲述，以及中国文化的有效对外传播，必须使用新的技术手段，并基于对技术内在逻辑的准确理解形成新的思路。在这一过程中，算法效应从内宣领域向外宣领域的扩散成为一个重要的议题，对算法逻辑的理解和对算法工具的掌握成为国际传播实践突围的必由之路。

与此同时，随着平台算法推荐主导内容分发、智能算法辅助内容生产等机制的逐渐成熟，各国也从法律和行政层面对算法予以规制。其中既包含对隐私

[①] 本文系深圳市人文社会科学重点研究基地"深圳大学媒体融合与国际传播研究中心"建设成果。

安全等基本权利的保护,也有对国家利益与意识形态安全的考量。这为我们对于算法应用于国际传播的探讨增加了复杂性。因此,我们既要在既有技术框架内分析如何将算法作为国际传播的新要素与新动力,也须明确算法在应用中的适用性和局限性等问题,在国际传播实践中探索信息生产与分发与算法可供性进行有效衔接的策略,为公平的国际信息秩序的建立做出贡献。

二、平台化时代的到来

媒介在特定的社会和文化形态中发生嬗变,并随着时间的推移积蓄动能。[1]数字媒体在其可供性的支配下,体现出了平台化(platifomization)的基本发展趋势,而全球媒介的平台化转型已对信息生产形成结构性影响,推动多元化、个人化、智能化的内容生态的形成。在此趋势下,国际传播的主要场域从彼此区隔的大众媒体迁移至相互联通的数字平台,传播主体也从建制化的媒体机构"扩散"至被技术赋权的网络公众。新的国际传播经验重塑传统话语权力格局,为"边缘突围"和"重新结构化"制造了契机。例如,在过去相当长的时间里,国际传播主要是由国家主导、以国家媒体为话语生产中心的活动,但如今,短视频平台抖音国际版已成为大众了解包括俄乌冲突在内的国际事件的主要信息源。英国《每日电讯报》将俄乌冲突称为"第一场TikTok战争"。[2]抖音国际版之所以能在全球冲突性事件的信息传播中成为"主角",盖因其可以让个人用户比以往更快速、更便捷地上传几秒钟的视频片段,并且通过公域算法流量池在数小时内传播开来。近年来,美国文化宣传体系对"网

---

[1] [丹麦]克劳斯·布鲁恩·延森:《媒介融合:网络传播、大众传播和人际传播的三重维度》,刘君译,上海:复旦大学出版社,2012年版,第17—18页。

[2] Bowman, V., Russians and Ukrainians Fight for Likes in the First TikTok War, https://www.telegraph.co.uk/world-news/2022/02/25/russians-ukrainians-fight-swipes-first-tiktok-war.

红"群体的重视也体现了其国际传播理念的改变：在国际传播竞争中，平台声量的权重超越内容本身的专业性。当然，也有许多其他用户对白宫主导的宣传视频提出驳斥观点，体现了平台对多元话语的包容。平台不仅正在成为新的国际传播阵地，并且超越传统国界疆域，通过"为你推荐"（For You）等基于智能算法的信息流界面塑造用户的信息议程，催生出叠加在原有国族身份认同之上的虚拟身份认同，拉动全球用户针对特定国际事件的泛传播。由于传播主体的背景更为多样，内容生产故不再为专业知识（如国际政治）领域的人士所垄断，传统媒体严格区分军事、政治、经济、文化的报道类型学体系也由是消解，国际传播成为个人化"泛传播"图景的一部分。这一状况为学界和业界重新思考国际传播的内涵与边界提供了启发。既然在数字时代，展示真实、立体、全面的中国，是加强中国国际传播能力建设的重要任务，[①]那么国际传播的核心内容战略即在于生产真实、立体、全面的信息，而未必完全依赖特定权威内容的输出。从实务层面看，在建设国际传播旗舰媒体的同时，也需要重视用户、组织和企业传播主体的内容生产实践，并通过个体故事的丰富"表达"（expression）弥补中国在欧美主导的国际话语体系中缺乏"代表性"（representativeness）问题。

三、算法作为国际传播体系的架构

平台介入国际传播实践的一个必然结果，就是算法成为整个国际传播新体系的基础架构。何塞·范·迪克指出，算法和数据是平台化的燃料。[②]算法通

[①] 《习近平在中共中央政治局第三十次集体学习时强调　加强和改进国际传播工作　展示真实立体全面的中国》，新华网，http://www.xinhuanet.com/politics/leaders/2021-06/01/c_1127517461.htm，2021年6月1日。

[②] 何塞·范·迪克、孙少晶、陶禹舟：《平台化逻辑与平台社会——对话前荷兰皇家艺术和科学院主席何塞·范·迪克》，《国际新闻界》，2021年第9期，第49-59页。

过提供"个性化服务"（personalized services）驱动大型平台连接更多用户，扩大平台数据资产的规模效益。正因推荐算法的强势存在，平台方得以逐渐取代传统媒体影响力。随着平台在政治经济与日常生活中重要性的日趋提升，智能推荐算法不断重塑国际传播的基本方式，且这些方式因不同算法技术逻辑的差异而彼此不同。

具体来说，主流推荐算法包括基于内容的推荐、基于协同过滤的推荐、基于时序流行度的推荐等几种类型。[1]这些算法的运行依靠对内容进行标签编码的"内容画像"和对用户特征做出分类的"人群画像"。全球范围内的主流平台都会以此为起点创造有利于自身发展的推荐和分发规则，并且通过差异化策略获取竞争优势。如脸书最为青睐与用户互动性强的内容，注重人际关系的优化；优兔鼓励原创，通过观看时长、分享次数、重复观看等指标衡量频道的权威性指数并据此推荐；照片墙重视"用户对内容感兴趣的可能性"；推特平台则更强调信息的时新性；等等。[2]尽管各平台的核心算法编码还处于"黑箱"之中，且平台常常通过对不同算法机制的组合加人工筛选的方式生成信息流，但个体传播者还是可以依据不同平台核心算法的基本逻辑做出大致推测，针对性地释放内容。

算法可供性为多元传播主体和跨边界内容创造了巨大的流动空间，得以将原本个性化的内容推广给更广大圈层的受众。例如留学生博主"碰碰彭碰彭Jingxuan"将她在法国街头弹奏古筝的视频上传至优兔，获得超75万人的订阅者。该博主不仅聚合了对中国文化感兴趣的欧美受众，而且也通过有魅力的古筝演奏吸引了音乐和乐器圈的爱好者。与优兔这样的长视频平台相比，短视频

---

[1] 陈昌凤、仇筠茜：《"信息茧房"在西方：似是而非的概念与算法的"破茧"求解》，《新闻大学》，2020年第1期，第1-14+124页。

[2] CTR：《2021中国媒体市场趋势报告》，中文互联网数据资讯网，http://www.199it.com/archives/1315347.html，2021年9月23日。

平台抖音国际版的算法更加鼓励迷因（meme）模仿。在2020年全球新冠肺炎疫情最为严峻的时期，许多年轻人需要情绪排遣的"解压阀"，这造就了《一剪梅》中"雪花飘飘，北风萧萧"的病毒式传播。这首歌后来竟在全球音乐流媒体平台声田上登顶多国排行榜。①根据平台算法的推荐逻辑，这些成功并非是不可预测的偶然事件——优兔重视频道权威指数，因此传播主体需要打造高质量内容培养忠实受众；而抖音国际版则对易于复制传播的迷因内容更为友好，注重通过唤醒共同情感与用户建立连接。

与此同时，基于标签分类和标签聚合的算法也带来信息茧房的风险。在社交媒体上接触过假新闻和阴谋论的用户更容易卷入国际舆论场中的仇恨话语，而平台在这个问题上少有作为。脸书于2018年推出旨在推动用户参与度的内容推荐算法，但他们同时也发现激发参与的最佳方式是向用户灌输恐惧和仇恨。《华尔街日报》在2018年披露了一份脸书内部的演示文稿，上面写道："我们的算法利用了分裂（divisiveness）对人类大脑的吸引力。如果不加以控制，脸书将向用户提供越来越多的分裂内容，据此吸引用户的关注并延长他们停留在平台上的时间。"②由此可见，信息生态的健康有序必须依靠平台的算法技术治理，而平台治理的方式和程度则首要受制于自身的政治经济利益而非公共福祉，这是当下国际传播实践仍然无法解决的矛盾。

四、国际传播实践中的算法适用性

算法可供性为国际传播实践带来了更多元的主体和更丰富的内容，但技术

---

① 《65岁费玉清在欧美爆红，为什么＜一剪梅＞突然在国外火了？》，澎湃新闻，https://www.thepaper.cn/newsDetail_forward_7938125，2020年6月21日。
② Horwitz, J., Facebook Executives Shut Down Efforts to Make the Site Less Divisive, https://www.wsj.com/articles/facebook-knows-it-encourages-division-top-executives-nixed-solutions-115905074990.

的影响从来都不是中性和单向度的，其背后始终存在着国家利益和商业利益等多重因素构成的复杂权力结构，这就给"基于算法的国际传播实践"提出了严肃的适用性问题。

（一）合理性：释放数据生产力

尼克·库尔德利（Nick Couldry）认为，数字平台获取数据并对其进行商品化和价值提取，是数据殖民主义将日常生活纳入资本体系的一种形式。[①]这意味着所有人类和非人类的行为都难以避免被卷入数据化和资产化的进程，有效的传播无法不倚赖对数据逻辑的服膺和利用。智能算法之所以成为赋能国际传播实践的基本技术架构，在很大程度上正因其强大的数据整合与处理能力，这种能力使得精准传播（accurate communication）成为可能。

智能算法的"数据生产力"促使许多媒体机构尝试将其逻辑融入上游内容生产机制。例如《纽约时报》开发了一款智能程序Blossom，用以对该报每日300条报道进行筛选，就哪些报道可以成为当天的脸书帖文提出建议。这款应用的后端采用机器学习技术，涉及Java、Python和MapReduce；而前端是"一个非常友好的聊天机器人"，当需要制作突发新闻时，可以帮助记者在旧内容中搜索与突发事件相关并值得被重新分享的故事。自动化的生产模式产生了良好绩效：根据报告，Blossom推荐的脸书帖子点击量比非Blossom推荐的帖子多120%。[②]

在面对复杂多变的国际舆论场时，算法可以先行探路。媒体机构除依托自身网站收集数据外，还可充分利用平台算法的数据生产力，对目标用户人群

[①] 常江、田浩：《尼克·库尔德利：数据殖民主义是殖民主义的最新阶段——马克思主义与数字文化批判》，《新闻界》，2020年第2期，第4—11页。

[②] Castillo, M., Nifty New York Times Technology Won't Cut Out the Need for a Social Media Gut-check, https://www.bizjournals.com/newyork/news/2015/08/14/nifty-new-york-times-technology-wont-cut-out-the.html.

进行细致的画像分析。对于国际传播实践来说，充分利用算法的数据生产力是基于工具理性的判断，因为算法可以显著减少编辑室做出决定所花费的时间，也能够用来制作适配用户的自动化新闻，极大提升效率。如新华社的"快笔小新"就是机器人写作在新闻生产中成功应用的案例。不过，平台算法为追求更多的用户活跃，通常会将点击率作为衡量内容成功与否的核心指标。这种价值锚定一旦在信息生产中成为主导性逻辑，将显著压抑其他有传播潜力的内容的可见性，也会对整个新闻生态构成破坏，带来不实信息、虚假信息和恶意信息的泛滥。此外，尽管平台能够为媒体反馈一定的用户行为数据，但其引流用户的前置逻辑却从来不予公开，个体和媒体机构难以打破平台利用媒体内容赚取高额网络广告收入的"双头垄断"。[①]这一状况使得信息传播主体在反复考量自身经济效益和文化影响力的同时，不得不在很大程度上顺应点击率等可见指标导向的生产模式。鉴于此，已经有国家尝试对数字平台的新闻服务进行干预，如澳大利亚的《新闻媒体和数字化平台强制议价准则》规定本国新闻机构有权要求数字平台为其新闻内容付费，并就此开展单独或集体谈判。制度环境的变化可能有助于将平台算法更好地引向合规方向，制约算法使用中工具理性的垄断趋势。

（二）合情性：国际传播的情感架构

数字新闻学现有研究指出，数字时代的新闻传播更加显著地诉诸用户的情感。有学者从两个方面为情感进行定义：一是认知和身体方面相互作用的觉醒，二是威廉斯所谓的"感觉结构"（structures of feelings）。[②]如今，以琐碎化为特征的网络热点信息通过不断吸纳汇聚各方情绪表达，凝结成复杂的"情

[①] 杜鹃：《走向人机协同：算法新闻时代的新闻伦理》，人民网，http://media.people.com.cn/n1/2019/1108/c430698-31445618.html，2019 年 11 月 8 日。

[②] Lünenborg, M. &Maier, T., The Turn to Affect and Emotion in Media Studies, Media and Communication, vol. 6, no. 3, 2018, pp.1-4.

感连续体",并据此与宏观社会语境和制度环境进行互动。[①]

一直以来,激发受众共情都是提升国际传播效果的一项核心策略,这与网络公众(networked publics)基于情感聚合的媒体使用趋势相契合。例如,北京冬奥会作为一个盛大的全球性媒介事件,从开幕式到赛中报道等诸多策划都展现出传播者对情感力量的重视。除传统媒体渠道外,基于平台的个体信息生产与传播无不以情感为核心要素,以唤起共情为基本接受路径。北京冬奥会期间,在照片墙、抖音国际版、推特等平台上,各国运动员不断分享自己在奥运村的生活点滴,记录与志愿者的友好往来,表达对中国文化的兴趣,这些基于个体视角生成的媒介内容成为不同于传统形式的冬奥宣介品,以朴素真实的情感吸引了全球用户的关注。平台算法的内在逻辑亦系统性鼓励运动员的情感表达,令他们通过生产情感化信息获得更多粉丝和影响力。

不过,国际传播终究是一种理性的活动。面对数字媒体生态的"情感架构"[②],国际传播必须建构适当的边界,避免平台经济的情感"绑架"。在算法的"培育"和"刺激"下,情感的生成并不基于对他者遭遇的理解,而更多是对既有价值和立场的选择性增强;当人们接触到算法推荐的信息时,会快速地触发熟悉的认知图式并唤醒既有情感,[③]因而同化的情感总是不断被生产出来。因此,对于国际传播来说,既要看到情感要素在数字平台时代的有效性,主动把握情感化内容生产传播的规律,鼓励能够激发国际受众共情体验和正向反馈的实践模式,也要认识到算法不断制造情感同质化和极化结构的倾向,防止过度情绪化对多元理性内容的遮蔽。

[①] 常江:《互联网、情感连续体与情感劳动》,《青年记者》,2020年第19期,第93页。
[②] Wahl-Jorgensen, K., Towards a Typology of Mediated Anger: Routine Coverage of Protest and Political Emotion, International Journal of Communication, vol. 12, 2018, pp.2071-2087.
[③] 李雪冰、罗跃嘉:《情绪和记忆的相互作用》,《心理科学进展》,2007年第1期,第3-7页。

（三）合规性：平台主权与数据安全

应用算法提升国际传播效能，需要在调动算法生产力的同时主动调试实践策略，规避算法滥用的风险，并积极参与对平台算法乱象的治理。对算法合规性的准确理解和把握，既划定了国际传播活动不能逾越的法律和道德边界，也是在现有制度框架下探索传播实践创新路径的观念前提。

首要值得关注的，是欧美科技巨头旗下的全球性信息平台对算法应用的强主导性和对算法治理的强制约性。受限于全球舆论场现有的权力结构，中国媒体内容和故事若要实现有效的国际传播，仍需在很大程度上"借船出海"，而这个"船"主要指的就是由美国高科技公司控制的大型平台。这些平台对于全球用户数据和通行算法规则的巨大掌控力，使得其他国家的国际传播实践长期处于被动地位。随着美国政府近年来针对性地要求国有媒体根据《外国代理人登记法》注册为"外国代理机构"（foreign agent），优兔、推特、脸书等美国平台也对中国国际电视台、新华社等中国媒体的内容予以限制，如推特便将中国国际电视台、《环球时报》英文版（Global Times）等中国媒体海外账号标记为"国家附属媒体"（state-affiliated media），但美国自己的外宣机构"美国之音"（VOA）却不在受限之列。[①]这些行动体现了欧美国家在平台时代的全球传播秩序中仍然拥有显著的优势，数字化的国际信息传播实践始终受到后冷战思维的约束。

近年来，中国自主平台的全球发展态势良好，但仍面临着一些难以克服的障碍，亟待政策、观念和实践的突破。路透社报告指出，中国的平台在使用

---

① CGTN, Twitter Labels China and Russia' State-affiliated Media' Accounts But Not BBC, NPR&VOA, https://news.cgtn.com/news/2020-08-07/twitter-labels-China-and-Russia-state-affiliated-media-accounts-SL5wvC8kF2/index.html.

人工智能（主要是机器学习技术）筛选个性化新闻方面处于世界领先地位，①但这一技术优势不足以让中国媒体打破历史悠久、结构牢固的国际信息流通壁垒。2020年，抖音国际版在美国遭遇"围剿"，时任美国总统特朗普以国家安全为由，威胁全面封杀，为美企收购铺路。此前，抖音国际版背靠母公司字节跳动的前沿算法技术在全球市场中取得成功，一度成为应用商店（App Store）全球下载量最多的应用，打破多年来由脸书全面主导的格局。但产品与服务的竞争很快就涉入"美国优先"与国家安全的话语纠缠。②可见在国际舆论场域，仅有前沿技术是不足以实现有效传播的，国际传播实践始终是且一直将是关涉国家利益的宏观政治经济工程的一部分，其天然的意识形态属性将不断受到严苛的审视。

另外，平台化国际传播的活跃也带来了数据安全方面的问题，国家与垄断数字平台、国家与国家、企业与企业之间就这一问题展开反复博弈。目前来看，针对性的立法是行之有效的方式。欧盟通过的《数字服务法》和《数字市场法》旨在使社交媒体平台更加透明，令用户和立法者能够深入了解对内容予以推荐和降级的算法机制。③一些国家还通过制定法律或规则来维护数据主权，以及限制本国数据向境外流动。如美国在2018年通过《澄清域外合法使用数据法》（CLOUD Act），将美国互联网企业铸造成自身在"网络空间的国土"，借助美企的互联网行业市场份额扩展国家数据主权。④中国则于2021年

---

① Newman, N., Journalism, Media and Technology Trends and Predictions 2019, https://reutersinstitute.politics.ox.ac.uk/our-research/journalism-media-and-technology-trends-and-predictions-2019.

② Mcgraw, M., Trump's First TikTok Move: A China Quagmire of His Own making, https://www.politico.com/news/2020/09/11/trumps-tiktok-china-412053.

③ Zuckerman, E., The Good Web, https://ssir.org/articles/entry/the_good_web.

④ 贺军：《美国为何要抢先布局国际数据规则》，"再见巴别塔"微信公众号，2022年8月5日。

出台《中华人民共和国个人信息保护法》，在公共安全和数据跨境方面做出具体规定，①包括对其他国家和地区的歧视性禁止、限制措施采取相应手段的制度。②

所有这些合规性争议对于国际传播来说既是挑战也是机遇。挑战在于国际传播主体对全球用户行为的数字可追踪性（digital traceability）会显著降低。但机遇也是巨大的——借助全球立法行动，各国日渐深度参与算法治理实践，这不但可以对强势平台主导的不公平措施予以反制，而且也能于总体上营造一个更加透明、更接近平等的全球信息生态。成功经验值得深入分析，其表明有效的国际传播须建立在平台的本地性和文化包容性之上，这应当成为中国发展建设性国际传播策略的一个重要方向。

五、结语

在平台时代，算法已经成为激发用户能动性、推动信息持续流通的基础架构。准确把握算法逻辑，对于国际传播实践中提升内容产能、实现精准分发、捍卫数据主权等工作具有不容忽视的工具理性意义。

本文认为，中国对于平台时代全球信息传播秩序的积极介入，应在准确把握海外用户信息与情感需求的同时，界定并扶持具有先进意义的多元传播主体。"先进"意味着算法可以成为分析依据但不能作为唯一的导向标准，而多元则意味着对传播主体的背景和身份应更加包容。制订国际传播方案最核心的指标应该是传播活动本身是否具有丰富的话语阐释价值和携带更多普世的情感要素。对"先进"的强调确保传播实践致力于塑造理性、有序的全

---

① 《〈中华人民共和国个人信息保护法（草案）〉解读》，https://www2.deloitte.com/cn/zh/pages/risk/articles/china-draft-personal-data-protection-law.html。
② 《中国式"长臂管辖"：个人信息保护法（草案）的域外效力》，搜狐网，https://www.sohu.com/a/426550528_159412，2020年10月21日。

球信息生态，坚持以专业、可循证的声音澄清误会、促进理解，而对"多元"的追求则有利于扩大受众基础，并充分激发蕴藏在民间的国际文化交流潜能。

究其实质，算法的核心优势始终在于创建人与人之间无穷尽的连接，因此基于算法架构的国际传播必然要以"人人传播"为基本形式，以人的价值为核心诉求。在平台时代，成功的国际传播实践必然是更好服膺人的精神与情感需求、更好地服务于人际交往基本逻辑的交流仪式。在这个意义上，对算法的合理利用既是拓展国际话语空间、巩固国际信息主权的必由之路，也是每一个传播主体面对自己的内心，检视人与人之间的共通点与共情力的历史契机。

（本文发表于2022年10月，略有删改。）

算法传播：从"算法可治"到"算法善治"

沈 浩　中国传媒大学媒体融合与传播国家重点实验室媒体大数据中心首席科学家

随着计算机技术、人工智能技术的飞速发展，人类已经逐步迈入信息战、舆论战和认知战的时代，算法已经遍布我们的生活。为了应对数字时代传媒变革、网络义化发展，以解决、提高我国国际传播能力和社会治理能力的需求，"算法可治"与"算法善治"显得尤为重要。

一、算法与算法发展现状

（一）什么是算法

算法本质上是由计算机编程语言编写而成的一段程序，但是在如今的社会，算法的定义已经相对泛化。在当今快速发展的大数据时代背景之下，计算机技术的飞速发展促使机器学习、深度学习、人工智能、元宇宙等概念相继出现，算法已经成为许多数字产品、具有影响力的社交媒体、电商应用程序等产品的标配。然而，算法在伴随这些互联网产品的发展过程中也渐渐出现了问题。

（二）国内算法发展现状

信息茧房问题最初在2008年由桑斯坦（Cass R.Sunstein）在《信息乌托邦》（*Infotopia*）中提出。信息茧房的基本概念为：人类在信息流中会被自己感兴趣的信息所引导，这种现象导致了人类更愿意且只能够获取自己感兴趣的信息，从而将自己封闭在这类有限的回音壁般的信息流之中，就如同蚕蛹吐丝将自己包裹在茧房里。①如今以个性化推荐为代表的算法是信息茧房问题的主要来源。在中国，以字节跳动为首的互联网科技公司，于2016年前后开始对个性化推荐应用程序进行大面积推广。这些应用程序通过采集海量的用户行为信息，对数据进行深度挖掘，对用户进行画像、打标签，来分析用户的行为，以便把用户最感兴趣的信息推送到他们手里，让每个人都沉醉在自己的"舒适圈"。

除了信息茧房问题之外，我国还面临着大数据"杀熟"问题。大数据"杀熟"是指在面对同样的服务或商品时，老用户看到的价格要比新用户贵出许多的现象。企业为了追逐自身利益，利用数据算法的不透明性，通过挖掘不同时空区域、不同画像，以及不同兴趣与偏好的用户信息，对新老用户进行区别定价，并结合复杂的促销规则和算法，混淆价格和优惠，具有极大的隐蔽性，给用户取证维权带来极大的困难。

现在人们的生活离不开算法，衣食住行各方面都需要算法。软件定义一切，数据驱动未来，算法统治世界。当算法变得越来越重要，同时又带来了一系列算法问题，我们迫切需要加强算法治理。

（三）国外算法发展现状

国内的算法潮流是字节跳动等互联网平台企业带来的，而国外的算法鼻祖来自亚马逊网络电子商务公司。亚马逊公司通过收集海量的用户购物信息，来分析每个用户的购物兴趣，构建用户画像，形成千人千面。在用户浏览商品时，向他们推荐他们可能会更感兴趣的商品，用户在购买商品后产生的购物信息，会再次补充到用户的个人画像当中，以此达成循环。推荐系统得以获取到更多的用户信息，达到完全的个性化推荐。

以信息茧房为主的算法问题不仅仅出现在国内，千人千面和用户画像技术

---

① ［美］桑斯坦：《信息乌托邦》，毕竞悦译，北京：法律出版社，2008年版，第7页。

在国外做得更好更强，甚至更极致。在拥有了海量用户个人信息之后，除了信息茧房问题，还会出现以用户个人信息泄露为主的个人隐私保护问题。对于美西方国家来讲，个人隐私保护是重中之重，这些国家和地区特别关注所谓的个人隐私，因此欧盟于2018年5月最先出台了《通用数据保护条例》（GDPR）。《通用数据保护条例》（以下简称《条例》）指出：欧盟公民，无论是在欧盟的境内还是境外，只要有公司、企业或个人想要获取公民个人信息，必须先进行承诺声明对该公民信息进行获取，该公民可以允许，也可以不允许。即使该公民允许他的信息被获取采集，也可以随时取消允许。①《条例》的惩罚力度很大，2019年7月，英国航空公司因违反《条例》被罚款1.8339亿英镑，约合15.8亿元人民币。②面对《条例》的巨额罚单，欧美大量的企业在服务于欧盟的客户时，都会对算法进行一些限制，以防止算法对用户信息的滥用和用户信息泄露。

随着欧盟《条例》的公布，美国也于2018年6月出台了《加州消费者隐私法案》（CCPA），这是美国首部关于数据隐私方面的保护法案。《加州消费者隐私法案》（以下简称《法案》）的出现，使得美国在数据隐私方面不再是空白。该《法案》让加州消费者的隐私数据得到了安全的保护，其被认为是美国最严格的消费者数据隐私保护法。

随着这些条例和法案的颁布，美西方渐渐形成数据的保护机制和相应的数据管控条例。因为算法的强大，在当前舆论战、信息战和元宇宙的大环境下，其在欧美被当作一种武器，用来获取利益，攻击对手。2020年，美国指责抖音

---

① 桑德拉·沃切特、布伦特·米特尔斯塔德、克里斯·拉塞尔、陈宇超：《无需打开"黑箱"的反事实解释：自动化决策和＜通用数据保护条例＞》，《国外社会科学前沿》，2022年第7期，第85-99页。
② 《英航因泄露用户信息被罚近两亿英镑》，新华网，http://www.xinhuanet.com/world/2019-07/08/c_1124726167.html，2019年7月8日。

国际版泄露用户数据，危害美国国家安全，时任美国总统特朗普意欲强行收购抖音国际版，将字节跳动的服务部署到美国本土，我国便相应采取了一种措施：数据存储服务器可以部署到美国，但算法坚决不能够出口。[①]这意味着我国认为算法是一个企业的核心竞争力，是一种由数据驱动的能力，维持着当今企业基本的运作模式。在中国与美西方在互联网、赛博空间和元宇宙上的竞争中，算法、数据和算力成为重要的生产资料，在这种环境之下，算法治理、算法保护就显得格外重要。

二、算法治理现状

（一）国外算法治理现状

国外在算法治理和隐私数据保护方面起步较早，相关的法律法规以及行业的标准较为完善，给全球的算法治理和隐私数据保护制度的建设提供了引领与示范。美国已呼吁互联网公司调整算法，以根除虚假信息，此外美国还成立了大数据、伦理与社会理事会（BDES）用来支撑大数据引发的社会、伦理、法律和政策问题；欧盟已起草规则，威胁称"如果大型科技公司不采取更多措施处理非法内容，将处以十分严重的罚款"。欧盟也成立了欧洲数据保护专员公署（EDPS）用来监督确保欧洲机构和团体在处理个人数据和制定新政策时尊重隐私权和数据保护权。

亚利桑那州立大学（ASU）的法律学者团队在2021年进行了一项关于2016年至2019年间制定的634个算法法律项目的调查研究。研究表明：这些有关于算法治理的项目中有36%由政府发起，余下的项目由非营利或私营机构发起。亚利桑那州立大学的报告发现，这些算法治理项目在透明度、可解释性、道

[①] 董浩宇：《国际传播中数字媒体的发展性初探——以抖音TikTok全球发展与美国禁令为例》，《国际公关》，2021年第9期，第134-136页。

德、权力、安全和偏见等方面达成了广泛的共识。英国的艾伦·图灵研究所（Alan Turing Institute）将这些算法治理项目共有的原则归纳为四点：公平、问责、可持续性和透明度。国外算法治理不仅强调了以上四点原则，同时也强调了算法的先进性，这些值得国内部门和企业在算法治理中学习和借鉴。①

（二）国内算法治理现状

随着我国算法应用飞速发展，信息茧房、大数据"杀熟"等算法问题逐渐出现，我国也开始对算法治理日益重视。2021年8月，国家互联网信息办公室发布了《互联网信息服务算法推荐管理规定（征求意见稿）》，其中建议互联网公司不应该建立引诱用户花费大量资金的算法模型，并应该允许用户可以轻易选择关闭算法推荐服务。2021年9月，相关机构明确，将在大约三年之内制定算法治理规则，同时，也正在努力加强对互联网科技公司的个性化推荐、用户画像等算法的控制，成立专业评估团队，深入分析算法的机制让算法变得更加公平、更加透明，这并不是否定算法，而是要继续大力推动算法创新研究并努力提升中国算法的核心竞争力。②

中国信息通信研究院积极参与算法治理监管政策的制定、技术认证和测试，并将专注于创建测试数据算法的工具。虽然这项工作仍处于起步阶段，但其将为我国人工智能算法治理制度奠定基础，确保我国算法体系的健壮性、可靠性和可控性。我国科学技术部也公布了算法治理手段，将制定道德标准，依靠互联网公司和算法研究人员以自监督的方式将算法治理原则应用到算法开发的工作中。为了消除算法歧视、算法偏见，国家互联网信息办公室等多个部门

---

① Leslie, D., Understanding artificial intelligence ethics and safety: A guide for the responsible design and implementation of AI systems in the public sector, The Alan Turing Institute, 2019, p.2.
② 温婧：《禁止"大数据杀熟"、诱导沉迷，网信办等四部门发布算法规范》，北京青年报客户端，https://m.gmw.cn/baijia/2022-01/04/1302748490.html，2022年1月4日。

于2022年3月联合发布了《互联网信息服务算法推荐管理规定》。[①]在此基础上，我国应当进一步明确相应的算法保护和数据出境的政策、法律和法规，这为我国"一带一路""人类命运共同体"等全球性倡议和理念提供了安全保障，也为我国企业服务于社会、服务于全球的商业模式保驾护航。

三、"算法可治"需要对症下药

人类正在大踏步地进入数字经济时代，数字经济实际上包括了数字产业化、产业数字化（即实体经济数字化发展）和社会治理三个部分。特别需要强调的是，数字经济时代的社会治理特别依赖"计算"来有效提升治理效能。麦克卢汉提出了"媒介是人体的延伸"的理论，由此可以类推得出"计算重塑媒介的延伸"，计算驱动着传媒产业与社会变革，计算的核心要素是数据、算法和算力，数据是生产要素，算法是知识产权，算力是"新基建"。

鉴于算法在传媒领域和网络数字空间的重要性，必须找到算法可治的路径。面对不同的算法，算法治理需要采用不同的切入点。具体来说，算法有三种系统理论，分别为：白箱理论、黑箱理论和灰箱理论。[②]白箱理论是指算法研究人员不仅知道算法的输入、输出关系，并且知道算法的结构与算法的构建过程，它相当于是一个白色透明外壳的箱子，能够随时被人类观察到箱子其中的内部结构，所以，如果我们能够理解算法的原理，那就可以利用白箱理论从源头介入，对算法进行评估。

黑箱理论是指算法研究人员仅仅能够得知算法的输入、输出内容，但并不

[①] 国家互联网信息办公室、工业和信息化部、公安部、国家市场监督管理总局：《互联网信息服务算法推荐管理规定》，中国网信网，http://www.cac.gov.cn/2022-01/04/c_1642894606364259.html，2022年1月4日。

[②] 张滢：《"黑箱—灰箱—白箱"策略在商务谈判中的应用》，《经济论坛》，2006年第23期，第85-87页。

清楚算法的结构、算法内部的运行逻辑，就如同一个外壳为黑色的箱子，研究人员只能够根据输入输出的特点来推断算法的系统规律。黑箱算法是有数据驱动的，所以我们要从结果入手来评估其对社会的影响。

灰箱理论是指算法内部规律只有部分能够被人理解，在建立和改善模型方面还有许多工作要做，就如同一个外壳为灰色的箱子。面对灰箱算法，在操作层面需要从审核介入，这就需要我们懂得算法。

四、"算法善治"需要政府、技术、企业的合力支持

算法需要可治，更要善治，算法善治重点在"善"，科技向善，重塑算法价值观。"算法善治"需要政府指导、完善相关法律法规进行督促，同时也需要全民参与网络文明的发展进程，以底线思维防范化解风险。算法在大数据、云计算和人工智能的推动下，已经成为数字基础设施的操作系统，成为信息社会的软件架构，并与人的数字化生存和社会的数据化运行同步演化。习近平总书记指出："要增强紧迫感和使命感，推动关键核心技术自主创新不断实现突破，探索将人工智能运用在新闻采集、生产、分发、接收、反馈中，用主流价值导向驾驭'算法'，全面提高舆论引导能力。"[①]算法治理的内核应该是价值观，中层是技术架构，外层是应用场景。

算法善治还需要建立"政府—技术—企业"一体化治理体系。对于政府，需要针对不同类型算法，守正创新，倡导源头和结果的科学监管，备案追责，助推网络文化安全的算法效果标准和政策指南；对于技术，需要构建时间空间模型，实现自辨真假和无假自证，打击虚假信息，增强事实核查的技术能力，实现账号分类分级管理，强化运行主体责任；对于企业，需要承担问责算法的

---

① 《习近平：加快推动媒体融合发展　构建全媒体传播格局》，中国政府网，http://www.gov.cn/xinwen/2019-03/15/content_5374027.htm，2019年3月15日。

原则，明确且声明算法的社会影响，需要报告、解释、证明算法决策，以及减轻任何可能的负面社会影响或潜在危害。

在算法治理中，治理的范围不仅要针对国内，还应该涉及国际传播，不仅要保护国内算法的知识产权，也需要助力保障我们国家的安全。在当前信息战、舆论战和认知战的大环境下，我们更应格外关心算法的相应治理和对知识产权的保护。对于中外联合企业、产品应用程序涉及境外用户的企业，不仅要遵守国内的法律，还需要遵守当地相关的法律法规，有关部门也需要对上述企业进行相应的帮助、核实核查和进行必要的审查，以避免国内企业对当地法律的忽视，防止算法问题对国内企业的伤害，同时还应该保护我国企业算法技术和产品的先进性，帮助有关企业发挥算法的先进性作用。

从"算法可治"到"算法善治"，既强调了算法的科学性，也体现了算法的艺术性，这样才能达到科学和艺术的和谐统一。

五、人类时空共同体是算法治理的成功尝试

在算法治理的过程中，时间和空间是两个重要的要素。以微博为例，2022年4月之前，用户在微博平台发布博文、评论时只能够显示时间信息，而没有位置信息。随着俄乌冲突爆发，2022年4月后，微博、抖音、小红书等社交媒体网络陆续加入"显示IP归属地"功能，这体现了网络空间在网信部门指导下的进化能力。这些IP属地信息的显示不由发帖人自主控制，是算法系统基于一定尺度的位置信息随博文的发出自动显示，国内的用户将显示到省份，国外的用户显示到国家。这是一种有效的算法治理方式。

如果时间和空间成为条件要素共同附着在一个通用标签上，那么人类就可以打造一个无假自证或自辨真假的境界。同样，基于这样的技术理念，无论在中国的领空、世界的领空、还是未来空间，抑或元宇宙，都可以本着"人类时空共同体"的价值观念实现算法治理。为此，我们需要进一步思考、完善、实

现，建立相关算法操作系统，贡献中国智慧和中国方案。

结语

"算法可治"很重要，"算法善治"更重要。我国要在技术上掌握主动权，算法可以助力国家定策设计，促进国家传播能力提升，推进网络文明的建设历程。在服务国家需求、解决实际问题、服务关键应用场景的环境下，对大数据人工智能、算法能力进行建设与优化，这也是在数字经济时代"算法善治"所作的探索。

（本文发表于2022年10月，略有删改。）

算法介入国际传播：
模式重塑、实践思考与治理启示[①]

何天平　中国人民大学新闻学院讲师

蒋贤成　中国人民大学新闻学院博士研究生，

新加坡南洋理工大学联合培养博士研究生

随着算法推荐技术（以下简称"算法技术"）对信息传播过程的全面介入，算法已成为个体感知与认识世界的一种集成式中介[②]。国际传播作为一种至关重要的传播场景，其组织架构与运行逻辑也因算法的进展形成实质性的重塑与改写，以国际社交平台为代表的新兴传播场域正是算法介入国际传播的典型案例。本文着眼于深度平台化的传播生态演进，探讨与反思算法介入背景下的国际传播模式重塑与实践要点，并基于数字治理的视野有针对性地提取规制层面的核心线索，以期带来一定的现实启发。

一、模式重塑：算法介入下的数字时代国际传播

传播模式的演变常与通信设施的变革相伴而生。正因为电报、广播、新闻

[①] 本文系中国人民大学科学研究基金重大项目"中国互联网新闻传播史研究"（20XNL019）阶段性成果。

[②] 喻国明：《算法即媒介：如何读解这一未来传播的关键命题》，《传媒观察》，2022年第4期，第29-32页。

通讯社等大众媒介的发展，现代意义上的国际传播才得以兴盛。[1]伴随数字时代媒介体系的全面转型，国际传播模式正做出相应改变，理解技术作为一种构造性力量在其中扮演的角色具有关键作用。以算法为代表的技术话语整体性地影响着数字时代国际传播的变革趋势，主要表现在三个方面。

（一）国际传播环境重构：双向潜能的平台世界

数字时代中国国际传播面向的宏观环境正在得到重构，当前以国际社交平台为代表的国际传播场景表现出"平台世界主义"（platform cosmopolitanism）与"网络巴尔干化"（cyber-balkanization）共存的"嵌合体"特征。

现代意义上的国际传播勃兴于世界大战及冷战时期，本质上是在各国国民难以广泛直接沟通的背景下服务于各国政府的宣传需要。然而，互联网的出现及社交媒体的普及全方位解构了这一传统格局。跨国社交平台搭建起各国政府、媒体、民众直接对话沟通的网络空间，同时不断虹吸乃至解构传统传播手段，逐步发展出一套多维要素、多元面向的复杂传播系统。

伴随国际传播步入平台时代，不同群体之间的信息互动与交往呈现出更趋复杂的脉络。平台究竟是促进群体间对话的公共领域，还是群体内部意见极化的"回声室"？相关议题的讨论愈发受到重视。一方面，国际社交平台由于其广泛联通性被视为真正意义上的全球性媒介，为不同国族、群体成员展开超越"国族中心主义"（ethnocentrism）的新型国际传播提供机遇，其蕴含的世界主义潜能契合人类命运共同体的倡议精神。[2]另一方面，社交平台在打破传统传播格局、赋能普通用户的表象之下，仍通过算法操纵等形式隐秘发挥议程设

---

[1] [英]达雅·基山·屠苏：《国际传播：沿袭与流变（第三版）》，胡春阳、姚朵仪译，上海：复旦大学出版社，2022年版，第3-17页。

[2] 史安斌、童桐：《平台世界主义视域下跨文化传播理论和实践的升维》，《跨文化传播研究》，2021年第1期，第31-50页。

置功能①，以致各群体成员易于陷入本群体意见领袖构筑的信息茧房中，由此增加了群体意见极化与网络空间巴尔干化的风险。当然，平台世界主义与网络巴尔干化的单一语境并不足以全面覆盖当前国际传播宏观环境的特点，算法技术同时具备赋予社交平台促进群体间共识与固化群体内认同的能力，而如何应对这一"嵌合体"式的传播场景正是当代国际传播的破题之钥。

（二）国际传播机制创新：多元主体共创式传播

数字时代中国国际传播的机制正在形成变革，逐步从国家媒体主导的圈层式传播转变为算法驱动下的多元主体共创式传播。

传统视野下的中国国际传播体系，往往由国家级媒体担任传播主力，意见领袖、对象国媒体等传播节点往往位于媒体传播链的下游，国际传播体系整体上呈现出以国家媒体为中心、层层向外扩散的圈层结构。基于这种结构，中国声音抵达国际受众的渠道较为单一，国际受众对传播内容的反馈途径也显匮乏。随着社交媒体的发展，数字公共外交等新兴传播形式深刻改写着国际传播的既有格局。平台环境中的传播主体趋于多元，企业、机构乃至普通公民都可以产生近似甚至超越传统媒体的传播声量，在传统媒体难以施展身手的话题、领域中扮演重要角色。

变革之下，国际传播模式已初步显现出算法驱动逻辑的巨大影响。中国国际传播作品抵达国际受众的过程广泛依赖算法推荐机制实现，浏览量、评论量、点赞量、分享量等数据成为评判国际传播效果的直观标准，国际受众可通过多种互动参与来丰富、扩散乃至重塑媒体议程，实现传播受众与传播者之间的双向议程设置。能够看到，基于不同传播主体身份属性与传播潜能的差异，当前中国国际传播已呈现出多元主体借助算法开展分众化传播的共创型传播格

---

① 蒋贤成、钟新：《网络议程设置中的镜像与折变：美法两国"黑命攸关"运动的媒体议程与公众议程》，《全球传媒学刊》，2021年第4期，第103-119页。

局。因此，如何借助算法推荐机制最大范围触及国际受众、激发用户的阅听兴趣、分享意愿与同向共识已成为国际传播的核心要义。但值得注意的是，算法技术作为构成共创式传播的核心技术逻辑，其应用却并不总是无差别、无偏向的，这也意味着以"智能"之名的背后实则可能存在隐蔽操纵传播的极大风险，例如在推荐之中引导和建构生产逻辑、传播路径与品位偏好，这也提供了把握和理解国际传播机制创新的另一重关键视角。

（三）国际传播目标升维：基于算法搭建跨国虚拟共同体

数字时代中国国际传播的目标正在实现全面升维，从提升中国的国家形象与软实力扩展为跨国虚拟共同体的搭建与整合。

传统意义上的国际传播目标往往以提升本国的国际声誉、进而增强本国软实力为核心内容，这离不开大众媒介时期传播者与受众、自我与他者之间泾渭分明的特点。但由于新媒体平台环境的广泛联通性和高度匿名性，不同群体的成员被离散为原子化的个体，试图严格切分"我们"与"你们"、东方与西方已成为极困难之事[1]。不同国家、族群的个体都可以针对中国话题发声，熟悉、热爱中国的外国意见领袖或普通民众故而成为中国国际传播的重要力量。

面对这一变局，仍然定位于过去简单区分你我、以获取被传播者好感的传播目标便显得不切实际。超越东西二元界限、与他人共在更能实现不同群体之间的跨文化共情。[2]由于平台中国家形象呈现与受众认知高度个性化、分散化，传播者较难通过单一的专业性媒体作品提升更广泛的国际受众对中国的整体好感。相较而言，各类具象生动的文化案例更易于吸引不同面向的国际受众，在智能识别、分发等的技术化传播路径中搭建出多层次的基于地缘、趣

---

[1] 吴飞：《与他人共在：超越"我们"/"你们"的二元思维——全球化时代交往理性的几点思考》，《新闻与传播研究》，2013年第10期，第5-20+126页。

[2] 钟新、蒋贤成、王雅墨：《国家形象的跨文化共情传播：北京冬奥会国际传播策略及效果分析》，《新闻与写作》，2022年第5期，第25-34页。

缘、业缘等纽带的跨国虚拟共同体。中国的国际传播目标也由此转向利用算法标签建立中国传播作品与国际受众的关联网络，最大程度上发挥传播节点的"以点带面"效应，促进中国声音的国际表达、国际理解与国际共识，推进世界不同国家之间的互通互信与共鸣共情。

二、实践思考："算法利维坦"风险对国际传播的现实影响

无论在传播环境、机制和目标的层面，算法技术介入其中产生的构造性作用显而易见，而这种整体性变革所带来的生态性影响也有复杂肌理，需要加以一体两面的审视，这同样提醒我们理应对此持有审慎的反思视野。有观点认为，由于算法在政治、社会、经济等领域日益增长的支配性作用，算法已成为一种事实上的权力，并且算法权力具有权力主体与权力对象的弥漫性、权力主体与权力目的的隐蔽性、权力分配的非均衡性等特征。[1]在西方国家，算法权力的膨胀与越位集中体现在算法对意识形态的操纵、算法对政治选举的把控、计算宣传与政治谣言的泛滥等社会现象。这不免令人隐忧算法正在成为一种新型"利维坦"，或将严重干扰人的主体性与社会政治的正常运转机制。[2]

（一）算法技术逻辑加固群体间理解屏障

算法技术对国际传播的影响首先内在于算法技术本身的特性之中。伴随算法技术的介入，国族中心主义式的国际传播正逐步被解构为基于身份标签匹配的多元群体间传播。基于接触假说（contact hypothesis）的观点，不同群体成员间的互动可以成功减少群体间冲突并促进群体间和谐，但需符合以下前提条

---

[1] 谭九生、范晓韵：《"算法权力"的异议与证成》，《北京行政学院学报》，2021年第6期，第11-21页。
[2] 张爱军：《"算法利维坦"的风险及其规制》，《探索与争鸣》，2021年第1期，第95-102+179页。

件，如不同群体成员在接触时拥有平等地位、不同群体成员享有共同目标、不同群体成员有机会结识其他群体成员并建立跨群体友谊等。① 随着社交平台中介的群体间传播发挥愈发显著的作用，已有诸多研究皆聚焦通过中介式的群体间传播减少群体偏见、促进群际和谐。②

循着这一脉络思考，跨国平台使得过往无法直接接触的群体得以互联，不同群体的勾连与互动本应增加群体间的相互理解。然而，算法技术的规模化应用却在很大程度上造成削弱群体间接触的可能性和有效性之风险。一方面，算法技术带来国际传播中社交关系的边界固化。亲密关系加权算法加强了个体原有的社交关系纽带，并推动基于共同兴趣、观点的新共同体形成，使得身处复杂舆论场中的个体不断涌向"同温层"，反而减少与其他国家群体成员的接触机遇。另一方面，算法技术造成国际交往中意见观点的"茧房化"。系统性的算法技术很容易让不同个体在同一社交媒体中接触到完全异质的媒介内容，营造出完全不同的"拟像世界"，制造"自我即群体""自我即世界"的"大多数假象"。

在社交关系固化与意见观点极化的综合影响下，沉浸其中的受众极易形成错误认知，进一步固化自身的既有立场、偏见，也在实质上更难拥有接触其他群体多元化信息的空间。即使有机会，要通过群际接触改善对其他国家群体印象也并非易事。在这种情况下，中国所开展的国际传播活动就有极大可能面对传播滞阻的多种状况，即使能够抵达国际受众，也可能因其异质性激发"逆火效应"，最终造成并不尽如人意的传播效果。

---

① Dovidio, J. F., Gaertner, S. L., &Kawakami, K. （2003）, Intergroup Contact: The Past, Present, and the Future, Group processes&intergroup relations, 6（1）, pp.5–21.

② Kim, N., &Chung, M. （2022）, The Role of Contact Richness in Mediated Intergroup Contact: A Test of the Contact Space Framework. Mass communication and society, 25（3）, pp.311–334.

(二)平台算法权力干预国际传播渠道

算法技术对国际传播的影响,正在以平台为代表的市场化媒体在国际传播格局中的地位凸显而呈现出更趋复杂的作用特点。算法技术需要依托具体的媒介实现,因此算法权力事实上促使了平台潜在的算法霸权进一步显影。看似已成为社会基础设施的各种平台在本质上仍是各企业的盈利产品,平台出于自身利益考量,往往通过无意或有意的方式干预国际传播的抵达路径与影响渠道。

平台的算法权力很大程度上通过操纵个体或议题的可见性(visibility)实现。[1]一方面体现在面向广谱受众操纵议程的可见性。例如,绝大多数国际社交平台都设置了实时热搜、热点推荐功能。表面上看,这些"高亮"只是算法技术对用户议程的客观再现,构成独立于媒体议程、政府议程的"算法议程"[2]。但事实上,平台可能出于增加话题热度、维护政治立场等动机对算法议程的可见性、话语框架实现控制。尤其是在与中国有关的热点议题引爆舆论时,热搜词条文本的不同遣词可以构成完全不同的价值框架。通过这种方式,平台可以隐秘掌控国际社会舆论的关注重心与情感导向。另一方面体现在直接操纵个别用户或信息的可见性。例如,推特等国际社交平台给新华社、中国国际电视台等中国媒体机构加诸"中国国有媒体"标签。如前文所述,中介化的群体间传播必须在各群体成员地位平等的情况下方能促进不同群体成员的互相理解,给个体贴标签的行为无疑强化了身份标签带来的认知隔阂,有损于不同群体成员的互相理解。有研究发现,多数中国媒体在被贴标签之后,用户对其

---

[1] Bucher, T.(2012), Want to be on the Top?Algorithmic Power and the Threat of Invisibility on Facebook, New media&society, 14(7), pp.1164-1180.

[2] 王军峰:《算法推荐机制对用户议程的影响与反思——基于技术与社会互动的视角》,《未来传播》,2021年第5期,第21-28页。

新闻的分享行为明显下降。[①]在算法逻辑下，这将会降低中国媒体信息在信息流中的推荐次序，削弱其影响力。平台甚至还可以通过算法识别删除特定帖文，封禁有关账号。这相当于直接宣判了部分用户的"赛博死亡"。换言之，平台通过算法已经能有力把控媒体内容的传播路径与传播形式、曝光度与可见性。这就在渠道层面为中国国际传播的开展带来严峻挑战。

（三）算法介入下的地缘政治加剧国际传播困境

在部分西方国家，算法已成为现实政治的重要力量，"算法民粹主义"已是威胁民主制度的突出问题。[②]受到逆全球化思潮和冷战思维影响，算法政治从国内波及国际。算法的"可见性"与"不可见性"逻辑加剧了世界地缘政治格局的复杂性[③]，算法本身也变成大国竞争的砝码与工具。部分秉持霸权主义思维的传统强国利用算法在数字空间中移植甚至扩大本国的传统优势，进一步加剧了不同国家间的数字鸿沟。

因而，算法介入下的国际舆论竞争越发体现出"算法认知战"的特点。利用社交机器人开展的计算宣传（computational propaganda）甚嚣尘上，激化群体对立情绪和政治动荡冲突，严重干扰国际舆论生态。[④]例如，在俄乌冲突期间，抖音国际版等社交平台上充斥着各类虚假信息、利用深度伪造技术制作的虚假视频，成为真枪实弹的真实战场之外的另一个信息战场。这类借助算法开

---

① Liang, F., Zhu, Q., &Li, G. M. （2022）. The Effects of Flagging Propaganda Sources on News Sharing: Quasi-Experimental Evidence from Twitter. The international journal of press/politics, 19401612221086905.

② 高奇琦、张鹏：《从算法民粹到算法民主：数字时代下民主政治的平衡》，《华中科技大学学报（社会科学版）》，2021年第4期，第15—25页。

③ 罗昕、张梦：《算法传播的信息地缘政治与全球风险治理》，《现代传播（中国传媒大学学报）》，2020年第7期，第68—72页。

④ 邹军、刘敏：《全球计算宣传的趋势、影响及治理路径》，《现代传播（中国传媒大学学报）》，2022年第6期，第28—36页。

展的认知竞赛具有遍布性、不可控性，成为国际传播破局面临的又一阻碍。

三、发展启示：面向国际传播能力提升的算法治理实践

面对算法技术及平台主体、国家主体对国际传播效果的多维影响，我们必须在国际传播实践中全方面提升中国的算法治理能力，以算法治理能力的升级应对国际传播中算法风险的升级。"算法治理"（algorithmic governance）是一个被广泛讨论的复杂概念。尽管有理念层面的不同侧重，但在核心意涵上都指向着数字治理的整体性目标，统摄在当前数字治理的总体范式下，正本清源式地探索在"技术—社会"逻辑下算法介入传播生态的有机组织形式。当然，在面向国际传播语境的治理实践中，上述目标的实现又反馈出具体性。一般而言，中国国际传播者在跨国媒体平台上传播，较难直接利用算法技术进行监管。由于国际传播领域治理主体与被治理主体的隐匿性，很难仅将算法视为治理的工具或对象，"利用算法治理"和"对算法进行治理"二者相互联结、相伴而生。

因而，这里探讨的在国际传播中提升算法治理能力，既包括利用算法达成国际传播目标，也包括通过国际传播实践促进算法公正。中国在国际传播中应积极适应各传播渠道的算法推荐规则与算法治理条例，推动算法治理的协商协作与共享优化，以适应算法、共商算法、共创算法为面向实现国际传播能力的有效提升。

（一）积极适应国际平台算法规则

面对算法技术的强势介入，以及其对原有传播手段的解构，中国国际传播从业者需要提升算法意识，加强对平台算法技术的适应与利用能力。"算法意识"（algorithm awareness）包括了解算法定义及部署机制、知晓算法设计者的

意图与目标、理解算法技术如何处理数据并重建社会事实等要素。[1]传播者需重视以算法意识培养带动算法素养提升，认识到平台环境中国际传播路径的极端复杂性，超越"酒香不怕巷子深""内外有别"等传统传播思路，学习利用算法实现共识传播与精准传播的有机融合。

一方面，中国媒体人员及其他各类国际传播者需充分熟悉各主流平台的算法规则，以符合社区治理条例的传播方式讲述中国立场，减少因意识形态偏见话语等违规行为招致的风险，同时对违反平台原则的歧视言论进行有力对抗。另一方面，国际传播人员还应积极掌握算法推荐技术的分发机制与平台媒介的传播规律，生产新奇有趣、可分享性强的媒体内容，通过贴标签、关键词匹配等方式实现精准传播，依托算法机制实现有效触达。

（二）推动算法治理的跨国协商协作

国际传播领域的算法治理必须通过跨国多元主体的通力合作实现。按权力来源区分，算法治理主要包含三种方式，即法律治理、社会规范治理与代码治理。成熟的算法治理体系仰仗于政府、社会、市场的协力合作。[2]当前，国际传播中的虚假信息、算法歧视等议题由于牵涉主体众多、治理主体不明，仍属较有争议、尚未形成成熟框架的算法治理领域。[3]同时，关于这些议题的算法全球治理也因此成为极为重要的前沿话题。

中国可以以国际传播中的重要问题（文化偏见、刻板印象、歧视言论等）作为算法全球治理的前沿阵地，积极参与算法全球治理的共商、共享。中国政

---

[1] Shin, D., Kee, K. F., &Shin, E. Y. （2022）. Algorithm Awareness: Why User Awarenessis Critical for Personal Privacy in the Adoption of Algorithmic Platforms?. International journal of information management, 65, 102494.

[2] 许可：《驯服算法：算法治理的历史展开与当代体系》，《华东政法大学学报》，2022年第1期，第99-113页。

[3] 贾开、赵静、周可迪：《算法全球治理：理论界定、议题框架与改革路径》，《中国行政管理》，2022年第6期，第59-65页。

府部门可以在各种国际峰会中加强与他国政府、国际组织的协商讨论，推动各国政府对于全球信息领域的算法治理达成最大化共识，提升中国在算法全球治理领域的制度性话语权。中国媒体、研究部门、智库组织、专家学者等多元主体应积极发挥对话作用与智囊功能，与国际组织、平台企业、媒体部门、各国监管部门等有关方面积极对话，促进不同国家、文明的观点对话与意见沟通，推动构建多元主体共商共建的综合治理框架。

（三）共创符合全球公义的算法治理体系

国际传播领域的算法全球治理绝非为了维护某国的算法霸权，而应以促进不同国家的信息平等为目标，构建有利于全球公平正义的算法治理体系。有学者提出"价值算法革命"的概念，强调现有算法体系要实现三个方向的进步：首先，促进异质化、高价值观的内容推荐，服务于人的发展需求；其次，创造不同群体成员跨群体协商对话的社会环境，减少用户群体的意见极化；再次，有意排除歧视、偏见等负面因素，以促进人的数字文明发展为旨归。[①]基于本文的考察，国际传播领域的全球性算法正义应包括以下要素：利用算法技术推动不同文明、国家、群体的信息接触与对话交往，借助算法促进不同国家享有平等的信息权力，推动建立公正互惠的跨国公共空间。

中国在国际传播中应通过多种方式推动建立新型全球算法治理体系。一方面，应当完善发展国内舆论场的算法治理模式，明确算法只能作为技术手段而不能作为治理主体，强调算法不能用于增加歧视与分裂，建立算法正向引导机制和偏见纠正机制，以此作为全球算法治理的借鉴与参照。另一方面，推动更多的本土平台走向世界，在本土平台中采纳崇尚平等正义的算法技术以对抗算法霸权，致力于扩大国际社会的群体间对话与共识。中国应将算法治理放在国

[①] 杜骏飞、王敏：《公正传播论（3）价值算法的使命》，《当代传播》，2022年第4期，第37-42页。

际传播战略部署的重要位置,通过国际传播增强中国在算法治理领域的影响力与吸引力,通过算法治理为国际传播的效能升级提供保障。

四、结语

可以预见,未来一阶段中国的国际传播模式必将呈现出深耕平台、算法驱动的鲜明特点。中国国际传播者需要准确认识算法,通过采纳更包容、普惠、价值中立的算法技术,促进不同群体间的平等对话,搭建多元形式的基于地缘、业缘、趣缘的跨文化虚拟共同体,不断扩大知华、友华朋友圈。

算法驱动的国际传播仍是潜力无限的广袤蓝海。对于其中存在的治理风险,中国社会各界需怀以审慎态度,以服务于全人类的共同利益、推动中国声音的国际表达为价值旨归,不断在实践中攻坚克难,通过与国际社会的多方对话协作,推动建立崇尚全球公义的新型算法治理体系。研究者或可从理论层面为构建新型全球算法治理体系提供论据,或可针对算法治理中涌现的具体问题开展实证研究,为实现中国国际传播的能力升维贡献智慧。

(本文发表于2022年10月,略有删改。)

精准还要更丰富：
探索对外传播算法驱动的对内价值

方师师　上海社会科学院新闻研究所副研究员，互联网治理研究中心主任

贾梓晗　上海社会科学院新闻研究所硕士研究生

2021年5月31日，习近平总书记在主持中央政治局第三十次集体学习时发表重要讲话强调，提升我国国际传播能力"必须加强顶层设计和研究布局，构建具有鲜明中国特色的战略传播体系，着力提高国际传播影响力、中华文化感召力、中国形象亲和力、中国话语说服力、国际舆论引导力"，同时"要采用贴近不同区域、不同国家、不同群体受众的精准传播方式，推进中国故事和中国声音的全球化表达、区域化表达、分众化表达，增强国际传播的亲和力和实效性"。①

这一要求同时指出了对外传播的"一体两面"：通过精准传播的方式提升战略传播的能力，并最终指向和实现"五力"。关于对外传播的"一体两面"，近期学界的研究与解读又给出更为具体的路径分析："战略传播方略需要注意政策布局的顶层性、资源调配的协同性、目标群体的针对性、价值输出

---

① 《习近平在中共中央政治局第三十次集体学习时强调　加强和改进国际传播工作　展示真实立体全面的中国》，人民网，http://politics.people.com.cn/n1/2021/0602/c1024-32119745.html，2021年6月2日。

的共识性、重点领域的统筹性，精准传播实践需要注意储备智能化技术、指向聚焦化群体、细分区域化目标、建设替代性渠道。"①

算法驱动的对外传播对实现精准传播具有天然的技术优势，这为进一步强化和提升国家战略传播能力提供了实现路径。但需要重视的是，以算法技术促推（nudging technology）精准传播，其本身还需要很多前提条件和资源准备，抵达精准传播本身就是一个目标。

一、算法促推实现"精准传播"的功能与目标

当前算法驱动的内容传播主要基于算法选择程序的九大类型学功能，包括：搜索（search）、聚合（aggregation）、监视（surveillance）、预测（forecast）、过滤（filtering）、推荐（recommendation）、排序（scoring）、生产（content production）、分发（allocation）。这些功能的应用场景包括：搜索引擎网站、内容聚合器、数字足迹追踪、在线趋势预测、内容过滤泡、商品推荐系统、新闻排序算法、自动化内容生产，以及政治广告分发等。②

核心算法经常成为各方关注的焦点。但对于核心算法的理解不能仅限于算法特征，而需要将其看作是一个系统，或是一种网络效应。③作为一种"社会工程"，社交媒体俨然已经成为"软性基础设施"④，在一定程度上构成了

---

① 刘俊、江玮：《战略传播思维与精准传播实践》，《对外传播》，2022年第7期，第13-17页。

② Saurwein, F., Just, N. &Latzer, M., Governance of Algorithms: Options and Limitations, info, vol. 17, no. 6, 2015, pp.35-49.

③ [美]大卫·伊斯利、乔恩·克莱因伯格：《网络、群体与市场：揭示高度互联世界的行为原理与效应机制》，李晓明、王卫红、杨韫利译，北京：清华大学出版社，2011年版，第316页。

④ Slota, S., Slaughter, A. &Bowker, G., The Hearth of Darkness: Living with Occult Infrastructure, in Lievrouw, L. &Loader, D., eds., Routledge Handbook of Digital Media and Communication, New York: Routledge, 2021, p. 17.

个体线上生存的在网背景和信息环境。用户的使用与反馈经由数字印记追踪技术统一"抽取"为可被识别、计算、累积、组合的数据原料，供养"庞大而隐秘"的基础设施。系统论观点认为，环境在很大程度上将约束主体的认知和行为。算法内容传播的实质，就是以技术逻辑重新对用户的在线接触、在线使用进行秩序安排，并逐步替代和接管个体主动的、自主的信息选择。

当前社交网络的内容触达正向"推荐网络"转型，让"新闻来找我"（News Finds Me，NFM）；[1]在线社交网络（Online Social Networks，OSNs）上各类社媒机器人、"女巫节点""钓鱼软件""网络水军"等，制造出信息茧房、虚假流量、情绪共振、宣传操纵和行为诱导，在现有的网络上再叠加一层"人—机"混合动力传播；[2]而未来，基于元宇宙的"现实生成机"[3]进一步将心理、信息、舆论、网络、认知引导推向感知引导，感官和体验支配的"第一系统"超越基于思考和认知的"第二系统"进行反应和决策，到那时将不再有"虚拟现实"，也不再有"混合现实"，现实只是又一次"泛在存在对个体生成的再分配与再凝结"。[4]

二、作为精准传播前提的算法驱动"丰富社交"

未来的传播技术架构可以归纳为一条公式：算法模型+网络结构+现实生

---

[1] de Zúñiga, H. G., &Cheng, Z., Origin and Evolution of the News Finds Me Perception: Review of Theory and Effects, Profesional de la información, vol. 30, no. 3, 2021, pp.1-17.

[2] Hepp.A., Artificial Companions, Social Bots and Work Bots: Communicative Robots as Research Objects of Media and Communication Studies, Media, Culture&Society, vol. 42, no. 7-8, 2020, pp.1410-1426.

[3] 段伟文：《现实冲击：作为世界生成机器的元宇宙》，《晨刊》，2022年第4期，第4-6+10页。

[4] Tsang, T., &Morris, A., A hybrid quality-of-experience taxonomy for mixed reality iot（xri）systems, in 2021 IEEE International Conference on Systems, Man, and Cybernetics（SMC），IEEE, 2021, pp.1809-1816.

成。在这样的架构中，对精准传播的"有效提升传播效果，将信息传播到明确的受众中去"①的要求，将同时伴随着目标受众的生成与发现。因此在精准传播准备阶段，如何找到合适的方法更多地触达受众、了解受众、让受众养成惯习、产生好感、长期且持续地进行有效互动更为关键。必须更加深入地了解传播目标，才能更加精准地传播，这是一个反馈机制，也是一个社会回环。

根据社交媒体习惯养成的规则，至少需要完成"提示—行动—奖赏—投入"四个阶段的闭环才能形成惯性。②而算法驱动的内容传播，在这四个阶段均可分别进行引导和干预，形成长期的沉浸式传播。算法改变了之前传播追求的及时性（in-time），代之以适时性（right-time）原则，即在用户最需要的时候"提供"最合适的内容；推荐算法完成了"用户—信息—环境"三者之间的闭环，通过大量类型化的推荐满足用户喜好；当用户在算法推荐的界面下做出反应时，其一举一动都可以被系统捕捉和计算，并马上根据行为数据修改推荐呈现，算法和用户相互驯化；而当用户沉浸在算法制造的"阿德拉世界"中时，一种熟悉温暖的"包裹感"会让人沉浸其中，感到舒适安全，而算法系统则得以保持用户黏性和长期增长。

2021年2月，抖音国际版推荐算法与mRNA基因疫苗、GPT-3语言模型、数据信托、锂金属电池、数字接触追踪、超高精度定位、远程服务技术、多模态人工智能、绿色氢能一道，被《麻省理工科技评论》评选为2021年"全球十大突破性技术"。在一篇《第一次揭开了TikTok算法神秘面纱》的博文中，抖音国际版推荐算法中的一些重要因素呈现出来：如非常重视视频的"完看度"

---

① Zabin, J., Breach, G. &Kotler, P., Precision Marketing: The New Rules for Attracting, Retaining, and Leveraging Profitable Customers, Akuntansi Pegawai, no. 3, 2004, pp.158-165.

② Yao, D., How to Builda Habit-forming Product-to Understand the Hook Model through an Analysis of We Chat, http://www.u-hyogo.ac.jp/mba/pdf/SBR/7-4/141.pdf.

（video completion rate），用户特定的阅听兴趣要高过网红参与的内容生产，注重挖掘新人并跟推，关注账号的地理位置、语言偏好和设备类型，但推荐的时候倡导"去地方性"，即全球和本地的内容都会呈现。①

这样的核心算法带来了高速增长。自2016年推出以来，抖音国际版在短时间里成为任何想尽可能广泛地开展信息传播的最有效方法：它充分利用了推特"简洁"和优兔"视觉化"的最佳表现，大大节省了传播主体在网络世界"速成"传播能力的成本。截至2022年1月，抖音国际版在全球总下载量超过30亿次，用户分布在150多个国家，10亿月活用户。在互联网上，每分钟有1.67亿个抖音国际版视频被观看，用户每个月观看视频的时间超过850分钟。②路透牛津《2022年数字新闻报告》显示：作为全球增长最快的社交网络，抖音国际版深度参与了全球的新闻生态构建。"抖音国际版上的视频，不再仅仅只是唱唱跳跳对对口型，它带来了及时消息。"③作为新闻源，抖音国际版与推特共用一套呈现逻辑——即作为信息消费的3V媒体：视觉、语言和病毒性传播（Visual,Verbal,and Viral）重塑新闻业。英国通讯管理局（Ofcom）《2022英国新闻消费年度报告》显示，虽然绝对数量还少（只占7%），但在成年人的新闻应用中，抖音国际版的增长最快，贡献主要来自16至24岁的年轻人。④《华盛顿邮报》将这一现象归结为是"抖音国际版算法助推下的对每一个用户喜好

---

① Memon, M., How the TikTok Algorithm Works in 2020（and How to Work With It）, Hootsuite, https://blog.hootsuite.com/tiktok-algorithm/, July 29, 2020.

② TikTok Statistics-63 TikTok Stats You Need to Know, Influencer Marketing Hub, https://influencermarketinghub.com/tiktok-stats/, August 1, 2022.

③ Reuters Institute for the Study of Journalism, Digital News Report 2022, https://reutersinstitute.politics.ox.ac.uk/digital-news-report/2022, June 15, 2022.

④ Ofcom, News Consumption in the UK: 2022, https://www.ofcom.org.uk/__data/assets/pdf_file/0027/241947/News-Consumption-in-the-UK-2022-report.pdf, July 21, 2022.

的满足"。①

如果仔细思考可以发现,抖音国际版的推荐算法与其说是注重"精准",不如说是更加注重在"丰富"基础上的对用户的持续培养:通过冷启动、用户画像挖掘用户兴趣,给用户很多高质量的"偶遇内容",伴随着新鲜感和惊喜感,逐步导入更多可拓展性内容,持续与用户进行交互,并创生更多兴趣交集。近期Meta宣布,包括旗下的脸书、照片墙将正式调整之前基于社交网络的信息流分发模式,更多转向算法推荐。但所谓"社交下行,算法上位"的说法并不等于社交关系不再重要——或者我们可以理解为,社交关系将被更加系统化地融入算法中,社交网络不仅是算法模型运行所依赖的"轨道",同时算法还可以持续"填海造地",卷入更多"可能想象"。

三、发现算法驱动对外传播的对内价值

因此,精准传播的"预备役"阶段首先是要"丰富"——被大规模使用的社交网络、高度活跃的用户群体以及规模化的数据增长。只有具备了这些条件,我们所期待的多种促进国际传播的政策、策略、方式、手段、理念才能落地。有研究抓取并统计了自2018年11月至2021年3月《卫报》对抖音国际版的218篇报道发现,数据收集疑云、多国使用禁令、业务归属分拆、应对政府制裁、业务收购斡旋、流行文化制造等是对其关注的核心话题。②近年来,随着各国开始对社交媒体监管强化,世界范围内各个国家对于算法驱动的内容传

---

① Hunter, T., Is TikTok winning the Olympics?, The Washington Post, https://www.washingtonpost.com/technology/2021/07/30/tiktok-videos-olympics/?utm_source=Pew+Research+Center&utm_campaign=c60e3fc430-EMAIL_CAMPAIGN_2021_08_02_01_43&utm_medium=email, July 30, 2021.

② 方师师:《TikTok上的媒体圈子:自由、混合与固化》,《青年记者》,2021年第1期,第62-65页。

播、用户大众、特定人群、媒体机构、监管部门等并不是完全不知情，甚至非常关注，因此要实现精准传播所面临的必要条件，依然需要充分的时间和机制予以积累和转化。

如果我们转换一下思路，网络传播是双向互动的，输出同时会触发生成和反馈。算法驱动的网络传播是这一机制的升级版，即通过算法和模型对某些生物、组织或社会要素进行加权，发现"流量密码"，带来规模效应。这一过程风险与机遇并存，如果我们只看到输出的流量和效果，忽略作为反馈机制的数据增量，那就相当于浪费了一半资源。因此，就算法驱动的对外传播而言，至少还具有以下三种对内价值：

（一）算法推荐反馈：作为对象社会的感知器

对外传播的一个重要逻辑是以"输出"换"输入"。2020年6月，《连线》（*Wired*）发布了一篇名为《TikTok最终解释了它的"为你推荐"算法如何工作》（*TikTok Finally Explains How the "For You" Algorithm Works*）的文章。该文通过抖音国际版官方博客发布的内容指出，"这一推荐算法依赖一组复杂的加权信号来为用户推荐视频，包括标签、歌曲到用户使用的设备等一切的一切"。[①]

算法驱动的内容传播可以实现对社会环境的感知。通过深度挖掘用户的使用行为和社交主观呈现，大数据计算可以理解评估他人的意图想法和活动能力，在合适的时候"切入"，触发与用户交流协作的行为，并从他人经验中进行学习。通过计算社会科学的视角，这种"感知生成"的能力可被用来推进就对象"社会性"的研究，而当战略性地选择一个特定群体时，作为人类社会传感器的算法推荐与反馈可以帮助描述和预测其未来社会趋势。

[①] Louise, M. L., TikTok Finally Explains How the "For You" Algorithm Works, Wired, https://www.wired.com/story/tiktok-finally-explains-for-you-algorithm-works, June 18, 2020.

（二）算法体验触发：优化模型的地真数据

用户经由使用社交网络和算法程序触发生成的内容和数据是一种"主观体验报告"，可以帮助大数据科学家建立"受人类社会系统经验现实约束的社会动态模型"，对优化社会动力机制分析具有重要价值。比如很多算法驱动的内容传播会更为关注情感因素，来自脑神经科学、心理学、政治学领域的研究也日益证明情感与认知紧密相关。[①]新近一些研究发现，人机传播中机器对人的"情绪引导"效果明显，很多政治机器人（political bot）相比人类，情绪更为多样。在对英国脱欧和美国大选中的社交机器人情感"传染性"的研究发现，推特上的人类推文情绪在"模仿"机器人推文情绪：人类账户与机器人账户情绪高度同构，人机交互的情绪波动周期和规律高度近似，带有愤怒、恐惧、惊讶等的内容可以快速引发传染效果。

社交网络上的人机互动情绪是一种典型的算法触发式数据，人类受"影响力机器"（influence bot）的情绪驱动所进行的在线行为是一种主动汇报式的数据来源。这种数据可以排除一般调查问卷中的偏见和"虚假一致"，如果能结合来自媒体、专家以及其他渠道的数据分析，这对观察用户公共传播、优化复杂社会模型、预判社会未来趋势是具有基础价值的"地真数据"（ground-truth data）。

（三）避免算法异化：主动用户的技术养成

算法驱动的网络传播必然会触发算法关系。在线社交网络上，算法与用户的交互基于两种语言模式：自然语言和代码语言。在一定程度上，我们无法否认人与机器的互动也具有社会性，可以反映"技术—环境"中主体（techno-

---

[①] 袁光锋：《迈向"实践"的理论路径：理解公共舆论中的情感表达》，《国际新闻界》，2021年第6期，第55—72页。

environmental agency）的行为状态。①2021年7月，《华尔街日报》通过实验方法人工协同开设自动化账号，在观看了成千上万个在抖音国际版上的视频之后试图解释抖音国际版推荐算法的核心要义。前谷歌大数据分析专家纪尧姆·查斯洛（Guillaume Chaslot）现身并解释称，抖音国际版的推荐算法甚至可以不需要获取用户的个人信息或者其他要素变量，只需要跟踪并记录用户在某一类内容上停留的时间总和即可——这一"驻留时间"（linger time）既包括观看时间也可以是犹豫的时间。

用户在观看抖音国际版视频的时候，与符号内容和算法代码的互动无可避免会暴露自身一些属性，这也被认为是可以通过机器进行的"数据盗猎"（data pirate）。当这种"盗猎"深入到一定程度时，则会涉及算法异化（algorithmic alienation）。算法异化强调"算法主导"的完整性和穿透性，认为网络平台组织和理解用户信息的能力是一种运作明确的策略结果，而用户主要是被动受体。在对外传播的初级阶段，大概率会必然使用多种已有的在线社交平台，进而触发算法关系。而如果了解到算法异化的特征和观点，在传播的过程中就不仅能够主动利用算法进行传播，还可以发挥使用者的能动性，以一种不完全由算法设定的方式接触和解释信息，主动选择是否要遵循社交网络平台算法引导，并通过自身的行为驯化和重塑平台算法，绕开和避免落入算法异化。

四、结语

随着国际交往行为模式的变革，人类社会信息传播的方式也逐渐从简单的诉诸心理、信息、舆论、网络和认知模式进入混合感知模式。加强国际传播的目的，是为国内的改革发展稳定营造有利的外部舆论环境，并推动构建人类命

---

① Graeff, E., Darling, K., Hake, D., & Nelson, M., Governing the Ungovernable: Algorithms, Bots, and Threats to Our Information Comfort-Zones, 2014 TPRC Conference Paper, 2014.

运共同体。算法在其中扮演着重要角色，对地缘政治安全、国际议程设置、媒介生态环境、网民数字素养、隐私数据保护等均有深层影响。算法没有善恶，但并非中性。因此，如何用好这一"技术人造物"以实现对外传播的目标和愿景，需要更多思考、建设和积累。

（本文发表于2022年10月，略有删改。）

中美平台竞争格局下的算法治理与中国国际传播能力的提升路径[①]

张志安　复旦大学新闻学院教授，复旦大学全球传播全媒体研究院研究员，
　　　　中国外文局中山大学粤港澳大湾区国际传播研究中心联席主任
唐嘉仪　中山大学粤港澳发展研究院，港澳珠三角洲研究中心副研究员

一、研究缘起

"算法"（algorithm）是指通过对用户行为进行收集和分析，挖掘用户对信息内容的偏好特征，构建用户画像，从而实现针对用户的精准化信息投放的智能传播技术。算法推荐对网络传播产生直接而复杂的影响，正面影响体现在满足用户个性需求、高效生成分发信息、提升智能传播水平等，负面隐忧则包括可能导致信息茧房、弱化传统编辑的审核把关作用、受限于商业利益操控等。近年来，伴随着算法与国际社交网络平台的兴起，围绕平台话语竞争的国际传播议题备受关注。算法传播已经成为当前国际信息传播的新范式。[②]

国际传播（International Communication）从传播方向来看包含了两个方

[①] 本文系"2021年度中国高等教育学会"专项课题（21TZYB11）成果之一。
[②] 罗昕、张梦：《算法传播的信息地缘政治与全球风险治理》，《现代传播(中国传媒大学学报)》，2020年第7期，第68-72页。

面：一是由内而外的传播，即把本国的政治、经济、文化等信息向国际社会传递；二是由外而内的传播，即国际社会将重要事件、信息、观念等内容向国内民众进行传播。从国际传播和舆论博弈的角度来看，算法技术的生产分发逻辑越来越深刻影响着国际传播场域下的话语角力格局，国家形象的建构和国际话语权的争夺已经逐渐发展成为各国之间的算法技术博弈，算法技术成为当前世界各国在国际话语竞争中的重要软实力。同时，由于国际传播包含的信息传递方向是双向的，即对于一个国家来说，国际传播的问题不仅在于考察如何更好地向国际社会进行国家形象的推广和话语的建构，同时也要注意和警惕其他国家通过国际传播的手段和方式对本国国内的民众产生意识形态层面上的影响。

当前，以互联网平台竞争为主要特征的网络话语竞争已经成为中美关系新一轮互动的竞争领域之一。本文从算法与平台话语竞争、算法对国际传播的影响、如何通过算法技术进一步增强中国国际传播能力等三个方面着眼，围绕中美平台竞争比较的现实语境下如何进一步通过开发和利用算法技术来提升中国国际传播力的问题展开全面分析，并在此基础上提出算法治理与加强国际传播能力的路径。

二、现状：算法技术驱动中的中美互联网平台竞争格局

有学者研究指出，算法逻辑和技术转移颠覆了国际传播的格局，并且推动国际传播高地向扁平化的格局发展。[1]技术驱动作为全球传播生态的焦点特征之一，其突出影响是以数据和算法作为智能传播的核心力量，并呈现出"颠覆以美国作为绝对领导的西方中心传播格局潜能"[2]。总的来说，结合当前全

---

[1] 张洪忠、任吴炯、斗维红：《人工智能技术视角下的国际传播新特征分析》，《江西师范大学学报（哲学社会科学版）》，2022年第2期，第111-118页。

[2] 方兴东、钟祥铭：《国际传播新格局下的中国战略选择——技术演进趋势下的范式转变和对策研究》，《社会科学辑刊》，2022年第1期，第70-81页。

球传播舆论场的权力话语分配格局和现状特征，以中美两国为代表的平台竞争格局，在整体上锚定了全球舆论场国际传播的内容生态，中美两国在国际网络舆论场的话语和传播竞争逐渐向平台治理下的算法技术竞争转移。在这一过程中，中美两国的互联网平台国际传播格局具有三个特征：

一是全球传播的网络舆论场形成了"美国体系"和"中国体系"共存和竞争的平台发展局面。总的来说，在算法技术的发展水平方面，美国依然具有比较明显的竞争领先优势，以脸书（已改名Meta）、谷歌、推特、亚马逊、照片墙等为代表的美国主导的超级跨国数字平台在数据收集和算法分析领域占据领先优势，以数字化的方式驱动美国当前的网络国际传播活动。而中国凭借以抖音国际版为代表的平台在全球用户中的影响力，在国际传播算法技术的竞争中也形成了较强的追赶优势，在国际舆论上关于"中国声音"的网络传播也受到越来越多的关注。总的来说，以中美两国为代表的社交平台已经整体形塑了国际网络传播的新生态。中美两国在平台场域下的国际传播活动在整体上决定了全球网络国际传播的新格局，同时也将左右着未来全球网络国际传播的发展态势。

二是中美两国的国际传播话语主阵地向网络平台转移，而算法技术则成为中美两国平台竞争的技术焦点。算法正在深层次地改变当前全球社交平台的格局，同时也降低了传统主流媒体在国际传播格局中的绝对影响力，谁能掌握算法技术的优势，谁就更能在网络国际传播的空间中建立起竞争优势。在传统的国际传播格局里，以纽约时报、华盛顿邮报、美国有线电视新闻网等为代表的美国媒体对国际舆论的影响作用尤为突出，但是进入智能算法驱动的传播时代，普通大众更多地参与到国际网络传播活动中，作为个体节点的平台用户在国际舆论场的话语影响力越来越显著，而这些"个体"不一定是真人，也可能是由人工智能和算法技术促成的社交媒体机器人。自2022年以来，以社交媒体机器人生产的平台信息就在北京冬奥会、俄乌冲突、新冠肺炎疫情等多个全球性事件中产生重要的舆论影响力。通过数据捕获进行智能化传播，以算法驱动实践国际传播，在竞争活动中建立大数据和人工智能优势，是当前中美两国需要直面的挑战。

三是算法技术的变革和发展格局带来了国际传播格局和秩序的重塑，中国在面对美国的国际舆论话语争夺博弈中迎来了新的机遇。在传统的国际话语权力分配格局下，"西强东弱""美强中弱"是一个长期存在的事实，而国际互联网社交平台的流行和兴起则赋予了中国一次参与争夺国际话语权的机会，使国际话语权力的博弈过程进入由技术竞争、技术驱动的全新赛道。在一些重大的国际议题中，中国可以通过算法技术，提高国际传播内容生产的效率，在国际社交平台上释放出更大的声量，在相对扁平化的互联网传播场域下争取更大的国际传播话语权，并对全球政治、经济、文化产生更大的舆论影响力。

三、效应：算法技术对中美平台竞争背景下中国国际传播的影响

由多元主体参与、算法技术推动的网络传播已经成为国际传播的新潮流。以算法技术作为信息生产主要逻辑的国际平台重塑了当前国际传播的新格局，也促发了一个现实问题的思考意义——如何利用算法技术帮助和促进中国在中美互联网平台竞争的国际舆论场域下获得更大的传播话语权。

有学者研究指出，"多元化的传播主体、扁平的内容产销机制、去中心化的规制转型、基于连接的个体参与文化"是算法技术介入下数字平台国际传播的主要特征。[①]从目前的发展和应用水平来看，基于算法的互联网平台治理模式对中美平台竞争背景下的中国国际传播产生复杂且多面的影响，为此，我们需要辩证看待和理性把握。

第一，对国家政府来说，加强对算法技术的应用有利于中国面对全球不同

[①] 钟新、蒋贤成、王雅墨：《国家形象的跨文化共情传播：北京冬奥会国际传播策略及效果分析》，《新闻与写作》，2022年第5期，第25–34页。

区域、不同国家的用户开展更具针对性和个性化的网络国际传播。习近平总书记强调，"要采用贴近不同区域、不同国家、不同群体受众的精准传播方式，推进中国故事和中国声音的全球化表达、区域化表达、分众化表达，增强国际传播的亲和力和实效性"。有学者认为，"基于人工智能算法的精准点态国际传播模式能够有效解决'瞄得准'的问题"。[①]在"人机共生"的国际传播格局下，算法技术驱动的平台国际传播活动可以突破传统时代以"人"作为绝对主导的传播困境和弊端，实现分众化、区域化，甚至"一国一策"的国际传播内容生产和投放，确保特定目标受众接收到的信息和内容更加精准。

从现实情况来看，在由英美主流媒体主导的西方舆论场里，一些西方国家民众对中国天然地存在制度差异和意识形态的刻板印象，但具体到不同国家的民众，他们对中国的认知和态度又具有内在的差别。如果能够利用算法技术拓展中国在超级网络平台下的国际传播向智能化、个性化、精准化发展，挖掘不同国家和地区民众关于中国的印象特质和兴趣点，那么将能够使中国更好地开展基于国际社交平台的国际传播，以争取扩大中国的国际传播话语权。

第二，受到语言、文化等因素限制，大部分中国网民未能通过在全球社交平台上用英语发出"中国的声音"（Voice from China），以官方主流媒体或相关机构、个人作为主导的社交平台的国际传播效果尚不尽如人意，且在话语特征上未能摆脱传统的官方话语和符号特征，导致难以真正地将声音客观、真实、全面传递到全球传播舆论场上。

在算法技术的介入和帮助下，"机器写作""人机协同"的内容编辑和生产模式实现了国际传播内容的高速和智能生产模式。在自动化算法程序技术、写作机器人、社交机器人等智能传播技术的介入下，网络平台上的信息和内容

[①] 赖风、郑欣：《人工智能算法与精准国际传播的实现路径》，《阅江学刊》，2021年第6期，第77—87页。

生产数量和速度都实现了跨越式的提升。在国际新闻写作和国际传播活动中，凭借着这些算法技术的普及和应用，中国可以快速地面向世界不同区域、国家的民众实现更高频率、更大范围的信息投放，而且由算法技术推动的机器生产信息的方式还可以突破个体在语言能力约束方面的不足，大幅度提升中美平台竞争背景下的中国声量。值得一提的是，机器生产新闻仍需注重真实、准确等专业伦理原则，以可信内容增进西方民众对中国发展的可亲感受。

第三，算法技术存在的信息茧房问题如果不能真正消除，全球传播圈层化的问题将会进一步加剧，无论是中方还是美方在网络平台上开展的国际传播工作都将难以促成对话、理解、共识的生成，反而可能造成更严重的意见极化。

算法不是独立和超越于人类主体的一种技术，恰恰相反的是，算法本身反映了人类社会的文化习惯、意识偏见、思想差异。受到算法技术推荐影响的国际传播将会进一步强化某一种意识形态偏见的信息传播，算法的"不可见性"导致了信息传播的非公平性和不真实性。在这样的传播生态下，不同圈层、立场的受众之间更难开展有效的沟通和互动，意见极化的趋势将会加速。对中国来说，在特定的算法推荐机制影响下，跨文化平台"信息茧房"的存在则意味着要面向那些原本对中国持有消极和刻板印象的国际民众开展有效的国际传播活动，这实际上面临着更大的困难。

第四，关于个人信息隐私和信息安全的问题在全球网络舆论场都备受关注，而对于如何使用平台用户信息的问题和隐忧，容易成为国际传播中的风险议题。在一部分西方民众的刻板印象里，中国的信息公开和言论自由问题长期受到攻击和指责，而近年来所谓"中国威胁论"论调又不断被炒作，试图在国际社会中产生对"中国强大""中国发展"和"中国霸权"的误解。由于算法不透明性问题的存在，一旦我国通过大规模开发和推广算法技术在网络社交平台上的广泛和深入应用，则可能由于"算法黑箱"的舆论印象而生成针对中国信息安全、"霸权"，甚至人权等敏感话题方面的国际压力。

四、应用：以优化算法治理和应用来提升中国国际传播能力

如上文所述，算法技术对中美平台竞争下中国进一步加强国际传播能力存在复杂影响，但恰如有学者所提出的，"算法是一种促进利益最大化的理性主义工具"，①如果能充分、合理、有效地利用算法技术，在全平台治理全球视野下思考国际传播的路径和策略，将对我国的网络国际传播带来一定的促进作用。为进一步提升我国在中美平台竞争格局下的国际传播能力，本文提出四个方面的路径和建议。

（一）进一步释放算法价值，重视算法开发对中美平台竞争的影响效应

在智能媒体技术赋能下，中国要更好地在中美平台竞争中赢得先机和机遇，必须重视开发先进算法的作用和重要性，敏感预知风险，高效、精准地生产、分发国际信息，最大化地实现算法技术对国际传播活动产生的潜在价值。在这一过程中，结合当前中美平台竞争的现状特征，算法的应用价值至少在两个方面得到体现：一是结合大数据的算法技术，通过数据挖掘和数据分析，研判美西方国家和民众最关注的"中国议题"，了解当前美西方国家民众意识观念中对中国的"认知茧房"，通过算法演进的方式寻找和制定可以起到最佳效果的传播议题；二是结合算法技术，快速发现、处理国际舆论场上的涉华网络舆情，尤其是通过有效的算法治理，对美西方国家主流媒体数据库进行实时监测和智能研判，提高国际涉华舆情的处置效率，最大程度地避免国际涉华舆情造成的负面影响。

（二）在算法的应用和推广过程中，坚守"网络命运共同体"的发展理念，体现中国作为网络建设推动者的责任和形象

针对国际社会和部分西方民众对于算法风险存在的忧虑和关注，中国应在

---

① 陈昌凤、师文：《人脸分析算法审美观的规训与偏向：基于计算机视觉技术的智能价值观实证研究》，《国际新闻界》，2022 年第 3 期，第 6—33 页。

互联网平台国际传播活动中坚守和推广网络空间命运共同体的发展理念，发挥智能算法技术的积极效能，在国际传播活动中彰显"公平"和"正义"的话语意义属性，积极推进平台国际传播话语权伦理生态的优化和改善。要持续推进网络平台国际传播话语权的规范性竞争，利用算法技术凸显自身在平台国际传播活动中对谋求全球利益而非单纯维护中国自身利益的大国责任感，以有效化解"中国威胁"和"中国霸权"等负面标签的舆论攻击。

（三）通过智能算法计算和计算机语义分析，提高识别西方风险账号的能力

早在2019年香港的"反修例"风波中，以脸书为代表的超级网络平台就通过算法计算和智能识别的方式，对一大批我方账户进行封锁，在很大程度上限制了中国在国际舆论场上的发声范围和传播力度，弱化了我方在该事件中的话语博弈效果。因此，我方也应该加强算法技术在社交平台风险账户识别和智能封锁方面的能力，尤其是应结合算法技术对国际网络平台上美国的风险账号进行智能识别和分析，在国际议题和涉华舆论中，对一些恶意中伤、虚构事实、抹黑中国的账户进行精准识别和舆论反制，不断提升我方的话语博弈能力。

（四）利用算法技术挖掘和分析网络平台舆论场上能够引导受众情绪的话语风格，拉近我方网络国际传播与西方民众之间的距离

要结合重大国际议题、涉华网络议题、中美博弈议题等案例和内容的大数据文本分析，利用算法开发、自然语言处理、机器学习等人工智能和大数据技术，对大量涉华网络信息进行数据分析，以了解那些获得广泛关注度和舆论影响力的信息特征和语言风格，有针对性地总结不足、改进工作，开发出更多有助于突破西方话语限制的传播信息、文本和视觉产品。

（本文发表于2022年10月，略有删改。）

俄乌冲突中的算法认知战与计算宣传机制评析①②

马立明　暨南大学新闻与传播学院副教授

2022年2月以来的俄乌冲突是人类步入移动互联网时代以来的一次大型军事冲突，它在多个方面重新建构了人类战争的规则。网络技术的发展、社交媒体的普及、数字平台在全球广泛布局等因素，赋予了这场舆论战丰富的信息量、即时的传播速度和全民参与等新特点。除现实世界的武装冲突外，在互联网上的"算法认知战"成为相对独立的"第二战场"，这是一场以算法技术为底层逻辑、以认知战为主要特征的新型网络战争，该战场的胜负在很大层面上影响到现实战场的走向。俄乌双方都在采取以特定战略目的为导向、最新技术特征辅助的"计算宣传"手段，进行激烈的"意义争夺"。俄乌的算法认知战其实早在乌克兰总统泽连斯基上台之际就已经交锋，随着冲突的爆发而迅速升级，从此前的"暗战"转化为"明战"。历史上，从一战时开始，人们就已经认识到"战争宣传"的重要性，美国著名学者哈罗德·拉斯韦尔（Harold Lasswell）将其定义为"操纵表述来影响人们行动的技巧"，[3]认为宣传策略

---

① 本文系国家社科基金重大招标项目"媒体深度融合发展与新时代社会治理模式创新研究"（项目编号：19ZDA332）的阶段性成果。
② 暨南大学新闻与传播学院郝婧怡对此文亦有贡献。
③ [美]哈罗德·拉斯韦尔：《世界大战中的宣传技巧》，张洁、田青译，北京：中国人民大学出版社，2003年版，第22页。

在战争中发挥关键作用。随着传媒技术不断进步，舆论战的运行机制从第一次"媒体战争"、第一次"电视战争"，再到俄乌冲突所引发的一次平台战争，传播之于战争的重要性日益凸显，机制也不断发生变化。在俄乌冲突中双方进行了算法认知战的哪些部署？这场宣传博弈又在哪些方面提供了警醒与启示？本文将从信息地缘政治的视角出发，剖析俄乌冲突算法认知战的运行机制。

一、文献综述

在大数据和人工智能等新技术高速发展的今天，网络空间成为各国权力争夺的新领域，而算法认知战的制胜关键在于各国对制网权的掌控能力。近年来，在"计算宣传"盛行的国际舆论环境下，政府主体频繁地利用互联网与数字平台，进行政治和军事议程设置，本质上还是以信息技术为基础的网络力量博弈。

（一）算法认知战

认知泛指主观认识客观事物的心理过程，包括个体考虑抽象事物和解决现实问题的能力，[1]而每个个体对事件信息进行存储和编码的认知进程，又共同构成社会的整体认知。算法认知战的目标就是为了引导和形塑受众的社会认知，它通过开源数据与社会计算等新技术，利用数字平台的传播叠加效应与心理学中的沉锚效应，作用于受众认知，并进一步影响受众的情感、动机、判断与行为。[2]宣传战有悠久的历史，伴随传播手段不断演变。进入21世纪以来，网络和数字平台的争夺变成认知战的新领域，古典的舆论战与人工智能等各种新技术结合，成为如今的算法认知战。信息强国可以通过网络技术对他国网民

---

[1] Ulric Neisser, Cognitive Psychology: Classic Edition, New York: Psychology Press, 2014, pp.63-72.

[2] 李强、阳东升、孙江生，等：《"社会认知战"：时代背景、概念机理及引领性技术》，《指挥与控制学报》，2021年第7期，第97-106页。

释放特定的信息,影响他们的政治认知和判断,进而达成政治目标。[①]一旦形成认知固化(cognitine rigidity),为了保持认知的一致性,受众将更倾向于根据已有的假设、倾向和认识来理解信息。换言之,当受众产生了对他人或他国的印象时,就会易于接受与预期相吻合的信息,即便对方表现出中立或友好的行为,也会被无视或曲解。[②]

网络和智能技术的不断迭代促使人类战争向更多维度空间延伸开来,除陆、海、空、天四个维度外,网络、心理、认知等都成为冲突对抗的新空间。继海权论、陆权论、空权论、天权论后,以"网权论"为理论核心的信息地缘政治体系逐渐兴起壮大。有学者认为,信息是当今世界最重要的地缘政治资源,数据是"新石油",而信息地缘政治就是国家间抢占"新石油"的过程,具体包括抢占决策准确性、信息影响力、指挥联络能力、数据经济的制高点等。[③]与传统地缘政治相比,信息地缘政治具有"由国家到个人""由真实的物理世界到虚拟世界的动员和力量""由旧媒体到新媒体"三个新转变。[④]

(二)计算宣传

宣传是一种传播观点或见解的信息表达手法。当前,社交媒体和短视频平台逐渐兴起壮大,人工智能时代的算法技术全面介入传播,宣传性质正在发生转变,且这种转变同时影响着整个社会的思维方式。2016年美国学者伍利(Samuel Woolley)和英国学者霍华德(Philip Howard)正式提出"计算宣传"

[①] 陆俊元:《论地缘政治中的技术因素》,《国际关系学院学报》,2005年第6期,第9—14页。
[②] 王玉兰:《电视传播如何影响国际关系——一个认知心理学的研究视角》,《今传媒》,2005年第11期,第25—26页。
[③] Eric Rosenbach, Katherine Mansted, The Geopolitics of Information, Harvard Kennedy School, Belfer Centre for Science and International Affairs, 2019, pp.2-4.
[④] Fraser&Matthew, Geopolitics2.0, Elcano Newsletter, vol. 60, 2009, p.7.

的概念,即使用算法、自动化和人工策划展示等手段进行的有目的地在社交平台上操控和分发虚假信息的传播行为。[1]计算宣传的核心是使用算法技术,它具有隐匿性、自动化和精准化等特征。也因其具备技术和社会的双重属性,计算宣传既是一种影响政治的技术力量,也是一种操纵舆论的宣传方式。[2]

在运作机制方面,计算宣传充分利用了其技术优势,以"内容+技术+渠道"的完美组合操纵网络舆论,在内容方面瞄准争议性话题制造社会冲突和分歧,在技术方面通过算法技术快速传播政治模因,在平台方面利用中介化的社交媒体塑造注意力中心,[3]从而实现自身的政治目的。再细究其具体操作规律,计算宣传是以"垃圾新闻"为载体、以政治机器人为工具,在其所构建的"回音室"或"信息茧房"下发挥作用的。[4]近年来,已有证据表明多个国家都开展了有组织的计算宣传活动。牛津大学互联网研究院(OII)发布的研究报告显示,截至2020年底,81个国家曾使用或正在使用社交媒体平台进行计算宣传,其中在62个国家发现了政府机构使用计算宣传操纵舆论的证据。[5]西方学者对计算宣传普遍持批判态度,认为其本质是操纵舆论、误导大众的政治行为,会带来撕裂社会共识、引发网络情绪极化、加剧政治冲突等消极影响。

---

[1] Howard, P. N., Woolley S. C. &Calo R., Algorithms, bots, and politica.communication in the US2016 election: The challenge of automated politica.communication for election law and administration, Journal of Information Technology&Politics, vol. 15, No. 2, 2018, pp.81-93.

[2] 罗昕、张梦:《西方计算宣传的运作机制与全球治理》,《新闻记者》,2019年第10期,第63-72页。

[3] 罗昕、张梦:《西方计算宣传的运作机制与全球治理》,《新闻记者》,2019年第10期,第63-72页。

[4] 史安斌、杨晨晞:《信息疫情中的计算宣传:现状、机制与成因》,《青年记者》,2021年第5期,第93-96页。

[5] Industrialized Disinformation: 2020 Global Inventory of Organized Social Media Manipulation, https://comprop.oii.ox.ac.uk/research/posts/industrialized-disinformation,2021-1-13.

二、算法认知战的计算宣传机制

在俄乌冲突中,双方均在网络空间做出相关战略部署,通过在数字平台上的意识形态博弈武装自身、攻击对方,抢占战争的道德制高点,进而影响整个战局的舆论走向。其中,俄乌两国存在截然不同、相对封闭的舆论场,但也存在广阔的中间地带——既有作为旁观者的他国网民,也有一些游走在舆论场边缘的本国用户。这些中间地带成为信息地缘政治博弈的前沿,同时也是算法认知战最起作用的区域。要论证算法认知战的运作机制,可从计算宣传的内容、技术和渠道三个重要维度进行论述。

(一)内容生产:战略性信息的编写与制作

内容生产是算法认知战的起点,其核心在于塑造正义的"自我"和敌对的"他者",通过一系列意识形态话语(例如民族主义)来阐释战争的正当性,并且在此基础上不断拓展外延。在算法认知战中,这些话语往往通过领导人讲话、报刊社论、官方报道等形式发布,成为算法认知战的主流话语。如俄罗斯总统普京在军事冲突之前的电视演讲视频《有必要再一次解释我们为什么要这么做》在全网发布。而泽连斯基则曾多次在社交媒体上发布视频称自己始终留守基辅,宣称乌克兰最终将成为这场"爱国战争"的赢家。由于成功塑造其"战时总统"的媒介形象,泽连斯基支持率也回升至91%。除领导人亲自下场外,两国的官方媒体也在开展"意义争夺"的计算宣传,有选择性地裁剪战场的相关信息,甚至不惜借助"垃圾新闻"造势。因此,俄乌冲突半年多来,受众从前方媒体获悉的信息都只是"片面真相",即使有宣称全局性的报道,也可能是出于某种战略需要而打造的特定信息。

在两国进行算法认知战过程中,假新闻的出现是必然现象。"国际假新闻"是指新闻在跨越国界的传播过程中出现的虚假现象,包括无事实根据的和有事实根据但部分要素失实的假新闻。①自一战时起假新闻作为一种攻击敌人与合法化自身的武器弹药，在国际战场上发挥着宣传作用。随着技术迭代和升级，假新闻和误导信息（misinformation）隐蔽性越来越强，成为一种极具杀伤力的信息武器。当下，社交媒体时代的国际假新闻突破了文字的限制，转而向图片伪造和视频伪造领域发力。如传播主体可以利用绿幕合成技术，将实地场景和主体人物拼接，通过剪辑和配音制作出主人公"身临其境"的虚假视频。在俄乌冲突爆发初期，泽连斯基为了证明自己身处基辅，曾发布过数条基辅城市背景的自拍视频，但却被俄罗斯电视台质疑使用了绿幕合成技术。又如，基于人工智能算法的"深度伪造"（deep fake）技术，通过自动化的手段创建扭曲事实的视频，如《俄罗斯总统普京宣布已实现和平》《呼吁乌克兰士兵放下武器》等视频都是较为典型的"深度伪造"案例。《深度伪造》一书的作者尼娜·希克对此评价道："即使是这样粗陋的视频也会腐蚀人们对真正媒体的信任。人们会开始认为，什么都可能被造假。这是一种新武器，也是假信息的一种有效形式。"②

（二）技术成因：隐蔽科技参与传播进程

与传统新闻机构的编辑分发相比，数字平台的社交分发是隐蔽的、不透明的。基于大数据和人工智能的算法推送是当下数字平台最倚仗的技术之一，算法的普遍应用使得网络媒体进入以智媒为特点的3.0时代。作为一种全新形态的信息传输与处理方式，算法推送集人工智能、算法推介、数字编辑技术优势于一身，呈现出人性化、个性化、高效率等特征。依托智能推送技术进行新闻生产的媒体通过大数据技术分析用户的兴趣偏好，描绘精准的用户图谱，投送与

---

① 赵永华、窦书棋：《信息战视角下国际假新闻的历史嬗变：技术与宣传的合奏》，《现代传播（中国传媒大学学报）》，2022年第44期，第58-67页。
② 《俄乌总统假视频引发对"深度伪造"技术关注》，参考消息网，http://www.cankaoxiaoxi.com/world/20220321/2473169.shtml，2022年3月21日。

之相匹配的信息。根据用户在网络上留下的"数字足迹"或"数字面包屑",这些内容都被储存为"个人使用记录",后台可以通过归纳得出该用户的个人兴趣、偏好选择、消费能力、生活方式等,计算出该用户的身份、阶层、生活习惯和政治倾向。

  学者梅尔维·潘蒂(Mervi Pantti)在2014年乌克兰东部冲突后提出了"文化混乱"这一全新的话语秩序结构,指出了信息流的多孔性之于议程霸权控制的影响与变化。[1]在数字平台上,社交机器人是一种主导信息流的潜行力量。在俄乌冲突中,大量的社交媒体用户被证实是社交机器人的隐藏身份。[2]社交机器人是一种可以在社交媒体平台中自主运行、自动发布信息并进行互动的智能程序,[3]其最主要的特征就是能够与人类用户进行互动。[4]作为计算宣传中一种极具代表性的算法技术手段,社交机器人深度隐匿在真实用户之中,从发帖模式到用户档案都具有高度仿真性,同时具备强大的信息分发能力、混淆公众视听的能力和虚拟意见领袖的塑造能力等。作为一种效能强大的信息武器,社交机器人在算法认知战中可以投放"信息炸弹":它能在5分钟内生产和发布一万条不同的原创信息,并同时进行大规模的转发与点赞。俄乌冲突存在着双方频繁使用社交机器人的痕迹,多个与战争相关的内容都得到社交机器人的

---

[1] LazitskiO., BookReview: Media and the Ukraine Crisis: Hybrid Media Practices and Narratives of Conflict by Mervi Pantti, Journalism&Mass Communication Quarterly, vol.96,No. 1, 2018, pp.321-323.

[2] 师文、陈昌凤:《社交机器人在新闻扩散中的角色和行为模式研究——基于〈纽约时报〉"修例"风波报道在 Twitter 上扩散的分析》,《新闻与传播研究》,2020 年第 27 期,第 5-20+126 页。

[3] Yazan Boshmaf, et al., The socialbot network: when bots socialize for fame and money, Proceedings of the 27th annua computer security applications conference, 2011, pp.93-102.

[4] Howard, P. N., Kollanyi, B., Woolley, S. C., Bots and Automation over Twitter During the US Election, Computational propaganda project: Working paper series, vol. 21, No. 8, 2016, pp.1-5.

助力。如乌克兰安全局宣称发现并关闭了俄罗斯十几个对社交机器人账号进行管理的机器人农场。这些机器人农场使用了超过10万个虚假用户,超过100个GSM网关设备、近万张SIM卡等。

(三)渠道组建:计算宣传效果的关键变量

俄乌双方也在不断拓宽传播渠道,以增加传播效果。传播的渠道由政治、经济、科技、历史等多种因素决定。学者阿芒·马特拉(Armand Mattelart)指出,全球传播形成的过程是从17世纪开始,与资本主义全球体系的形成是同步的。[①]从历史角度衡量,自从17世纪起,西方世界就已经铺设全球传播的渠道。因此,受美国等西方国家支持的乌克兰获得了更多传播渠道,西方国家通过行政手段限制或封锁了俄罗斯国家媒体的国际传播与俄罗斯用户的信息消费。如欧盟禁止"今日俄罗斯"(RT)与俄罗斯卫星通讯社在欧盟境内的播映。[②]俄罗斯也将西方媒体悉数封杀,但在国际影响力上,俄罗斯显然无法与搭建全球传播体系的美国等西方国家相比拟。

在当下俄乌冲突中,数字平台成为最重要的传播渠道。在信息全球化过程中,美西方主导的推特、脸书、优兔、谷歌等数字平台成为全球大部分网民普遍使用的网络工具,并深深嵌入全球传播体系之中。相比而言,俄罗斯主导的数字平台只有VK、Yandex等少数几家,影响力仅限于国内,不足以为俄罗斯的信息推送提供海外渠道。学者尼克·斯尔尼塞克(Nick Srnieck)认为,数字平台这种商业模式已经深入资本主义内核,扩大至整个资本主义经济体系。[③]

[①] [法]阿芒·马特拉:《全球传播的起源》,朱振明译,北京:清华大学出版社,2015年版,第7页。

[②] 卞学勤、于德山:《俄乌冲突中社交网络传播的伦理失范及反思》,《传媒观察》,2022年第4期,第16—22页。

[③] Srnicek, N., The challenges of platform capitalism: Understanding the logic of a new business model, New Economy, vol. 23, no. 4, 2017, pp.254−257.

用户在使用平台的同时也被平台所操控、塑造。西方大型数字平台的全球推广导致了"平台殖民主义"的出现，网络世界正在形成一种信息强国控制其他国家的全球殖民体系。①一旦大型数字平台参与算法认知战，极有可能在暗中为乌克兰提供技术支持和掩护。例如，在本次冲突中，俄罗斯在社交媒体安插的社交机器人及其农场更容易被集体揪出，这与数字平台本身的政治倾向有着密切关联。

三、算法认知战对中国国际传播的启示

通过对算法认知战机制的梳理，就能理解俄罗斯在当下冲突中处于所谓"被动局势"的真正缘由。西方国家的介入提升了乌克兰算法认知战中的战力，并掩盖了俄乌在现实层面的军事差距。俄乌冲突中的算法认知战是一个难得的样本，它在很大程度上昭示出未来国际冲突的趋势。如何在算法认知战中立于不败之地，将是中国面临的一大考验。中国在多个层面将面临来自美国等西方国家的激烈竞争，面对即将到来或者已经到来的算法认知战，中国必须在三个方面有所对策。

（一）话语博弈：通过"意义之争"获得合法性

在这场算法认知战中，话语博弈作为战争的主角而非辅助角色发挥作用。俄乌双方都希望通过传统媒体和社交平台塑造不同的话语体系，向世界表明自己的正义立场，抢先在国际舆论场上占据道德高地。关于话语体系的具体打造，俄罗斯以"宏大叙事"为主，试图从历史流变的维度质疑乌克兰的国家合法性，而乌克兰则更偏爱"差异叙事"，通过社交媒体讲述个体感受、个人命运，更多呈现网民碎片式的"个人叙事"，从个人视角抨击俄罗斯的"攻击性

---

① Couldry, N. &Mejias, U., A Data Colonialism: Rethinking Big Data's Relation to Cotemporary Subject, Television&New Meidia, vol. 20, No. 4, 2019, pp.336-349.

民族主义"。①在情绪先行、事实滞后的"后真相时代",情绪化的信息容易引起受众的关注。第一人称或第二人称的叙述视角有利于拉近传播主体与受众的心理距离,浓烈的情绪能够唤起读者的共鸣。在诉诸恐惧(fear appeal)的情绪框架模型下,通过对战场景象、民众生活、惨痛历史的记录,尤其是一些视觉内容产品或个体故事,将用户卷入对战争的恐惧情绪中,把"旁观者"变成"当事者",把"不在场"变成"潜在在场",在此基础上为受众提供"在场"的人道主义情感,进而引发受众对受害者的同情以及对战争的回避。②相比而言,"宏大叙事"话语对普通受众而言有距离感,不易被接受。互联网被称为"弱者的主场",乌克兰的抗争话语往往更容易引发受众的同情。因此,对中国而言,应当打造宏观与微观相结合的话语体系,积极利用在西方中心主义背景下的"弱者"位置,有理有据地打造中国形象、讲好中国故事,塑造中国在美国等西方国家打压下坚持和平发展的独立自主、公道公允形象。

(二)科技博弈:网络科技依然是强大武器

在战争史中,军事科技力量一直是决定胜负的关键变量。这一定律在俄乌战争的算法认知战层面同样发挥作用,主要体现在双方对数字平台、人工智能、大数据、算法技术的运用上。在网络通信和情报方面,美国太空探索技术公司(Space X)的"星链"计划对乌克兰提供支援,该计划包括1.2万颗卫星,其中1584颗将部署在地球上空550千米处的近地轨道。该计划有助于监测俄军的动态,也有助于提升乌军的打击精准度。在虚假信息投送方面,绿幕合成与"深伪"技术的运用使图片伪造和视频伪造成为现实,由此假新闻的隐蔽性进一步增强,"战争迷雾"(fog of war)变得更加扑朔迷离。在生产舆论信

---

① 方兴东、钟祥铭:《算法认知战:俄乌冲突下舆论战的新范式》,《传媒观察》,2022年第4期,第5-15页。
② 喻国明、杨雅、颜世健:《舆论战的数字孪生:国际传播格局的新模式、新特征与新策略——以俄乌冲突中的舆论战为例》,《对外传播》,2022年第7期,第8-12页。

息、营造意见领袖方面，以人工智能技术为依托的社交机器人试图通过制造"沉默的螺旋"来左右舆论的走向。乌克兰军队投入使用了一个人工智能程序GPT-3模型网络，它有1750亿个参数的自然语言深度学习模型，能够自动生成信息、快速影响目标人群。对中国而言，必须对西方的"战争迷雾"策略有所警惕，尤其注意网络中执行特定任务的社交机器人。同时，组建相对应的网络战略部队，提升中国人工智能科技水平，促进信息科技向军事领域转化的过程。

（三）战略博弈：数字平台成为胜负手

在算法认知战中，拥有大量用户的数字平台往往具有主导议程的能力，是计算宣传中关键的一环。21世纪以来，美国与西方国家的信息全球化工程实现了大量数字平台的全球推广，提前布置数字信息发布渠道。拥有数字平台支援的一方进可攻退可守，掌握了战略主动，形成降维打击，有层次、有节奏地主导着用户的认知。数字平台具备议程设置的能力，可以选择性让用户看到平台希望用户看到的信息，同时屏蔽不想让其看到的信息。这种战略性布局占据了信息地缘政治的有利地形，在战争开打之前便占有绝对优势，提升自身作战维度打击对手，这是效费比最高的一种方式。

多年来，美国将推特作为其意识形态渗透的工具，对他国推行所谓自由民主的价值观宣导。美国前总统奥巴马曾强调网络空间和社交媒体"使普通人有能力改变他国政府，使其变得更加开放"。美国大力支持民运活动人士和记者群体使用数字技术去挑战他国政权，互联网能够放大所谓"民主斗士"们的影响力。[①]在过去10年全球多次"颜色革命"中，推特等数字平台都在计算宣传中发挥了重要作用。对中国而言，必须看到美国的真实面孔，对其计算宣传保

---

① Eric Rosenbach, Katherine Mansted, The Geopolitics of Information, Harvard Kennedy School, Belfer Centre for Science and International Affairs, 2019, p.15.

持警惕，不要被推特或脸书上的内容所蛊惑。同时，中国也应当大力发展自己的数字平台，扩大海外影响力。

四、结语

作为互联网时代的一次大型军事冲突，俄乌冲突展现了算法认知战的丰富图谱，该战场与现实中的战场存在紧密的相关性。在正当性的争夺上，通过认知战掌握道德高地有助于获得国际援助与支持，同时达到孤立瓦解对手甚至"不战而屈人之兵"的效果。俄罗斯在战场中的困境，很大程度上来自信息维度上的被动局面。在全球传播格局中，必须看到美国等西方国家依然是该格局的主导者，尤其是紧紧把控大型数字平台的美国。在和平时代，西方也热衷于采用数字平台对其他国家进行文化渗透，试图将互联网与数字平台作为"特洛伊木马"，而战争则进一步凸显了美国和西方在数字领域的绝对优势。对于有可能与美国等西方国家长期处于博弈状态的中国而言，必须提前熟悉算法认知战的相关机制，关注战略性内容、技术和渠道的打造。同时，更需要注意到数字平台的相关特点，包括用户心理、传播规律、平台生态等，并且在话语、科技与战略三个维度上加强作战能力，力求立于不败之地。

（本文发表于2022年10月，略有删改。）